太陽能工程(太陽能電池篇)

莊嘉琛　編著

全華圖書股份有限公司　印行

我們的宗旨

提供技術新知
帶動工業升級
為科技中文化
再創新猷

資訊蓬勃發展的今日
全華本著「全是精華」的出版理念
以專業化精神
提供優良科技圖書
滿足您求知的權利
更期以精益求精的完美品質
為科技領域更奉獻一份心力

為保護您的眼睛，本公司特別採用不反光的米色印書紙！！

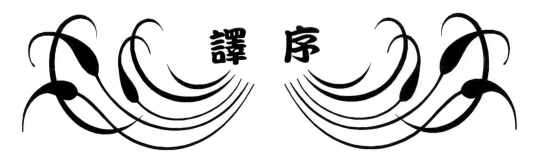

譯　序

　　本書由首章及第2、3章內的太陽電池之發電原理系統構造與測定方法說明起，至第5、6章及第7章內之實際上民生用途以及大規模工業用系統等的構築過程，皆有完整組合的內容闡述。其中亦在第4章詳述有關各類太陽材料製作加工等特性與應用上之發展，已相當充份涵蓋有關目前研究利用太陽能工程內容中，有關太陽光發電系統之各項技術要項。期望能藉由淺及深的介紹，而進一步提供社會上各專門技術階層人員汲取有關太陽光發電系統之精髓。僅此編譯者將本書貢獻給大專以上理工科系學生，有效而內容完整之教科書級參考工具用。

　　本書編譯內容主要取材自日本電力協會出版之太陽電池部份，以及多數參與NEDO計劃研究人員所發表之論文報告。另外，為順利譯著成本大學講義，編譯者特別感謝上述所提及專家學者，亦感謝陳賢英博士以及86年度電機系畢業學生校友張世志與陳世華在內容圖表整理上有許多貢獻。亦感謝吾妻嘉琳的協助，得以完成此書。

莊嘉琛　謹序於

國立台北科技大學電機技術系

編輯部序

　　「系統編輯」是我們的編輯方針，我們所提供給您的，絕不只是一本書，而是關於這門學問的所有知識，它們由淺入深，循序漸進。

　　「太陽能工程（太陽電池篇）」這本書，適合高工、專科及大學院校電子、電機等理工科的學生使用，讀完此書，非但對於二十一世紀的新能源─太陽有更進一步的認識，更能有效地利用，甚至化為自身的潛力。是兼顧環保與節約能源的一本好書。

　　同時，為了使您能有系統且循序漸進研習相關方面的叢書，我們以流程圖方式，列出各有關圖書的閱讀順序，以減少您研習此門學問的摸索時間，並能對這門學問有完整的知識。若您在這方面有任何問題，歡迎來函連繫，我們將竭誠為您服務。

相關叢書介紹

書號：0597701
書名：太陽電池技術入門(修訂版)
編著：林明獻
16K/256 頁/390 元

書號：0263701
書名：高頻交換式電源供應器原理
　　　與設計
英譯：梁適安
20K/384 頁/360 元

書號：05035
書名：充電式鋰離子電池
　　　－材料與應用
日譯：林振華.林振富
20K/288 頁/280 元

書號：0379801
書名：太陽光電能供電與照明
　　　系統綜論(第二版)
編著：吳財福.陳裕愷.張健軒
20K/488 頁/500 元

書號：0396901
書名：交換式電源手冊
日譯：鄭振東
20K/696 頁/480 元

書號：06044
書名：燃料電池基礎
英譯：趙中興
16K/400 頁/500 元

書號：03297
書名：最新交換式電源技術
日譯：溫坤禮.陳德超
20K/248 頁/240 元

書號：05558
書名：燃料電池技術
日譯：溫武義
20K/344 頁/350 元

◎上列書價若有變動，請
以最新定價為準。

流程圖

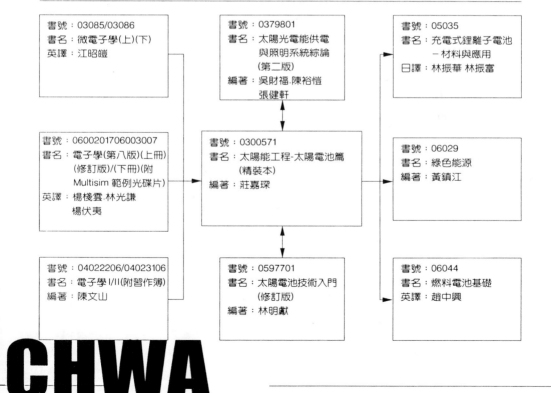

CHWA

目錄

第一章 總論 *1-1*

1-1 太陽能源 1-2
1-1-1 太陽能的質與量 1-2
1-1-2 太陽能與地球生態循環 1-5
1-2 太陽光發電的意義 1-6
1-2-1 從經濟文明到生態文明之開展 1-6
1-2-2 能源需要與清淨能源之開發 1-9
1-2-3 乾淨的太陽能發電系統 1-11

第二章 太陽電池發電原理與轉換效率 *2-1*

2-1 半導體之光導效果 2-2
2-2 光起電力效果 2-5

2-3 太陽電池原理 2-9

2-4 太陽電池的能源轉換效率 2-11

2-5 太陽電池之等價回路 2-17

2-6 擔體收集效率 2-21

2-7 理論限界效率與太陽電池之損失 2-28

2-8 高效率化技術及其構造物性 2-31

第三章 太陽電池測定法 *3-1*

3-1 回路之串、並聯電阻原因與測定法 3-2

    3-1-1 串聯電阻 3-2

    3-1-2 並聯電阻 3-3

3-2 光 源 3-4

    3-2-1 基準太陽光 3-4

    3-2-2 測定用光源 3-6

3-3 出力特性換算及補正 3-11

    3-3-1 絕對值較正法 3-12

    3-3-2 參考電池法 3-13

3-4 照度及溫度之依存性 3-14

3-5 太陽電池特性之實測法 3-17

    3-5-1 太陽單體電池(unit cell)之測定 3-17

    3-5-2 大面積模組之測定 3-18

    3-5-3 太陽電池特性測定重點 3-19

4-1　單晶矽太陽電池　　4-2

4-1-1　概　說　　4-2

4-1-2　構　造　　4-4

4-1-3　單晶矽太陽電池之製作法　　4-11

4-1-4　單晶矽太陽電池之高效率化　　4-20

4-1-5　高效率單結晶矽太陽電池　　4-28

4-1-6　今後的課題　　4-41

4-2　多晶矽太陽電池　　4-42

4-2-1　多晶矽材料之形成　　4-43

4-2-2　結晶粒界之電氣特性及不活性化　　4-51

4-2-3　接合構造及理論效率　　4-59

4-2-4　太陽電池製造技術　　4-72

4-2-5　將來展望　　4-74

4-3　非晶系太陽電池　　4-75

4-3-1　概　論　　4-75

4-3-2　非晶質矽之製備與物性　　4-77

4-3-3　太陽電池構造與製備過程　　4-89

4-3-4　太陽電池作動特徵　　4-95

4-3-5　高效率化技術　　4-107

4-3-6　安定性與信賴性　　4-120

4-4　化合物半導體太陽電池　　4-126

4-4-1　化合物半導體太陽電池特徵　　4-128

4-4-2　化合物半導體之接合成形技術與
　　　太陽電池製作周邊技術　　　4-140

4-4-3　各種化合物半導體太陽電池　4-149

4-4-4　化合物半導體太陽電池應用　4-158

4-4-5　結論及展望　　　　　　　4-162

4-5　其他太陽電池　　　　　　　　4-164

4-5-1　無機太陽電池　　　　　　4-164

4-5-2　有機太陽電池　　　　　　4-170

4-5-3　濕式太陽電池　　　　　　4-174

第五章　模組化技術　5-1

5-1　民生用模組化　　　　　　　　5-2

5-1-1　構造以及形成法　　　　　5-2

5-1-2　作動特性　　　　　　　　5-5

5-2　電力用模組　　　　　　　　　5-6

5-2-1　構造及形成法　　　　　　5-6

5-2-2　各種特性　　　　　　　　5-12

5-3　其他之模組　　　　　　　　　5-18

5-3-1　集光型模組　　　　　　　5-18

5-3-2　Hybrid型模組　　　　　　5-19

第六章 太陽電池系統與應用　*6-1*

6-1　太陽電池在電子製品之應用　6-2

6-1-1　太陽電池之動作點　6-2

6-1-2　基本回路　6-3

6-1-3　電子製品使用之控制回路　6-5

6-1-4　模組設計　6-10

6-1-5　太陽電池與二次電池之Matching　6-12

6-1-6　太陽電池模組設計流程　6-13

6-2　電子製品上應用例　6-15

6-2-1　計算機及手錶之應用　6-15

6-2-2　充電器之應用　6-16

6-2-3　低功率電器　6-17

6-2-4　其他應用　6-20

6-3　電力上應用　6-20

6-3-1　電力上發電系統基本設計　6-20

6-3-2　小規模發電系統　6-52

6-3-3　中規模發電系統　6-62

6-3-4　大規模發電系統　6-66

第七章 未來展望　*7-1*

7-1　地球環境與能源、人口問題　7-2

7-2　資源之枯竭　　　　　　　　　　　　　7-4

7-3　Global太陽光發電系統　　　　　　　　7-7

　　7-3-1　能源供給預估　　　　　　　　　7-7

　　7-3-2　GENESIS計畫　　　　　　　　　7-9

　　7-3-3　氫氣利用計畫(NEWS)及太空

　　　　　　發電計畫(SPSS)　　　　　　　7-11

第一章
總　　論

　　針對做為太陽光發電能源之太陽輻射能性質以及其能量大小，將從太陽能之質與量來說明，並與人類生活所需之能源相比較；然後對太陽光發電系統，加以分類。並且闡述其發電方法與傳統水力發電或火力發電之異同點。基本上，太陽發電系統是以半導體的量子效果為基礎，既不含熱機，亦不包含可動的機械部分等，是相當特殊的發電方式。本章將從維持21世紀人類文明所必須開發清淨能源之立場，來觀察太陽光發電的必要性及考察其發電的各種方式。

1-1　太陽能源

1-1-1　太陽能的質與量

　　到達地球表面的太陽能，是從近乎真空的宇宙中以電磁波方式送達。如果地球與太陽間的距離，以平均1億5000萬km來說，則到達地球表面之光線為平行光，以電磁學上觀念而言，為屬於具許多頻率之集合體的平面波。在地表上之輻射光譜以圖1-1之粗線表示，而細線表示從宇宙來的太陽輻射，進入大氣圈時，紫外線及青色等高能量部分極易與空氣分子產生散射而喪失能量(由地上看到藍色天空之理由在此)，再經過大氣中水蒸氣分子之吸收，所以最終到達地表之太陽光，其光譜之分布為圖中減掉灰色部分之粗線。

　　太陽輻射光譜中，可在長波長領域中看到俗稱太陽電波之構造，這是由於太陽黑點活動所生之變動。因此，在假想的太陽光譜中，宇宙圈以圖中虛線之6000k(凱氏溫度)表示，而地表以接近於5700k溫度

---

(1) 太陽常數：地球到太陽之平均距離為1.495×10^8公里，在沒有大氣之吸收與散亂之地方(大氣圈外)，與入射方向成垂直之地$1cm^2$，1分鐘所接收太陽輻射能。其量為1.94 ly(langly, 1 ly = 1cal)/cm^2 = 135.3mW/cm^2 = 1.353kW/m^2。

之黑體輻射光譜來表示。再者，針對太陽輻射之能量大小而言，從太陽表面所放射出來的能量，換算成電力約爲3.8×10^{23}kW左右。這些能量經過1億5000萬km之太空，到達地球之大氣圈時，其輻射源密度約爲1.4kW/m^2，此即太陽常數(solar constant)[+]。這是使用人造衛星之實測值。然而，到達地球上之太陽光線，其實隨著當地的緯度，時間與氣象狀況而改變。比如說同一地點之向南時的直射日光，也因四季不同之空氣量而改變。此大氣圈所通過空氣量稱爲空氣質量(Air Mass, AM)。其單位以從天頂垂直入射之通過空氣量爲基準，稱爲AM-1。比如說大氣圈外爲AM-0，而晴天時之日間直射日光爲AM-1.5。

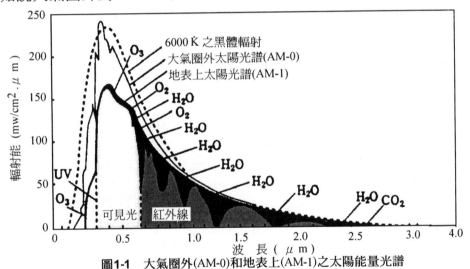

圖1-1 大氣圈外(AM-0)和地表上(AM-1)之太陽能量光譜

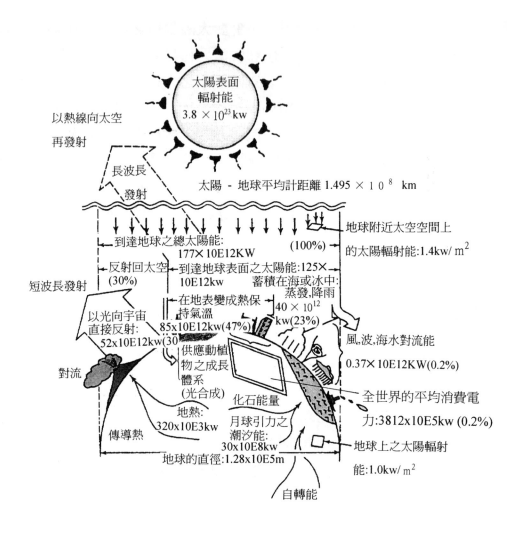

圖1-2　地球表面所接受的太陽輻射能量轉換

　　因此，到達地球之總輻射能爲太陽常數與地球之投影面積之乘積，地球爲一長徑6378km，短徑6356km之近似橢圓球。投射到地球之太陽能以100％計算時，以短徑來計算時，約爲177×10^{12}kW。而這些能量在地球表面上分配之可在圖1-2看出，所有能量約30％(52×10^{12}

kW)以光的形式再反射至太空，由太空船上看地球，由於擁有良好反射率之海平面，故有雲層之地球看起來非常的藍。這是可以理解的。其餘約70％雖然可以到達地球表面，其中約47％變成直接熱，使氣溫能夠保持，而剩下約23％則蓄積在海水或冰中，其中一部分做為水蒸發成雲或雨之能量。在這些能量中，與人類生活有直接關係之風、波浪與對流等所用之能量僅佔0.2％，約0.37×10^{12}kW而已。而用在地球上動植物成長者，亦即所謂光合作用之生物能，又只有0.02％左右，約為400×10^{8}kW。然而這點兒之能量對地球環境之維持卻有著重要之關係。

1-1-2　太陽能與地球生態循環

地球上包含人類活動之生態循環系統，可以分為⑴將二氧化碳、水及太陽能進行光合作用之植物系。⑵吸收光合作用所排出之氧氣，並吃食植物之動物系。⑶能分解動植物之排泄物與枯死體，並還原成為動植物營養成分之微生物系等。此三者構成生態循環系(Ecology cycle)。圖1-3顯示其三者之相依關係。也就是說，人類、動植物以及微生物，長久以來都生長在大氣保護下之保溫箱內，而其生命活動之根源在太陽能。而其中又以富含世界上比熱最大之水與水蒸氣，容易保溫，且含有水與氧、氫氣之場所，很容易因光及熱而促進氧化還原反應，使自然界之化學活性反應成為重要因素。

然而，相對於微小的生態循環能量，當富含巨大能量之氣象能量僅有些不平衡時，即可能對生體活動場所起甚大之影響。這些因氣象之失衡所導致枯死之生體，經過太陽能之長期影響，即形成石油與媒炭等資源。然而須經過近3億年才能形成的煤炭，人類卻僅用數百年時間就幾乎耗盡。

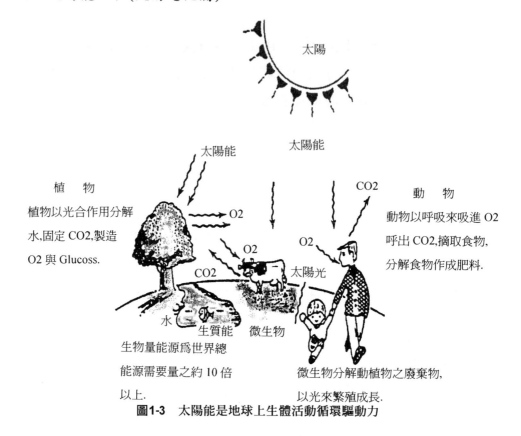

植　物

植物以光合作用分解
水,固定 CO2,製造
O2 與 Glucoss.

動　物

動物以呼吸來吸進 O2
呼出 CO2,摘取食物,
分解食物作成肥料.

生物量能源爲世界總
能源需要量之約 10 倍
以上.

微生物分解動植物之廢棄物,
以光來繁殖成長.

圖1-3　太陽能是地球上生體活動循環驅動力

1-2　太陽光發電的意義

1-2-1　從經濟文明到生態文明之開展

　　地球大約爲45億年前誕生在太陽系的一顆行星。接著進行地殼變動，造山運動以及植物、動物之創造過程，其結果地球上之水與大氣，經由氣象活動之雷雨空氣放電，產生蛋白質，這是生命的起源，並且創造一個從微生物到動植物生物體活動之巨大循環系統。

　　在這生態系統中，人類以智慧創造工具及火的使用，經由世代交承，使生活環境得到改善，這是文明之起源。特別是近代進步最爲神

速的電子工學，誕生了以電晶體為中心之固態電子，透過通信、交通
及產業乃至於太空科技之開發，形成了高度資訊化社會。另外，在能
源上也開啓使用核能之時代，這些都讓人們每天有著舒適的文明。然
而，在這急速進步的經濟文明中，從生態的觀點而言，實在是對自然
的一大浩劫。也就是有史以來，由太陽能源所蓄積的石油及煤炭燃
料，在瓦特發明蒸氣機不到三百年的時間，即幾乎已燃燒殆盡。而
且，由於燃燒的化學反應使大氣受到污染，酸雨與二氧化碳的累積引
起溫室效應現象，如圖1-4所示之各種公害。

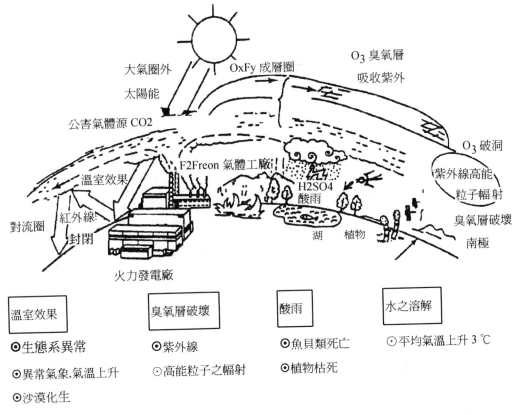

圖1-4 化石燃料所造成之污染公害

　　近代因化石燃料之大量消費所導致之大氣中CO_2含量之增加，可從圖1-5中理解，以世界經濟急速起飛之1965年代為一分界點，當時，美國已完成連接各州之公路網後，開啓自用車時代之來臨。

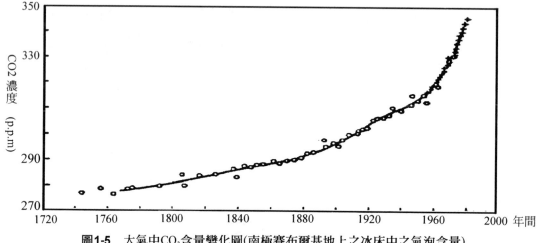

圖1-5　大氣中CO_2含量變化圖(南極賽布爾基地上之冰床中之氣泡含量)

　　大氣中之CO_2含量即使僅有些微增加，但因太陽輻射能相當的大，故其吸收能也相當大。圖1-4顯示太陽能在地表被吸收，放射出的紅外線被CO_2層反射回來，造成封閉性之溫室效果。由圖1-5上CO_2之增加量來看，可以預測地球之平均氣溫將逐年上升，其結果造成南北極之冰層溶化，使海水上升，而影響農作物之收獲的氣候，使得生態循環系統也改變了，這是物質文明進步後所造成之陰影。台灣在1980年代前在沿海常豐收之魚、參、鰻或鯛，如今已成過去。此外在各處森林所產生之各種昆蟲災害年年增多，這些都是經濟文明所造成之情況。新的文明應該不只包括高度文明的人類社會，而是包含微生物等在內之各類生物皆能幸福共存的文明。

1-2-2　能源需要與清淨能源之開發

　　世界各國的每一人口之能源消費量與該國之GNP順位是有相當關連性，圖1-6爲世界總人口及總能源需求之年增率，特別是電力需求率之增加。由圖上可看到人類文明不斷進步、人口不斷增加，因此世界之總能源需要之增加是上述二項之相乘結果。這種傾向，即使先進國家所節省之能源都會被發展中國家所消耗能源量所抵消。

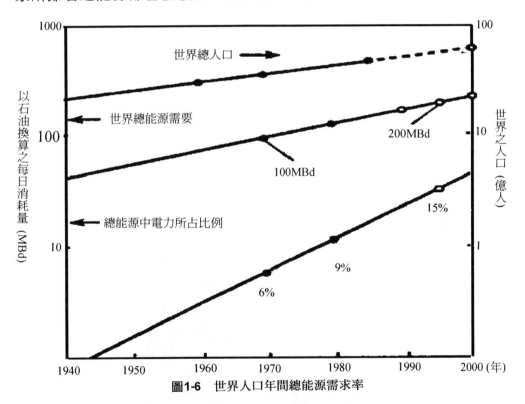

圖1-6　世界人口年間總能源需求率

　　日本之GNP是僅次於美國之大量石油資源的消費國。其中99％仰賴輸入，爲改善這些比率關係，因此日本通產省工研院進行一連串代替石油能源之開發研究，從1974年開始的"Sunshine"計畫，其中亦包含了太陽光發電的研究發展。

　　圖1-7為1981年以來日本全國之太陽電池年生產量，以使用目的及各別基板材料為區別的年增率，圖上可以知道，太陽電池的年生產量比半導體之年增率還要高。

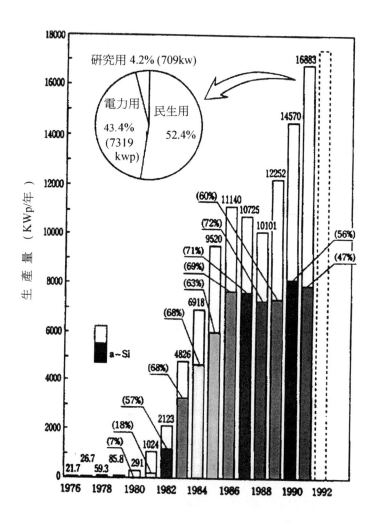

圖1-7　日本太陽電池年產量之變遷及其用途分類

　　圖1-8為過去20年間太陽電池的模組化成本之年變化圖，從圖上可知道太陽電池材料之新技術，如單晶及多結晶之第一次革新，以及第二次革新之非晶矽太陽電池的實用期，即公元2000年初期，其規模將比半導體產業還要大。為了防止對地球環境之破壞，這種清淨能源之使用技術之研究，實為不可或缺之一環。

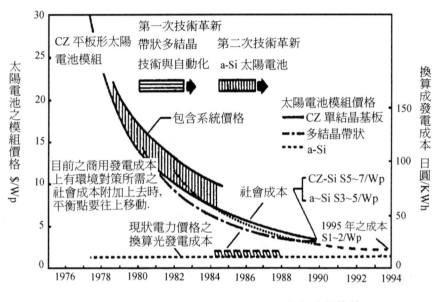

圖1-8　太陽電池模組價格推移及材料革新趨勢

1-2-3　乾淨的太陽能發電系統

　　人類在地表上所採集之能源其99.98％大抵與太陽有關，其餘的0.02％為地熱。但是，太陽能的量如以距離太陽1億5千萬公里之地球上所接收之太陽能量，以電力表為1.77×10^{14}kW左右。這個值為全世界平均消費電力數十萬倍大，也就是說世界文明活動中所使用之總能量，即使增加幾倍，仍然比太陽黑子之活動所造成之地表總能量變化要小。

以太陽能電池將太陽能轉換成電能之太陽光發電系統,其輸入動力之太陽光為無限量,而且不須能源成本。而太陽能之利用技術與其他能源變換技術比較之特性為:

1. 沒有可動部分,為安靜的能源轉換

   因為使用光電轉換之量子效應(quantum effect),故不需要傳統發電原理上之可動部分,亦即不需要像火力或核能發電,用到透平機等轉動機械。因此無燥音、輻射線洩漏及爆炸等危險,也沒有有害氣體之發生,是無公害之乾淨能源。

2. 容易維修與無人化自動運作

   因為沒有回轉機械以及高溫高壓之部分,故不會產生機械磨耗,亦不需使用潤滑油,也就是說,像人造衛星及無人看守燈塔之電源一般,容易維修,系統簡單自動化。

3. 無論規模大小皆以一定效率發電

   太陽電池的轉換效率,不管規模之大小,幾乎保持一定。比如7MWp之大規模太陽能發電廠,或計算機用之20mW小型模組電池,只是串聯的電池數量不同,效率還是一樣。這個優點是由於其能源轉變過程為內部光電所生之量子效果,與核能發電或光熱發電系統需要熱轉換不同。

4. 構造模組化、富量產性與易於放大

   太陽電池系統為模組化構造,量產大時容易用連續自動化製造,以降低成本。

5. 即使用擴散光源亦可發電

   如太陽能計算機可在螢光燈下運轉一樣,太陽能發電在直射日光或雨天,即擴散光源,也會對應於入射光之強度而發電,這是利用量子效果發電之優點。

6. 光發電可利用原已被放棄之能源來發電

太陽光發電因轉換效率低，但是，與使用化石燃料發電，要使用蒸汽渦輪機或氣渦輪機之轉換效率之議論不同；亦即火力發電之綜合效率為38％之反面意義為有62％之重油被浪費了。而雖然目前太陽電池之轉換效率只有15％，但它使用免費的太陽光燃料。換言之，這些原先不被利用之能源有15％用來發電，其意義非比尋常。

第二章
太陽電池發電
原理與轉換效率

　　本章闡述太陽電池之發電原理，並說明當入射光進入半導體時與原子之相互作用，並介紹光電能源互換之基本過程。接著再描述光電轉換之比率及其損失，對於轉換效率基本公式與等價回路之關係，另外對不同波長之光收集效率也加以說明，並介紹各種太陽電池之接面構造與能隙等基礎。

2-1　半導體之光導效果

　　光與物質之相互作用包含吸收、反射、折射、偏光及散射等現象。產生這些現象之原因爲物質內存在之荷電擔體與電磁波相互作用。然而，太陽輻射能之光譜主要以可見光爲中心，從3000Å之紫外光至數μm之紅外光爲主。也就是說，換算成光子之能量約在0.3eV至4eV間，與這種程度能量最容易起相互作用之擔體，爲矽或爲Ga-As等半導體之自由電子或正孔。

　　當光照射至半導體時，由於能階間之遷移或能階分準位間之遷移性質，而造成傳導帶或價電子帶上激起之電子或正孔以自由擔體形式運動，造成導電率之增加。此現象稱爲光導效應(photo conductive effect)。在圖2-1可以看到有因能階間之遷移造成之電子-正孔對，稱爲固有光電傳導(intrinsic phot-conductivity)，及由不純物準位至傳導帶之電子激勵，或由價電子帶至不純物準位之電子激勵所生之自由正孔等，稱爲外固型光傳導(extrinsic photo-conductivity)。

　　假設熱平衡時電子與正孔之密度爲n_0及p_0。若因光之照射而半導體內之過剩電子與正孔之密度分別爲Δn及Δp，則光照射時之導電率σ表示爲

$$\sigma = q(n_0 + \Delta n)\mu_e + q(p_0 + \Delta p)\mu_h \qquad (2\text{-}1)$$

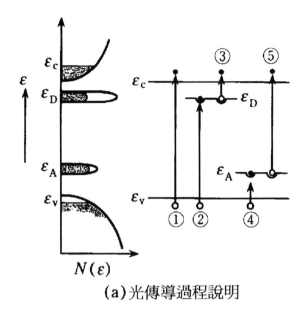

(a)光傳導過程說明

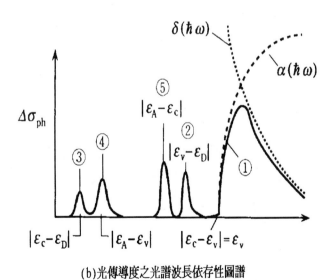

(b)光傳導度之光譜波長依存性圖譜

圖2-1　光傳導型式及波長圖譜

一般光傳導之測定，是以光照射時導電率之增加部分$\Delta\sigma_{ph}$與不照射時之導電率σ_0之比來討論，此時

$$\frac{\Delta\sigma_{ph}}{\sigma_0} = \frac{\Delta n\,\mu_e + \Delta p\,\mu_h}{n_0\,\mu_e + p_0\,\mu_h} \tag{2-2}$$

而在能階間遷移所造成之固有型光傳導之$\Delta n = \Delta p$移動率之比，且令$b = \mu_e/\mu_h$，則如下式

$$\frac{\Delta\sigma_{ph}}{\sigma_0} = \frac{\Delta n(1+b)}{n_0\,b + p_0} \tag{2-3}$$

現在，電子與正孔之壽命若表為τ_e與τ_h，則光照射時所生之電子-正孔之單位時間之生成率為g，則$\Delta n = q\,\tau_e$，$\Delta p = g\,\tau_h$，故下述(2-4)式

$$\Delta\sigma_{ph} = q\,g(\mu_e\,\tau_e + \mu_h\,\tau_h) \tag{2-4}$$

成立。設有一如圖2-2所示之尺寸的半導體電池，當附加V電壓時光電流之增加部分ΔI為

$$\Delta I = \frac{\Delta\sigma_{ph}\,S\,V}{l} = q\,g\,l\,S\,(\mu_e\,\tau_e + \mu_h\,\tau_h)\frac{V}{l^2} \tag{2-5}$$

上式中，$g\,l\,S$代表試料全體積中，所生成之電子-正孔對的總數，此外$l^2/V\mu_e = l/\mu_e E$，$l^2/V\mu_l = l/\mu_l E$，代表各別試料的電極間之電子或正孔通過所需之時間(fransit time)以T_n及T_p表示之，即

$$\frac{\Delta I}{q\,g\,l\,S} = \frac{\tau_e}{T_n} + \frac{\tau_h}{T_p} = G \tag{2-6}$$

G表示由光所生成之電子-正孔對$q\,g\,l\,S$，變成光電流之有效指標，即光傳導利得(photo-conductive gain)。

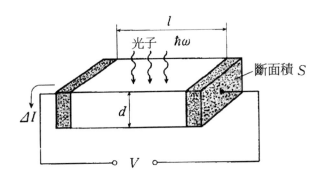

圖2-2　光導電池構成(光透過方向之寬度d與光滲透深度δ較小時)

2-2　光起電力效果

以光照射半導體時所發生之光傳導現象，由於生成擔體之場所不均一，或者因含$p-n$接合等之內部電場存在時，如有擴散或漂移(drift)效果伴隨，則電子與正孔之密度分布平衡，即會被破壞，造成起電力，此現象稱為光起電力效果(photo-voltaor effect)。前者擔體的空間不均一性所產生之光起電力效果，稱為Dember效果或PEM(photo-elector-magnetic effect)效果，由於不屬本書所討論之範圍，故省略。本書主要以半導體之界面電場上所生光起電力效果的檢討。

半導體之$p-n$接合或結晶粒界等，在半導體之界面或表面上，與半導體接觸之物質，由於電子親和力及費米能階之不同，存在著很強的內部電場。因此對一半導體之界面或表面照射光，使生成擔體時，所生成的電子或正孔因電場之作用，互朝相反方向移動，結果造成電荷的分極現象，即是光照射起電力。圖2-3為各種不同半導體之界面上，可以觀察到之界面層與光起電力效果，以電子能階模式表示。各在圖

2-3(a)到(c)所示之一，*p-n*接合，不均一接合及Schottky障礙之界面位能，又圖2-3(d)之粒界面層中的光起電力效果，雖然起電力大，但因橫切粒界面之內部電阻太高，很難取得大電流，故與其說做爲能源轉換設計，勿寧說其是光檢測器之原理。事實上，如ZnO、CdS及ZnSe等燒結體大抵做爲光檢出元件。

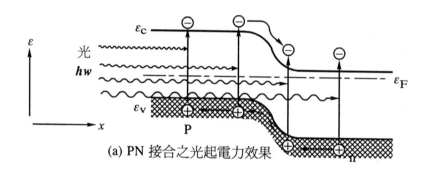

(a) PN 接合之光起電力效果

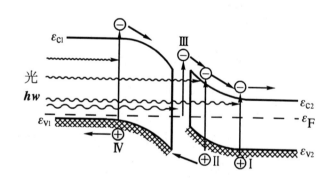

(b) 不均一接合之光起電力效果

圖2-3　半導體界面與內部電場所生光起電力

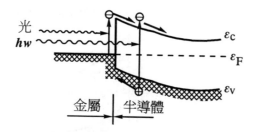

(c) 金屬-半導體 Schottky 障壁之光起電
　　力效果

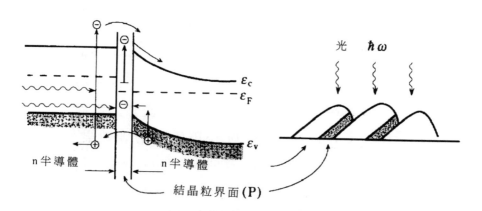

(d) 結晶粒界面堰層與界面兩側之不均一
　　光生成所致光起電力效果

圖2-3 （續）

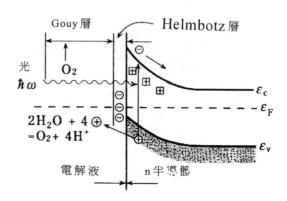

（e）半導體-液體界面位能與光起電力或
　　光電解效果

圖2-3 （續）

　　金屬或半導體與導電性液體之界面上，由於兩種物質之電氣化學位能之差及界面狀態，故有界面電場之產生。此界面電位已應泛應用於電化學作用，如電解。若使用光學活性半導體做爲電極，或者使用光學活性染料做爲電解液，也可看到光-電或光-化學效果。圖2-3之(e)爲n型半導體與電解液之間所形成之界面障礙的能帶圖。比如說，使用0.1M硫酸鈉電解液做爲離子源，然後加入n型GaP光學活性半導體時，由於兩者化學位能差，故在電極的周圍之電解液可從半導體奪得傳導電子而形成帶負電的Helmbotz層。其結果則造成n型半導體之表面變成p反轉層。如果使用比半導體之等制帶幅還要大能量之光子，照射界面，則在半導體反轉層附近所生成之電子-正孔對，即被內部電場強迫流動，此種流動造成生成擔體之分極，而在液體與半導體電極間發生起電力，此現象應用在光電池與光增感電解反應上。

2-3　太陽電池原理

　　一般具有光起電力效果者，在半導體中都內藏有電場，這些是利用在物質的界面中來產生的電位差。兩個含有不同電子性質的物質以電子來聯接時，在界面即有接觸電位差，比如說將鉛或炭棒與電解液之界面上，所產生接觸電位差取出之構造稱爲乾電池。另外，利用兩不同金屬之接觸電位差與溫度之變化者稱爲熱電偶。因此，半導體與金屬之界面或二種類的半導體之界面上，都可誘導出材料特有之接觸電位差。

　　工業上最具有再現性內藏電場之利用方法爲半導體之p-n接合。圖2-4顯示了Ⅴ族元素砷少量ppm濃度Doping至Ⅳ族半導體矽上面時，Ⅴ族的不純物元素的5個價電子，其中四個與矽做共價結合，剩下的一個電子被熱激至傳導帶，成爲自由電子而伇自身帶正電。此爲離子化之供與體(donor)。傳導帶中的自由電子決定半導體的電氣傳導度，也就是說，將Ⅴ族之供與體不純物的10倍Dope時，導電度也增加10倍。這種半導體中的導電度，是因電子帶負電之擔體(negative charge carrier)故稱爲n型半導體。另外，若將Ⅳ族元素之B或Cd當做不純物Doping時，由四個配位中的一個屬於缺電子狀態，故Ⅲ族元素從價電子帶中拾起一個電子而帶負電，且價電子帶生成一個正孔。此種半導體爲正電荷擔體(positive charge carrier)，故稱爲p型半導體。

　　以特定的不純物Dope至半導體，使成爲p型或n型之技術，稱爲"價電子控制"。是電晶體及IC介面之重要技術。此外將p型與n型半導體以結晶學上所形成之界面稱爲"p-n接合"。現在電子學上流行的Device如Diode，Transistor，發光二極體及半導體雷射之作動方式，都是利用p-n接合之接觸電位差。

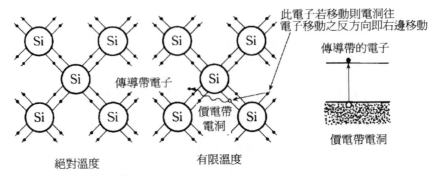

(a)純矽結態與導電性

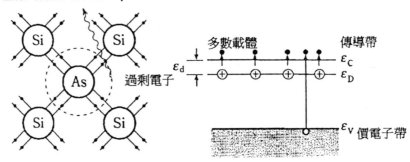

(b) N型半導體

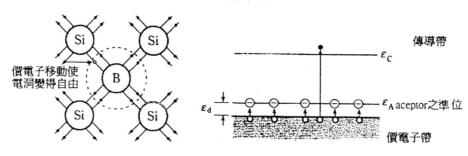

(c)P型半導體

圖2-4　不純物對矽結晶之Dope所引起的價電子控制原子模式及能階模式說明

　　實用化之太陽電池，需要大面積之p–n接合二極體，因此產生光起電力效果之內部電場，即是利用p–n接合之界面誘起電場。圖2-5為單晶矽太陽電池之構造。從圖上可以知道在界面上有容許光透過之薄n型表層及裏面p層。由光照射所生之電子-正孔對，因$p-n$接合界面電場之作用，使電子往上部電極方向，而正孔往下部電極集中，光起電力之大小是因兩電極間之內部電場大小而生。此外，從外部可取得電流之大小與照射之光子束密度成正比例關係(photon flux density單位時間之光子照射密度)。

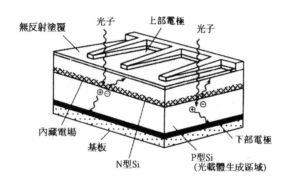

圖2-5　結晶矽太陽電池之構造

2-4　太陽電池的能源轉換效率

太陽電池之能源轉換效率(energy conversion efficiency)為入力之太陽輻射光能量與電池端子上之出力電能的百分比。即轉換效率η為

$$\eta = \frac{\text{太陽電池之出力電能}}{\text{進入太陽電池之太陽能}} \times 100\% \tag{2-7}$$

如果太陽電池入射光之光譜改變時，效率也會改變，而當太陽電池之負荷改變時，即使受光照一樣時，取出之電力也會不同。因此，國際電力規格委員會(IEC TC-82)對於地上用太陽電池之效率，以公稱效率(

Nominal efficiency)η_n表示之。其定義爲太陽輻射之空氣質量通過條件爲AM-1.5，即入射光強度爲100mW/cm^{2}之時，改變負荷條件所得最大電力出力之百分率。以此測定條件所得之效率，爲揭示於太陽電池目錄中之值或學會發表之值。

　　而對於公稱效率中，所揭示之最大出力點電壓V_{max}，最大出力點電流I_{max}，開放電壓(open circuit voltage)V_{OC}及短路光電流密度(short circuit photo-current density)J_{SC}之關係，是能加以導出。

　　圖2-6爲太陽電池上所使用具有整體透過型感光面之p-n接合的光起電力效果說明，由圖中假設距離表面深度d之場合有接合存在，且各領域內少數擔體之擴散距離以L_n及L_p表示，則對於光波長爲λ之半導體之光吸收係數(optical absorption coefficient)爲α時，相對應於從表面至距離x點之電子-正孔對生成比率$g(x)$與點x之光吸收$\delta\phi/\delta x$成比例，以γ表示光電量子效率(photo-electric quantum efficiency)則

$$g(x) = \gamma\,\phi_0\,\alpha\,e^{-\alpha x} \tag{2-8}$$

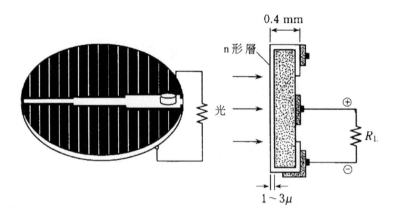

（a）實際的太陽電池構造

圖2-6　矽型PN接合太陽電池原理說明

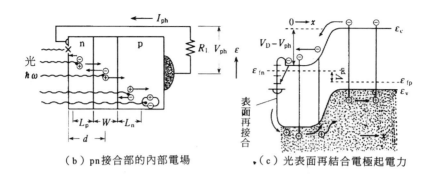

（b）pn接合部的內部電場　　　　（c）光表面再結合電極起電力

圖2-6　（續）

　　在此，ϕ_0爲表面上波長λ之光束密度。圖2-6中之各種實際電池，其在$x=0$之近傍所生成之擔體，大部分因表面再結合而消失，此成分稱爲表面再結合損失。然而對於光起電力效果有貢獻之擔體，可因從遷移領域端之少數擔體擴散距離範圍內，被擴散效果所收集，故n領域$g(x)$中之$\exp[-(d-x)/L_p]$可以$x=0$至d來積分，同樣p領域也可以同樣方式積分後，兩電流之和即爲光電流值。故在$p-n$接合之兩端短路時波長λ之單色光電流爲

$$\frac{dI_{SC}(\lambda)}{d\lambda} = \gamma A \, \alpha \, \lambda \left\{ \frac{L_P}{1-\alpha L_P} \left[e^{-\alpha d} - e^{-d/L_p} \right] + \frac{L_n \, e^{-\alpha d}}{1-\alpha L_n} \right\} \qquad (2-9)$$

實際的太陽電池上，與光之穿透深度(penetration depth)相比，其d值較小，且在αL_n，$\alpha L_p \ll 1$之生成擔體之有效收集條件放入時，式(2-9)可簡化成爲

$$\frac{dI_{SC}(\lambda)}{d\lambda} = A \, \gamma \, \alpha \cdot \lambda \, (L_n + L_p) e^{-\alpha d} \qquad (2-10)$$

圖2-7爲$d=2\mu\text{m}$，$L_n=0.5\mu\text{m}$及$L_p=10\mu\text{m}$時，所計算矽太陽電池之光譜感度，並與實驗數據比較。

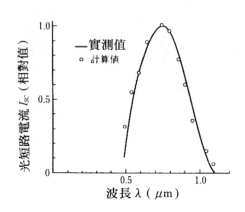

圖2-7　矽太陽電池的光譜感度特性

　　半導體$p-n$接合做爲太陽電池利用時，上述所計算之光感度光譜分布及圖1-1太陽輻射光譜分布之重疊部分，越多時表示其能源轉換效率越高。圖2-7所示$p-n$接合之光感度光譜長波長端，由半導體之禁制帶寬之能量所決定。此外，感度光譜的構造是由素材之幾何學尺寸與擔體關係之距離常數(L_p，L_n，μ_p，μ_n等)，及圖2-8所示之光吸收係數的光譜$\alpha(\lambda)$所決定。因此，這些因素即可決定轉換效率之理論限界η_{max}。設太陽輻射入射光子束密度之波長依存性爲$\Phi(\lambda)$，電荷爲q，則實際觀察到短路光電流I_{sc}爲

$$I_{SC} = \int_0^\infty I_L(\lambda)\,d\lambda = q\,A\,\gamma\,(L_n + L_p)\int_0^\infty \phi(\lambda)\,\alpha\,e^{-\alpha d}\,d\lambda \qquad (2\text{-}11)$$

而電流方向可從圖2-6知道，是由n往p方向流動。實際太陽電池之電壓-電流特性，以p側爲正，且太陽電池之 端子電壓爲V，電流爲I，則其

$$I = I_O \left\{ \exp\left(\frac{qV}{nkT}\right) - 1 \right\} - I_{SC} \tag{2-12}$$

在此，I_0爲p-n接合之逆飽和電流。圖2-9爲太陽電池之出力特性圖。

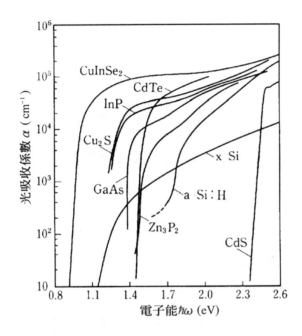

圖2-8　太陽能電池用半導體的光吸係數光譜

　　另外，當太陽電池開放時，起電力即對應於光電流之大小而產生。亦即開放電壓V_{OC}，也就是說(2-12)式中之I_{SC}爲開放電流

$$V_{OC} = \frac{nkT}{q} \ln \left\{ \frac{I_{SC}}{I_O} + 1 \right\} \tag{2-13}$$

由圖2-9可以知道，太陽電池上之最佳不可逆電阻R_L時，其最大出力點

為P_{out},由圖上之出力特性可知是位於V_{max}與I_{max}之交點。圖中灰色部分所示面積相當於出力電功,寫成一般式,即為

$$P_{out} = V \times I = V \cdot \left\{ I_{SC} - I_O \left[\exp\left(\frac{\varepsilon V}{nkT}\right) - 1 \right] \right\}$$

(2-14)

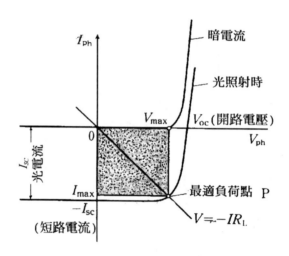

圖2-9　太陽能電池之電壓-電流特性

其中V表太陽電池之端子電壓,I表電流。由圖2-9可以知道,最佳負荷點為P_{max}時

$$\frac{d P_{out}}{d V} = 0$$

(2-15)

因此由式(2-14)和式(2-15)可以知道,最佳作動電壓V_{max}滿足下式(2-16)

$$\exp\left(\frac{q V_{max}}{nkT}\right)\left(1 + \frac{q V_{max}}{nkT}\right) = \left(\frac{I_{SC}}{I_O}\right) + 1$$

(2-16)

而此時之最佳作動電流I_{max}爲式(2-17)

$$I_{max} = \frac{(I_{sc} + I_o)qV_{max}/nkT}{1 + (qV_{max}/nkT)}$$ (2-17)

　　實際太陽電池之公稱效率測定，是模擬自然陽光之光譜，且其出力強度以地上用太陽電池爲AM-1.5，100mW/cm²時之基準值，太空用太陽電池爲AM-0，100mW/cm²。而設定各種入射光條件。如以地上用太陽電池之入射光條件，求其最大出力點P(V_{max}，I_{max})，V_{OC}及J_{sc}時，在有效受光面積S(cm²)之公稱變換效率η_n，則爲

$$\eta_n = \frac{V_{max} \cdot I_{max}}{P_{in}S} \times 100\%$$

$$= \frac{V_{OC} \cdot J_{sc} \cdot FF}{100(mW/cm^2)} \times 100\%$$

$$= V_{OC}\,[V] \cdot J_{sc}\,[mA/cm^2] \cdot FF\%$$ (2-18)

但其中

$$FF = \frac{V_{max} \cdot J_{max}}{V_{OC} \cdot J_{sc}}$$ (2-19)

這裏，FF稱爲曲線因子(curve fill-factor)，相當於圖2-9灰色部分之面積除以$V_{OC} \times I_{sc}$之面積，也是表示太陽電池性能之重要指標。

　　由式(2-18)可以知道，將入力強度規格化成100mW/cm²之測定值，只要從實驗中求得V_{OC}，I_{sc}及FF，即可由乘積求得其電池模組之公稱效率。

2-5　太陽電池之等價回路

　　如果以等價回路來看太陽電池，則其出力特性由(2-12)式所表示，p-n接合整流特性之 I 項，亦即對應於整流器與光強度所生之定電流電

源I_{sc}。另外所發生電流之大小，由端子之串聯電阻R_s及p-n接合部之漏電流所產生並聯電阻R_{sh}來表示。圖2-10所示即爲其等價回路(equivalent circuit)。由圖中可知太陽電池兩端子上，所觀測到之電流I與電壓V關係可以下式(2-20)表示

$$I = I_{sc} - I_o \left\{ \exp\left[\frac{q\,(V + R_s\,I)}{nkT}\right] - 1 \right\} - \frac{V + R_s\,I}{R_{sh}} \tag{2-20}$$

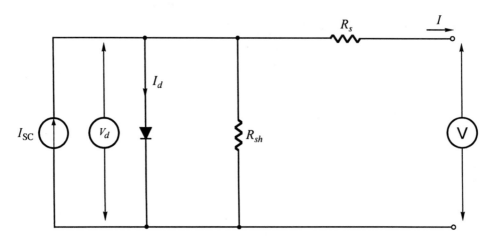

圖2-10　太陽能電池之等效迴路

由圖2-10可知道，即使是同一個太陽電池，在照射強度很弱時，即I_{ph}很小之範圍，二極體電流I_d與漏洩電流V_d / R_{sh}之大小約相同；與R_s相比時，更受R_{sh}值之影響，如下式(2-21)所示。

$$I = I_{sc} - I_o \left[\exp\left(\frac{qV}{nkT}\right) - 1 \right] - \frac{V}{R_{sh}} \tag{2-21}$$

此外，照射強度大時，即$I_d \gg \dfrac{V_d}{R_{sh}}$，則$R_{sh}$之影響很小。反而$R_s$變成問題所在，如下式(2-22)所示，

$$I = I_{SC} - I_O \left\{ \exp \left[\frac{q(V + R_s I)}{nkT} \right] - 1 \right\} \tag{2-22}$$

R_s 幾乎不對開放電壓 V_{OC} 形成任何影響，但可使短路光電流 I_{SC} 值變的很低。又 R_{sh} 值也不影響 I_{SC}，但會使 V_{OC} 降低。

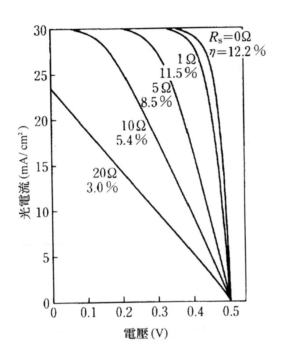

圖2-11 矽 PN 接合太陽電池輸出特性(光輸入功率固定(100mW/cm²)以 R_S 為變數時)

　　串聯電阻 R_s 對於出力電流到底有多大影響，用一簡單實例，即可得知。實際的矽 p-n 接合型太陽電池，其短路光電流密度 $J_{SC} = 30$mA/cm²，$I_O = 50$pA/cm²，$n = 1$，且光之入力強度為100mW/cm²時，其 R_s 因子之電壓-電流特性依(2-20)式計算，結果示於圖2-11。並聯電阻R_{sh}無限大之漏洩電流成分爲零，對應於各個出力特性之轉換效率η，也以R_s因子來表示。由計算結果可以知道，太陽電池之出力特性受R_s影響很大。$R_s = 0\Omega$ 之轉換效率12.2％，FF = 0.8。$R_s = 1\Omega$ 時FF = 0.75。而最近實用的結晶矽太陽電池之$R_s = 0.5\Omega$ 以下。

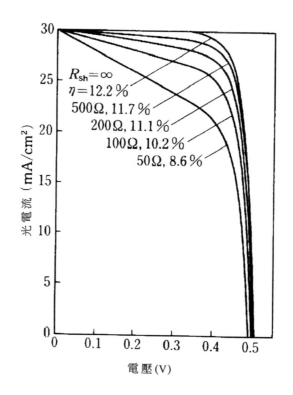

圖2-12 矽*PN*接合太陽電池輸出特性(光輸入功率固定(100mW/cm²)以R_{sh}爲變數時)

　　同樣的計算也針對R_{sh}進行，由圖2-12知道R_{sh}對光電流之影響雖然較少，但可影響V_{OC}之大小。最近生產之太陽電池的轉換效率，其電池效率已有將近20％。但這些然高效率化技術，如經BSF處理，使V_{oc}改善爲0.6～0.7V，J_{sc}也利用無反射塗覆，以不均一接合成組織(texture)處理，而得到35～40mA/cm²，將在下節詳述。圖2-11及圖2-12爲太陽電池之設計上，最基本之出力特性與製造技術上最大問題，R_s與R_{sh}之關係上顯示該理解之重要。

2-6　擔體收集效率

　　以理想的白色光照射太陽電池，所生成的光生成擔體之光譜，以量子效果加以量化之感受光譜稱爲擔體收集效率(collection efficiency)。擔體收集效率，可以針對素子之能階樣式，依光生成之少數擔體求解其擴散方程式，得p-n接合所收集的擔體數。

　　擔體收集效率之求得，不只有利用寬間隙窗作用之不均一接合，或不均一面接合太陽電池之結晶系，對於非晶系太陽電池，在高效率化技術之開發上，也常被應用。以下之解析，以不均一接合太陽電池爲基準。

　　不均一接合太陽電池之能階樣式，表示於圖2-13。基板是選擇p型或n型，由不均一接合界面上之電子親和度之差ΔE_c及充滿傳導帶之跳躍電位ΔE_v之大小來決定。同圖中$\Delta E_c < \Delta E_v$之不均一接合，爲了使基板中光生成擔體能有效貢獻給光電流，只有選用p型基板。圖2-13(a)爲兩材料之不純物濃度相同，而且元件製作中，也沒有不純物元素擴散發生之理想不均一接合能階樣式。實際的不均一接合中，製造過程上很難避免各層元素的相互擴散，而且爲降低表面層擴散電阻，而使用高不純物濃度之窗側材料，故現實上大抵如圖2-13(b)之不均一接面之能階樣式。

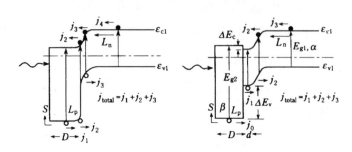

（a） 均-接合面能階模式　　（b）不均-接合面能階模式

圖2-13　帶有寬間隙窗之太陽電池能階模式

　　製造不均一接合太陽電池之特性，以兩能階樣式來比較，在生成光電流上看起來沒有多大差異，但實際上 p-n 接合中的再結合電流，由圖2-13(a)之模式來看時，界面再結合準位之影響較大，因此飽和電流增大之結果，出力電壓較小。另外，由圖2-13(b)來看，不均一接面型中表面層之厚度爲 $3d$，故使得擴散電阻較小，故與均一接合型比較，不均一接面型太陽電池之效率較高。當不均一接面型模式中的 $d = 0$ 時，擔體收集效即與均一接合型之2-13(a)模式相同。故不均一接合太陽電池之一般化理論大抵以圖2-13(b)作解析，本書中之解析也是以圖2-13(b)模式爲主。其不均一接面太陽電池性能解析順序如下所述：

1. 以能階帶理論模式求出生成擔體之收集效率，與太陽光譜共積分，求出光電流值。

2. 考慮元件之串聯電阻 R_s、並聯電阻 R_{sh} 與電極形狀關係，並推測之。

3. 由包含串聯、並聯之二極體電流-電壓特性，求出最大出力電力。

　　理論解析上所用之常數及記號，如圖2-13所示。特別是將基板之 n 型部分稱爲Ⅰ區，窗側材料部分爲Ⅱ區，以註腳記號1、2來區別。此外，包含此二區之部分稱爲表面層。

　　當光束密度Φ之光，從不均一接合之窗側入射時，一面被窗側材料吸收，另一面通過時，所生成之正孔擔體分布P_2，由下述擴散方程式(2-23)所規定。

$$D_{P2} \frac{d^2 P_2}{d x^2} - \frac{P_2 - P_{20}}{\tau_{P2}} + \beta\,\Phi\,e^{\;x} = 0 \tag{2-23}$$

所規定。在此τ_{P2}爲正孔之壽命，P_{20}爲熱平衡時之正孔濃度，受光表面爲x軸之原點。D_{P2}、β及Φ，各爲擴散常數、光吸收係數及光束密度。

　　在此區域內所生成之過剩擔體中，能產生光電流者爲擴散至第 II 區並注入第 I 區，經擴散通過第 I 區達到p-n接合之擔體而已。也就是說不均一接合界面中式(2-22)式之邊界條件，爲滿足正孔電流的保存及正孔濃度之連續者。也就是說，在不均一接合界面($x = D$)時，隔著界面準位之擔體再結合可以忽視，其正孔電流的平衡爲

$$D_{P2} \frac{d P_2}{d x} = D_{P1} \frac{d P_1}{d t} \tag{2-24}$$

而正孔濃度之連續值爲

$$P_2 = P_1 \exp\left(\frac{\Delta E_V}{kT}\right) \tag{2-25}$$

由於這些邊界條件包含在 I 區之正孔濃度P_1，故必須與 I 區之正孔的擴散方程式作連立求解。而 II 區之受光表面之的邊界條件，若考慮受光面上之表面結合，則

$$D_{P2} \frac{d P_2}{d x} = S\,(P_2 - P_{20}) \tag{2-26}$$

是成立的。I區內正孔的擴散方程式依式(2-23)，以α為光吸收係數時，可以表示為

$$D_{P1}\frac{d^2 P_1}{dx^2} - \frac{P_1 - P_{10}}{\tau_{P1}} + \alpha\,\Phi\,e^{-\beta D - \alpha x + \alpha D} = 0 \tag{2-27}$$

對此方程式之邊界條件，為不均一接合界面上邊界條件，式(2-25)及(2-26)及p–n接合之端$(x = D + d)$時

$$P_1 = P_{10} \exp\left(\frac{qV}{kT}\right) \tag{2-28}$$

在此，V表偏差電壓。當短路狀態$(V = 0)$，解式(2-23)及式(2-27)，可求I區內之正孔濃度分佈狀況。

$$P_1 - P_{10} = \frac{\alpha L_{P1}^2}{1 - \alpha^2 L_{P1}^2} - \frac{\Phi}{D_{P1}} e^{-\beta D - \alpha x + \alpha D}$$

$$+ \frac{\Phi L_{P1}/D_{P1}}{\cosh\left(\dfrac{d}{L_{P1}}\right) + B_1 \sinh\left(\dfrac{d}{L_{P1}}\right)\exp\left(\dfrac{-\Delta E_V}{kT}\right)} \times F \tag{2-29}$$

在此，

$$F = \frac{\alpha L_{P1}}{1 - \alpha^2 L_{P1}^2}\, e^{-\beta D}\left\{e^{-\alpha d}\cosh\left(\frac{x - D}{L_{P1}}\right) - \alpha L_{P1}\sinh\left(\frac{x - d - D}{L_{P1}}\right)\right\}$$

$$+ \frac{\beta L_{P2}}{1 - \beta^2 L_{P2}^2}\, A_1 \sinh\left(\frac{x - d - D}{L_{P1}}\right)$$

$$+ A_2\left\{e^{-\alpha d}\sinh\left(\frac{x - D}{L_{P1}}\right) - \sinh\left(\frac{x - d - D}{L_{P1}}\right)\right\} e^{-\frac{\Delta E_v}{kT}}$$

$$A_1 = \left\{\tanh\left(\frac{D_{P2}}{L_{P2}} + \phi\right) + \beta L_{P2}\right\}e^{-\beta D} -$$

$$\frac{\beta D_{P2} + S}{S \sinh\left(\dfrac{D}{L_{P2}}\right) + \dfrac{D_{P2}}{L_{P2}}\cosh\left(\dfrac{D}{L_{P2}}\right)}$$

$$A_2 = \frac{\alpha L_{P_1}}{1 - \alpha^2 L_{P_1}^2} e^{\quad D} B_1 \tag{2-30}$$

$$B_1 = \frac{L_{P_1}}{L_{P_2}} - \frac{D_{P_2}}{D_{P_1}} \tanh\left(\frac{D}{L_{P_2}} + \phi\right)$$

$$\tanh \phi = \frac{L_{P_2} S}{D_{P_2}}$$

由此，n型層中生成正孔之收集效率j_1爲

$$j_1 = \frac{(\alpha L_{P_1})^2}{1 - \alpha^2 L_{P_1}^2} e^{\quad D \quad d} + \frac{j_{10}}{\cosh\left(\frac{d}{L_{P_1}}\right) + B_1 e^{\frac{E_r}{kT}} \sinh\left(\frac{d}{L_{P_1}}\right)} \tag{2-31}$$

$$j_{10} = \frac{\alpha L_{P_1}}{1 - \alpha^2 L_{P_1}^2} e^{\quad D} \left\{ e^{\quad d} \sinh\left(\frac{d}{L_{P_1}}\right) - \alpha L_{P_1} \right\}$$

$$+ \frac{\beta L_{P_2}}{1 - \beta^2 L_{P_2}} A_1 + A_2 \left\{ e^{\quad d} \cosh\left(\frac{d}{L_{P_1}}\right) - 1 \right\} e^{\frac{E_r}{kT}} \tag{2-32}$$

對於$\exp\left(-\frac{\Delta E_V}{kT}\right)$，當$T$爲室溫時，$\Delta E_V$在$0.3\text{eV}$以上之場合，其值在$10^{\ 5}$以下，可以忽略不計，故式(2-31)可寫成

$$j_1 = \frac{\alpha L_{P_1}}{1 - \alpha^2 L_{P_1}^2} e^{\quad D} \left\{ \left[\tanh\left(\frac{d}{L_{P_1}}\right) + \alpha L_{P_1} \right] e^{\quad d} - \frac{\alpha L_{P_1}}{\cosh\left(\frac{d}{L_{P_1}}\right)} \right\}$$

$$+ \frac{j_0}{\cosh\left(\frac{d}{L_{P_1}}\right)} \tag{2-33}$$

$$j_0 = \frac{\beta L_{P_2}}{1 - \beta^2 L_{P_2}} \left\{ \left[\tanh\left(\frac{D}{L_{P_2}} + \phi\right) + \beta L_{P_2} \right] e^{\quad D} \right\} -$$

$$\frac{\beta L_{P_2} + \left(\frac{L_{P_2} S}{D_{P_2}}\right)}{\cosh\left(\frac{D}{L_{P_2}}\right) + \frac{L_{P_2} S}{D_{P_2}} \sinh\left(\frac{D}{L_{P_2}}\right)} \tag{2-34}$$

當式(2-33)與式(2-23)邊界條件,以

$$P_2 = P_{20} \quad (x = D) \tag{2-35}$$

之解一致,故 j_0 表由Ⅱ區流入Ⅰ區之正孔流。而且空乏層中所生之電子-正孔對,為空乏層中之高電場所加速,故再結合成分微小,所以空乏層中的光生成擔體之收集效率 j_2 為

$$j_2 = \{1 - \exp(-\alpha\, d_p)\} \exp(-\beta\, D - \alpha\, d) \tag{2-36}$$

式中之 d_p 表空乏層寬。比空乏層更深部分(p型層),所生成之電子擔體,經由擴散到達空乏層,更流入n型層而產生光電流。由於基板之厚度遠大於電子之擴散距離,所以電子之收集效率 j_3 為

$$j_3 = \frac{\alpha\, L_n}{1 + \alpha\, L_n} \exp(-\beta\, D - \alpha\, d - \alpha\, d_p) \tag{2-37}$$

而不均一面接合太陽電池之擔體收集效率,為以上三者之和

$$j_{\text{tot}} = j_1 + j_2 + j_3 \tag{2-38}$$

此外,短路光電流以 Φ_{sun} 表太陽光譜,γ 為受光表面之反射率表示時,以

$$I_L = q\, S \int_0^{hc/Eq_1} (1 - r)\, \Phi_{\text{sun}}\, j_{\text{tot}}\, d\lambda \tag{2-39}$$

而求得。

圖2-14為光所生成之擔體的收集樣式,以均一接合及 $W-N$ 不均一接合(Wide-to-Nanow gap heterojunction)時之比較。波長的長光Ⅰ及短光Ⅱ,以 x 點之光強度 Φ 及收集到的擔體數 $g(x)$ 來表示,即得圖2-14之(a′)及(b′)圖所示。可以知道收集效率,因不均一接合之窗效果而大幅

改善。由於不均一接合太陽電池之效率，是由這些效果互相連動著，故必須考慮到組合材料之禁制帶寬、光學、電學之常數及太陽輻射能量，做構造上的最佳設計。

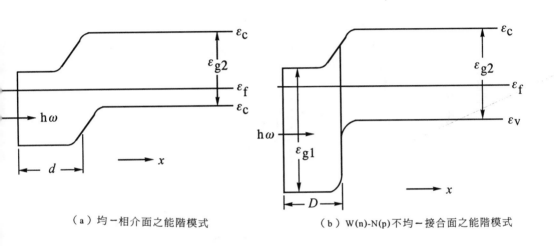

（a）均一相介面之能階模式　　　　（b）W(n)-N(p)不均一接合面之能階模式

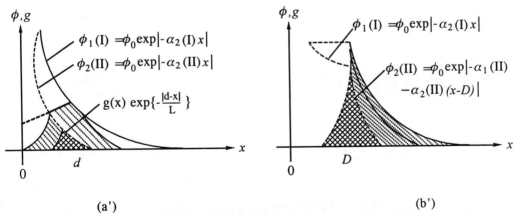

(a')　　　　　　　　　　　(b')

（a'）（b'）為光滲透及光電流所影響之載體濃度分布

圖2-14　不均一接合之寬間隙窗作用說明圖

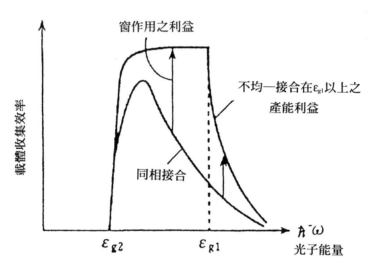

（c）均相與不均相接合之載體收集效率比較

圖2-14 （續）

2-7 理論限界效率與太陽電池之損失

太陽電池之轉換效率，可從半導體材料之光吸收光譜所求得之J_{sc}利用式(2-11)來計算，且與太陽光之光譜整合，只受限於此材料之光吸收光譜時，其轉換效率為理論限界效率(Theoretical limit efficiency)。圖2-8顯示主要太陽電池用材料光吸收係數之光子能量依存性。而圖2-15為這些光吸收光譜，依AM-1.5，100mW/cm²之入射光條件，所求之理論限界效率。研發狀態中所發表之最大效率及實際量產之電池效率組合圖，由圖2-15可知，地上用GaAs太陽電池，理論限界為28.5％，而研發已做到24.7％，且量產已可到20％。

　　另外，對於結晶矽而言，理論限界為27％，研發階段為24.2％，但量產規模時只有16～18％。又低成本之非晶矽(a-Si)太陽電池，理論限界為25.5％，但pin單一接合為13％，且10×10 cm²之實用型只有12％。太陽電池之能源轉換效率如上所述，即使考慮理論限界也只有30％，而且實際製做之太陽電池的實測效率如圖2-15所示，只有理論值的50～70％而已。矽p-n接合太陽電池之理論值為26％，實際市售矽太陽電池轉換效率只有12～14％而已，下述分析損失及轉換效率之原因。

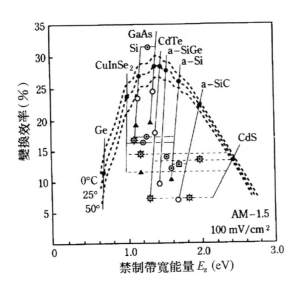

圖2-15　各種太陽電池在室溫理論效應

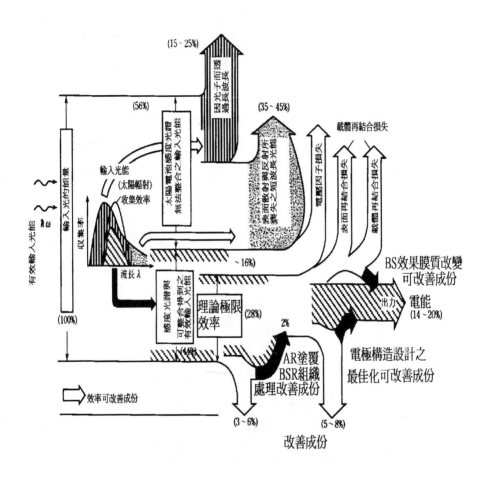

圖2-16　太陽電池能量遷移過程及損失成份分析

　　首先，圖1-1所示太陽輻射能量光譜，與圖2-8所示之材料的光起電力效果上，所能吸收感度光譜之整合多少有重疊的問題。如同在2-4節知道，太陽電池之光譜感度，是由此材料之光吸收光譜，或禁制帶寬之材料常數及接合深度，此二因素來決定。圖2-15所示轉換效率的理論限界係依前者之材料常數所決定。在此，已定案之不能回收之損失成分，爲材料的光電光譜感度與太陽光光譜之不整合所致。也就是如同圖2-16所示，完整通過太陽電池用材，且不生成光擔體之成分，與在表面被反射或散射損失之能量。

　　在圖2-16所示之灰色部分，爲太陽電池材料的感度光譜及可整合之光入力能量，在太陽電池之設計上爲可改善轉換效率之成分。損失因素可分爲(1)從光譜感度而言，屬有效光，但在表面反射造成反射損失(reflection loss)；(2)生成之擔體在太陽電池之表面或背面電極之邊界面上，再結合所生表面再結合損失(surface recombination loss)；(3)在半導體整體材料上，再結合所生之整體再結合損失(bulk recombination loss)；(4)太陽電池因供給電力負載，當電流流過時，因電極或半導體整體內之電阻，所生焦耳熱之串聯電阻損失(series resistance loss)；(5)生成之光擔體，因半導體之內部電場作用而移動，造成分極，產生出力電壓。此時在p-n接合中，由不純物濃度所定之擴散電位V_D之解放電力無法取出。也就是帶有最低禁制帶寬ε_g之光子能量$\hbar\omega - qV_{OC}$ ($qV_{OC} \leq qV_D \leq \varepsilon_g$)之損失出現，此損失稱爲電壓因子損失(Voltage factor loss)。以上(1)～(5)之分類損失要如何抑制，爲太陽電池之技術重點。

2-8　高效率化技術及其構造物性

　　太陽光發電計畫如前所述，在眾多新能源開發當中，以其豐富性及無公害性而言，是乾淨能源中的佼佼者。然而卻也因使用超高純度半導體，故發電成本高爲其最大之缺點。所以說太陽電池之高效率化技術及使用低成本之材料，如圖**2-17**所示晶矽及非晶矽爲其計畫成功之重要因數。本節中探討高效率化之構造物性，並檢討其實用化技術上發生之基礎問題。圖2-17爲太陽電池作動上必要四個過程，從光能轉爲電能之順序，以方塊圖表示。圖中之B表示半導體光傳導作用之光擔體生成過程，及C內部電場造成之光生成擔體分極機能爲最其基本機構。特別是用何種方式得到C之內部電場，如圖2-17(b)所示，共有p-n接合太陽電池、Schottky Barrier太陽電池、不均一接合太陽電池、均一接合太陽電池及非晶矽太陽電池，所使用電場移動型光起電力效果之pin接合太陽電池等5種類。

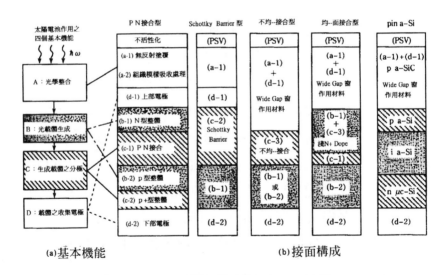

圖**2-17**　實用太陽電池原理機能與基本構成

太陽電池做爲能源轉換元件使用性能上，如何有效將光生成之電能，從端子上導出之電極配置也是重要的參數之一，如D所示。此外，在A中顯示如何有效的將光能導入半導體內之整合機能是重要的。具體技術而言，對在B之機構中所關係的半導體，儘量在寬光譜範圍上滿足無反射條件，是為必要。因此，使用誘電體膜在半導體間，接合屈折率之方法，或在表面上造成凸凹不平，使多重反射光進入半導體內。

表2-1　高效率化原理機構與具體的技術

Device 對策	實用技術
(A) 進入材料之光能有效封存	a-1) 無反射塗覆(表面反射損失的減少) a-2) Texture 表面處理 a-3) 裏面電極的亂射處理
(B) 光生成載體之有效收集與光起電力效果	b-1) 不均一接合所生少數載體鏡面效果 b-2) Drift 型光起電力效果 　⊙ pin 接合 　⊙ Gray dead Gap 　⊙ Gray dead 不純物 Dope(BSF)法 b-3) 超格子的利用
(C) 光生成載體再結合損失的降低	c-1) 光生成活性層膜質的改善 c-2) pn, pi, in 接合及不均一接合界面上的再結合降低
(D) 串聯電阻損失的降低	d-1) 透明電極的低電阻 d-2) 電極樣式的最佳化 d-3) Tunuel 效果電極及其最佳配置設計
(E) 電壓因子損失的減輕	e-1) 不均一接合的少數載體鏡面效果所生界面再結合的減少 e-2) Drift 型光起電力效果的利用 e-3) 其它BSF處理等
(F) 更寬能量光譜的收集	f-1) 4端子積層型電池 f-2) 2端子積層型電池 f-3) 不均一面接合 f-4) Wide Gap 窗作用(不均一接合,超格子利用)

　　爲增加太陽電池之效率，除了前述各種減低能源轉換機構之損失外，增加太陽輻射能量或擴展半導體能收集的光譜領域也是可以採取的手段。表2-1是配合圖2-17所示太陽電池原理機構之四項機能，將構造物性上之高效率方法加以分類後，在實用技術上所採取之具體整合表。

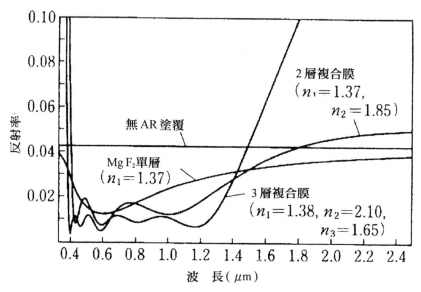

圖2-18　太陽電池用AR(無反射)塗覆之反射特性

　　首先在(A)中爲如何有效的將光學的整合部分，所接受的太陽光能量封存在半導體的活性層之對策。具體言之，利用AR(無反射)塗覆成組織表面處理等方法，將進入半導體內部之光，不再因內部電極而反射出來。圖2-18顯示結晶矽太陽電池上，無反射塗覆之特性。在玻璃上以MgF_2、TiO_2與CeF_3之順序，塗上單層到3層之反射膜。除了上述之塗覆材料外，也可以採用ZrO_2及Al_2O_3等，這些膜的折射率不同，故最低反射率之波長也不同。圖2-19爲非晶矽太陽電池的裏面塗上TiO_2及銀膜，藉銀粒子之亂反射，從裏側將光封存之BSR方法，比較插入圖之光收集效率，可以知道長波長的光被有效的封存在裏面，與不銹鋼基板比較，增加近10％之效率。

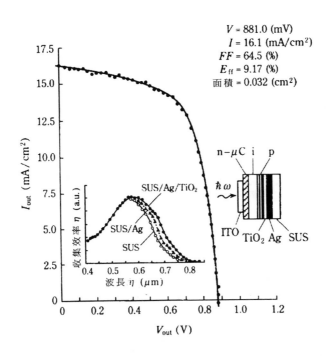

圖2-19　TiO₂與Ag膜所生成BSR處理後長波長側光子效率改善例

表2-1之(B)及(C)，為光生成擔體之有效收集及其再結合損失之降低法。首先為改善半導體活性層之膜質改善，其次為圖2-20所示之不均一接合，超格子在寬間隙窗作用成移動效果上，為有效收集擔體之對策。

移動型光起電力效果之具體技術上，有非晶矽太陽電池中使用的pin接合，或結晶型太陽電池上使用之**BSF(back surface field)**法。圖2-21為結晶矽之整體比電阻，擴散長度當做變數時，BSF效果對最終轉換效率之影響。由於a-Si太陽電池中,窗側p型層之光吸收率特別大,故如圖2-20(b)所示使用a-SiC之寬間隙窗作用較有效果,最近同圖(d)之超格子窗研究也在進行。至於(d)與(e)之串聯電阻損失及電壓因子損失之降低技術上,各種材料或模組大小之考量也在進行。具體而言,如電極模式之最佳化,或使用ITO以及SnO_2之多層膜做為透明電極亦被研究發展中。

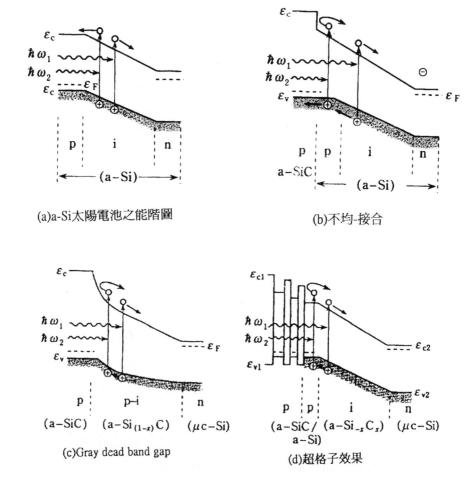

(a)a-Si太陽電池之能階圖

(b)不均-接合

(c)Gray dead band gap

(d)超格子效果

圖**2-20** Wide band gap窗作用所致高光子能量領域之光起電力增減及電場Drift效果所生載體收集效率改善及V_{oc}增加效果概念

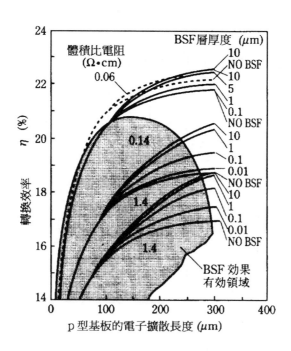

圖2-21 單晶矽 *PN* 接合太陽電池中，*p* 型基板的電子擴散長度 D_n 與轉換
　　　效率 η 關係(以 *p* 層之電阻及BSF層厚度爲變數計算例)

　　如圖2-22所示(d)中所示寬能量光譜之收集，爲利用2到3種類之半
導體將光譜感度，從光入射邊將寬間隙材料到窄間隙材料作一積層，
使全體增加光譜感度。比如說，使用二種類之半導體之不均一接合積
層型太陽電池(stacked solar cell，或稱爲tandem-type solar cell)上，如圖
2-23所示，第一層(電池Ⅰ)與第二層之太陽電池，可分爲製造時直接積
層之二端子元件，中間端子另外設三端子型，或分別製造二種類太陽
電池二張重疊之四端子方式等三個種類。積層型太陽電池上，由於在a
-Si之多層積層型太陽電池之界面上發現有內部電極作用，故主要在a-

Si系太陽電池之高效率化策略上被快速研究。對於第一層及第二層應該組合何種禁制帶寬之材料上，有各種最佳設計理論及實驗。

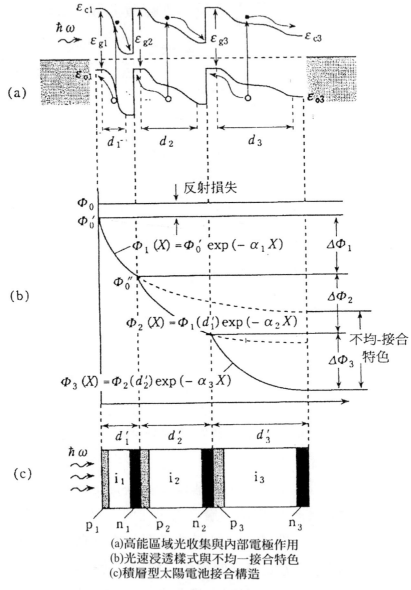

(a)高能區域光收集與內部電極作用
(b)光速浸透樣式與不均一接合特色
(c)積層型太陽電池接合構造

圖2-22　a-Si不均一接合積層型太陽電池動作原理

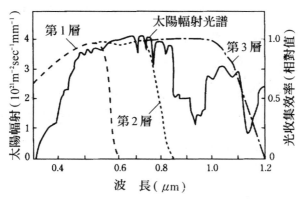

(d)　光譜與各分層光收集效率

圖2-22　(續)

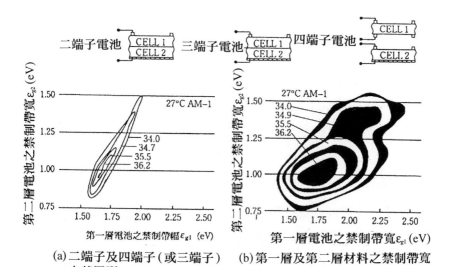

(a)二端子及四端子(或三端子)
　之基層型

(b)第一層及第二層材料之禁制帶寬

圖2-23 第一層及第二層材料之禁制帶寬與積層型太陽電池理論效
　　　率

　　圖2-23也針對二端子及四端子之二層積層型太陽電池上，其理論
達成效率與第一層及第二層半導體之禁制帶寬函數關係，求得結果之

達成效率與第一層及第二層半導體之禁制帶寬函數關係，求得結果之表示。非晶矽本來是太陽電池之低成本化上被首先考量之對象，但由於其為非晶體組織，故擔體移動度及擴散長度等比結晶矽要差，故其理論達成效率比較上亦較差。從這些觀點來看，為改善積層型太陽電池之效率，就有各種新組合，如a-Si/a-SiGe、a-SiC/a-Si-a-Si/poly Si、a-Si/C-CuInSe$_2$與a-Si/poly CdS/poly CdTe等多被研究開發進展。

第三章
太陽電池測定法

太陽電池之出力特性，當然受到使用光源強度而變化，而且對光源之光譜及使用回路性質也很敏感。因此在測定上，首先要了解這些影響因子之大小，設定適當的測定條件，使不致產生誤差。現實上，使用太陽電池之場合，也應考慮其影響，預先知道給與條件下所得的出力特性。因此在正確規定之標準測定方法下，所得到的出力特性及正確預測值，被給與條件下之特性相當必要。

本章將以太陽電池之測定法為中心，說明回路串、並聯電阻之原因及測定上，所用各種光源光譜之不同及太陽電池分光感度之出力特性的差異；並介紹溫度、照度相關補正法及實際上所執行的標準測定法。

3-1　回路之串、並聯電阻測定法

在前章已說明太陽電池等價回路、串聯及並聯電阻，對太陽電池特性之影響。在此我們說明回路之串並聯電阻發生原因及其測定法。

3-1-1　串聯電阻

串聯電阻包含有表面及裏面電極的電阻，電極半導體界面之Omic接觸電阻，擔體流過表面層之電阻以及整體電阻，其計算方法一般使用Handy及Milnes等解析法。

實際上太陽電池如前所述，當R_s在0.5Ω以下時，影響很小。而當照射強度大之場合才有影響。大面積電池或集光型太陽電池等大電流流通時，設計上需要注意。

串聯電阻之最簡便測定法，為利用順方向特性之直線部分來算出，如圖3-1所示，在具有直線性之I_1與I_2之電壓降可算出串聯電阻。

圖3-1

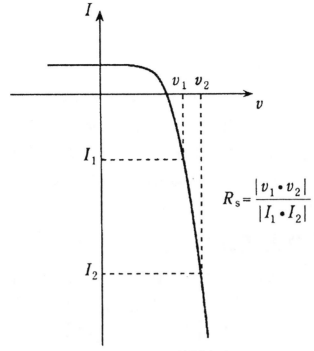

$$R_s = \frac{|v_1 \cdot v_2|}{|I_1 \cdot I_2|}$$

圖3-1 Rs值測定法

　　另外一個方法為光強度變化法，此方法係改變照射強度以測定電流-電壓特性，而算出R_s，詳細說明將在3-3節進行。

　　其他也有針對寬範圍光強度之$V_{oc} - I_{sc}$曲線與暗時順電流特性，或明時順電流之特性，來求R_s之方法，以一定光強度之電流-電壓特性，來算出方法亦有。

3-1-2　並聯電阻

　　並聯電阻在接合部缺陷多時、漏洩電流大時，或形成不完全之接合時，會有問題發生。通常之太陽電池，R_{sh}比1kΩ還要大，故其影響可以忽視。惟在使用太陽電池以檢出微弱之光時，因光電流相當小，故R_{sh}之影響相當大。並聯電阻之測定方法，一般以最簡便之逆方向特性的直線部分來算出。

3-2　光　源

　　正確評估太陽電池之性能不只在研發上，在系統設計上，管理或商品買賣上也極重要。自然的太陽光因地理位置，天候條件，季節及日時等，使得入射角照度與分光放射照度都改變，故無法用做太陽電池之測定用光源。通常評估太陽電池時，使用模擬太陽光之人工光源(solar simulator)。

3-2-1　基準太陽光

　　由於地上之太陽光不斷的變動，故必須指定空氣質量值(Air Mas)，即AM值及大氣常數亦稱為基準太陽光，以決定測定時之照度。現在日本品質保證機構及美國DDE所採用之基準太陽光，是以美國IEC所提案，傾斜面全天日射之基準分光放射分佈為基準，且考慮散射光成分之TC-82標準，如圖3-2及表3-1所示，溫度為25℃。

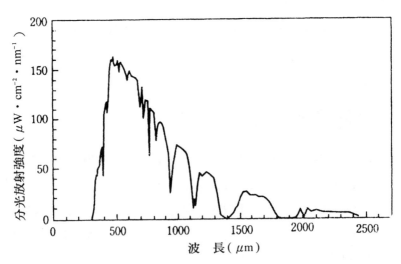

圖3-2　基準分光散亂分佈(TC-82)(取材自國際電子技術委員會)(IEC；International Electroctechnical Commission)

表3-1　自然光的分光放射分佈(IEC[USA(AM-1.5)])

全放射照度：100 m W/cm²

波長 [nm]	放射照度 [μW/cm²·nm]	波長 [nm]	放射照度 [μW/cm²·nm]	波長 [nm]	放射照度 [μW/cm²·nm]	波長 [nm]	放射照度 [μW/cm²·nm]
305	0.95	520	148.44	880	93.29	1477	10.55
310	4.23	530	157.18	905	74.88	1497	18.20
315	10.78	540	156.02	915	66.78	1520	26.25
320	18.09	550	155.09	925	69.01	1539	27.41
325	24.68	570	150.10	930	40.35	1558	27.49
330	39.52	590	139.50	937	25.82	1578	24.45
335	39.00	610	148.48	948	31.35	1592	24.73
340	43.51	630	143.36	965	52.66	1610	22.86
345	43.88	650	141.94	980	64.62	1630	24.44
350	48.36	670	139.18	993.5	74.65	1646	23.47
360	52.01	690	112.96	1040	69.03	1678	22.94
370	66.60	710	131.63	1070	63.73	1740	17.15
380	71.23	718	101.00	1100	41.24	1800	3.07
390	42.05	724.4	104.28	1120	10.89	1860	0.20
400	101.28	740	121.08	1130	18.90	1920	0.12
410	115.78	752.5	119.34	1137	13.21	1960	2.12
420	118.36	757.5	117.51	1161	33.89	1985	9.11
430	107.15	762.5	64.29	1180	45.98	2095	2.68
440	130.15	767.5	103.03	1200	42.34	2035	9.95
450	152.55	780	112.07	1235	48.03	2065	6.04
460	159.90	800	108.12	1290	41.29	2100	8.91
470	158.04	816	84.89	1320	25.01	2148	8.21
480	162.77	823.7	78.47	1350	3.25	2198	7.15
490	153.86	831.5	91.61	1395	0.16	2270	7.02
500	154.82	840	95.95	1442.5	5.57	2360	6.20
510	158.59	860	97.85	1462.5	10.51	2450	2.12

全天日射：AM 1.5，100 mW/cm²，水平面 37°傾斜
散乱度 0.2，H₂O 1.42 cm，O₃ 0.34 cm，混濁度 0.27(0.5 μm)

3-2-2　測定用光源

測定用光源一人工光源，最理想者為基準太陽光與分光放射照度相等，且全放射照度可變者最佳。然而，現實上那種光源裝置太困難。現在檢討中之種類有Xeon Short Arc Lamp，Long Arc之pulse Xe光，W-鹵素燈(附有紅外線補正)者。

不管那一個光源，皆含有光學系統及光譜補正濾波器，使其與地上太陽光之基準光譜可以比較。人工光源之性能，以100nm波長為分割之基準光譜，可分為A到C級，參照表3-2。

表3-2　人工光源的特性

性　能	等　級		
	class A	class B	class C
與基準光譜之偏差	±25%	±40%	±60%
照射強度面內均一性	± 2%	± 5%	±10%
照射強度安定性	± 2%	± 5%	±10%

1.　定常光型(連續光型)人工光源

通常所使用之定常光型人工光源，係使用Xe短弧燈泡作為光源，其特徵為(1)色溫度6000K，靠近太陽之溫度(5762K)；(2)亮度高，使用適當之光學系統可以得到好的光束。反之，由於在近紅外光部(800～1000nm)存有Xe特有之強光線，為了抑制它，必須使用補正過濾器。圖3-3為500W之Xe燈泡，以25A(500W)，15A(300W)點燈之光譜分佈的比較圖。Xe短弧之放射光含有連續光譜及亮線光譜，增加燈泡電流時，使前者之強度比後者之強度增加。使用色溫度與太陽溫度相似之Xe弧燈,是為要得到與基準太陽光靠近之分光放射分佈,除了要使用能抑制近紅外部之亮線過濾器外,也需要與大氣之透過特性等價過濾器。現實上,因大氣而散射之紫外線(200～480nm)及存在強光輝線之近紅外線(800～1000nm)使用2枚層膜過濾器將其抑制後,即可得AM-1,AM-1.5及AM-2之人工光源。圖3-4為使用AM-1.5人工光源之分光放射特性。

2. 使用Xe燈以外光源定常光型人工光源

　　Xe燈泡以外之光源,首光想到的是鹵素-鎢絲燈泡,這是將Br或I等注入到鎢絲燈泡內以求得高溫之方法。然而溫度只有3000～3400K,比太陽之溫度要低,光譜分佈偏向長波長,如圖3-5所示,不大適合當人工光源。將鹵素燈掛上適當的Dichroic鏡之ELH燈泡,其分光放射特性,如圖3-6所示,使得它可以做為太陽電池之測定。

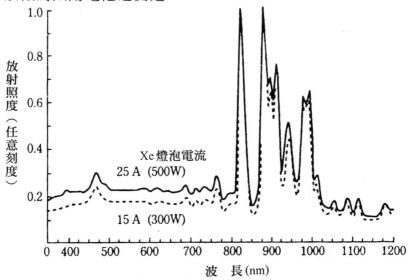

圖3-3　500W Xe燈泡分光放射度的燈泡電流依存性

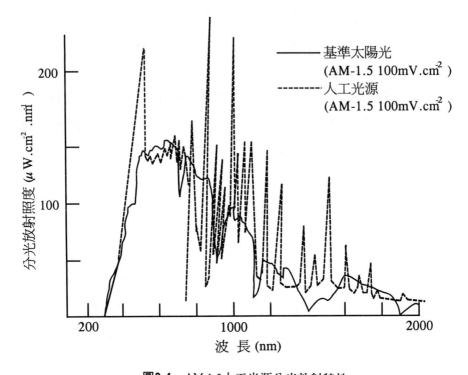

圖3-4　AM-1.5人工光源分光放射特性

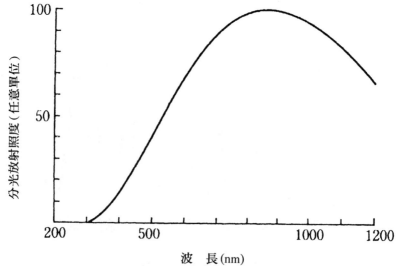

圖3-5　鹵素燈泡分光放射照度(色溫度3400K)

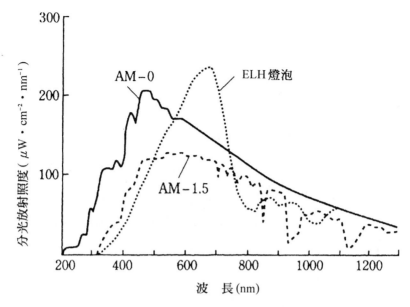

圖3-6 ELH燈泡人工光源分光放射特性

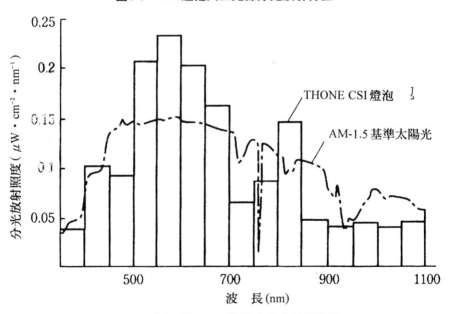

圖3-7 鹵化金屬(MX)燈泡之分光放射特性

　　此外，金屬鹵化合物燈泡光源，是將MX封入放電燈內，以封入金屬之發光來調整發光光譜。如圖3-7所示，兩者相當一致，即使沒有補正過濾器，也可當做人工光源來使用。

3. Pulse型人工光源

　　光源使用Xe閃光燈泡，瞬時可注入大電力(數百瓦至數百萬瓦)至燈泡，利用高亮度發散光，使大面積之照射成為可能，做為太陽電池模組之測定，在某時間內之光量為一定，但是電流-電壓特性之測定時間卻很短，因此需要使用能高速處理數據用的電腦系統。

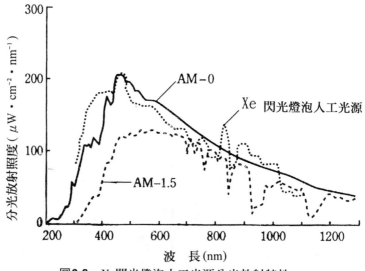

圖3-8 Xe閃光燈泡人工光源分光放射特性

　　pulse型人工電源放射照度之調節有(1)改變照射距離法，(2)改變燈泡電流之兩種方法。使用後者時光譜分佈也會變化，故常使用前者方法。當Xe閃光燈的光譜分佈之電流密度變大時，連續光譜將比亮線光譜大，故不需AM過濾器。(但因色溫高達7000～9000K，故需要紫外線的補正過濾器)。但由於燈泡負荷過大，壽命較短，圖3-8顯示了pulse型人工電源之分光放射特性。

4. 複合型人工光源

如前所述，使用Xe燈泡之人工光源在近紅外線處有獨特的亮線，為了抑制此輝線，故開發出與鹵素燈組合之二光源系統。圖3-9顯示此二光源系統之分光放射特性。此等人工光源用來評估在紅外線部分，具有感度特性之太陽電池較有效。

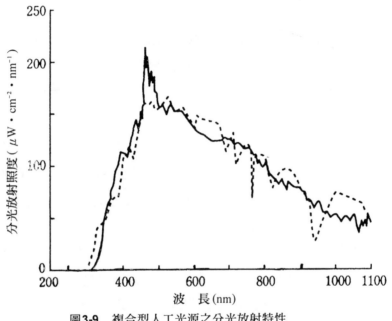

圖3-9　複合型人工光源之分光放射特性

3-3　出力特性換算及補正

太陽電池之分光感度特性，在前章已經說明過，其與光之波長有極大關係，入射光之光譜改變時，其出力特性，特別是出力電流即改變。因此只用功率表來量測強度較不充足，因此預測實際測定用光源與測定上，應該使用之光源光譜(如AM-1.5)及強度(如100mW/cm²)之間所生之出力特性差，以得到正確出力特性補正。具體光強度補正法有(1)絕對值較正法；(2)參考電池法(Reference-Cell)。

3-3-1 絕對值較正法

太陽電池所產生的光短路電流I_{SC_1}，由下式表示

$$I_{SC_1} = \int_1^2 I_S(\lambda) \cdot F_1(\lambda) d\lambda \tag{3-1}$$

上式之λ_1為太陽電池之最短感度波長，λ_2為太陽電池之最長感度波長，$I_S(\lambda)$為太陽電池之絕對分光感度，$F_1(\lambda)$為入射光之分子數的光譜。

太陽電池之絕對分光感度$I_S(\lambda)$為各波長上，入射光子數與外部可取出之電荷數之比。當1個光子入射，且有1個電荷當做電流被取出時，其值為1。另外，$F_1(\lambda)$表示入射光之各波長的光子數。因此，$I_S(\lambda)$與$F_1(\lambda)$之積為入射光在各波長相對應之電流值。此積分用波長乘積時，即得到入射光所發生之短路電流。

下面針對實際的測定法加以說明。首先，$I_S(\lambda)$為使用附有偏差光之定光子分光器來測定。所謂偏差光即為分光感度測定時，附加至單色光之白光，為要求得實際使用狀態下之分光感度時必要的東西。因此偏差光必須與測定對象之入射光同種類及強度(如，AM-1.5，100mW/cm²)。當單色光之光密度為一定值A之定光子分光器，所測定的太陽電池之電流為$I_{CP}(\lambda)$時，則$I_S(\lambda)$值由下式求得。

$$I_S(\lambda) = \frac{I_{CP}(\lambda)}{SA} \tag{3-2}$$

S為太陽電池之面積。此絕對值校正法之重點，在利用定光子分光器測分光感度正確之絕對值。定光子分光器所產生的單色光之光子數(能量密度)，真空熱電偶等高精度功率計來測定，但因此測定對全體的測定精度有影響，故需校正絕對分光放射強度。此外，入射光的光子數光譜$F_1(\lambda)$之值，係將測定對象光之能量密度光譜，換算成光子密度之值。如IEC之TC-82的AM-1.5光譜(圖3-2)。傳統上使用直達日射量的光譜，最近也使用全天日射量的光譜。

當$I_s(\lambda) \cdot F_1(\lambda)$求得時，依(3-1)式可求得規定的入射光之太陽電池的短路電流I_{SC_1}，此I_{SC_1}之值與實際測定到之短路電流I_{SC_2}之比C_{SC}，即為補正後校正係數。

$$C_{SC} = \frac{I_{SC_1}}{I_{SC_2}} = \frac{\int_1^2 I_s(\lambda) \cdot F_1(\lambda)d\lambda}{\int_1^2 I_s(\lambda) \cdot F_2(\lambda)d\lambda} \tag{3-3}$$

$F_2(\lambda)$為實際測定上所使用光源之各波長光子數。

3-3-2　參考電池法

絕對值校正法之困難在於太陽電池短路電流I_{SC_1}之值。故較簡單校正入射光之方法為使用參考電池法。預先使用3-3-1項之方法中得到I_{SC_1}之太陽電池(參考電池)，調整照射光之強度為參考電池之短路電流I_{SC_1}，以測定太陽電池之特性。參考電池之短路電流值之附與方法，希望能被繼續進行研究，參考電池法中應注意下述二點：

1. 選擇幾乎沒有經時變化之特性者，定期校正。
2. 參考電池必須與待測太陽電池之分光感度特性較一致者。

3-4 照度及溫度之依存性

太陽電池隨測定時之溫度及照度，其特性會改變，當測定條件改變時，即需測其特性，故其效率性差。因此將標準條件下所測之結果加以補正，以預測給與條件下之特性。基準狀態下之電壓、電流、放射照度及被測定太陽電池之電池溫度，各以V_2、I_2、E_2與T_2表示，而任意狀態下被測定之相對值及短路電流，以V_1、I_1、E_1、T_1及I_{sc}表示時，用下式進行補正。此方法在JIS中針對結晶系太陽電池有規定。

$$I_2 = I_1 + I_{SC}\left(\frac{E_2}{E_1} - 1\right) + \alpha(T_2 - T_1)$$

$$V_2 = V_1 + \beta(T_2 - T_1) - R_s(I_2 - I_1) - K I_2(T_2 - T_1) \tag{3-4}$$

上式中為待測太陽電池電池溫度變動1℃之I_{sc}變動值，(A/℃)，β為待測太陽電池電池溫度變動1℃變動之V_{oc}變動值，(V/℃)，R_s：待測電池之串聯電阻，(Ω)，K為曲線補正因子(Ω/℃)。

此四個補正係數代表太陽電池特性之係數，其測定及計算法在以下說明，惟以下之測定全部用JIS規定之人工光源來進行。

1. I_{sc}及V_{oc}之溫度係數：α，β

   以放射照度100±1mW/cm²，約10℃間隔，至少5點在10～70℃範圍內之變化溫度，測定出力特性。此時，必須注意太陽電池之溫度要保持安定，各溫度下所得到之I_{sc}及V_{oc}對溫度作圖，以最小二乘法做直線校正。以上之手法所得到直線之斜率，以出力電流之溫度係數α_c(A／℃)及出力電壓之溫度係數β_c(V/℃)表示。

　　模組出力電流及出力電壓之溫度係數α及β值，各以下式計算

$$\alpha = \eta_P \cdot \alpha_c$$
$$\beta = \eta_s \cdot \beta_c$$
(3-5)

　　式中η_P為模組並聯之電池數，而η_s為串聯電池數。

2.　串聯電阻：R_s

　　圖3-10所示，以二不同放射照度(如120mW/cm² 及80mW/cm²)在室溫(25℃)測定其Ⅰ-Ⅴ特性曲線。室溫之變化控制在2℃以內。選擇高放射照度下Ⅰ-Ⅴ特性曲線上，比V_{pm}稍高之電壓P點，設此電流值與I_{sc_1}之差為ΔI，則低放射照度下之Ⅰ-Ⅴ特性曲線上之電流等於$I_{sc_2} - \Delta I$之點Q可以求得。

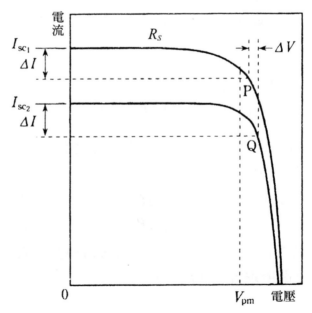

圖3-10　串聯電阻R_s之決定方法

點 P 與點 Q 之電壓差 ΔV 可以求得，再以下式(3-6)算出 R_{S1} 值。

$$R_{S1} = \frac{\Delta V}{I_{SC_1} - I_{SC_2}} \tag{3-6}$$

式中 I_{SC_1} 為高放射照度下電池的短路電流，而 I_{SC_2} 為低放射照度下之電池的短路電流。

再用第三放射照度在同溫度下，測 Ⅰ-Ⅴ特性曲線，與先前測定之兩個 Ⅰ-Ⅴ特性曲線各別組合對照，可以求出 R_{S2} 及 R_{S3}，R_{S1}、R_{S2} 及 R_{S3} 之平均值為 R_s。

3. 曲線補正因子：K

在太陽電池使用之溫度範圍內，並選擇30℃以上之溫度幅寬3點，T_3、T_4 及 T_5。各溫度下之 Ⅰ-Ⅴ特性，以放射照度為1點(如80mW/cm²)來測定 K 之推定值(如結晶矽為 $1.25 \times 10^{-3}\Omega ／$℃)。以下式(3-7)之利用 T_3 所求得 Ⅰ-Ⅴ特性，來求 T_4 之電流及電壓。

$$I_4 = I_3 + \alpha\,(T_4 - T_3)$$
$$V_4 = V_3 + \beta\,(T_4 - T_3) - K I_4\,(T_4 - T_3) \tag{3-7}$$

上式之 I_3 與 V_3 為 T_3 之 Ⅰ-Ⅴ特性上之電流與電壓，I_4 與 V_4 為 T_4 之 Ⅰ-Ⅴ特性上之電流與電壓。

由上式所求得之 T_4 的電流與電壓，若與 T_4 之實測值不符時，改變 K 值，使其一致。K 值定察時，將 T_3 及 T_4 之特性用同手法移至 T_5，確認與 T_5 之實測值是否相同。若不一致則改變 K 值使其一致。最終之 K 值為 T_3 到 T_5 之各溫度間所求得三個 K 之平均值。

3-5　太陽電池單體特性實測法

　　在太陽電池之開發上，實際上如何測定太陽電池之特性；本節中將說明常用方法，如太陽電池單體(unit cell)及模組化法。

3-5-1　太陽單體電池(unit cell)測定

　　太陽電池到底可以出多少電力，最好方法莫過於在實際使用場所放置下，以自然太陽光之測定最準。然而現實上，太陽電池之開發製造及使用者，都希望有同條件下測之公稱值。如此在製品管理上，系統設計上也較實際。一般以人工光源在一定條件下測定得多少出力，以作為太陽電池特性評估用。

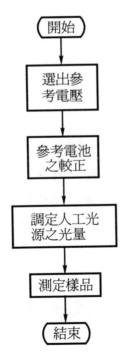

圖3-11　太陽電池測定之流程圖

　　人工光源已在3-1-2項說明過，Xe短弧燈泡之定常光型模擬光源最常使用，而在模組化大面積樣品之測定上，常用Xe閃光燈之pulse型人工光源。下述太陽電池之測定順序說明如圖3-11所示。

1. 參考電池之校正

　　太陽電池特性之測定在3-2-2項中已說明過，從待測之太陽電池群中選出代表的太陽電池，以此太陽電池做為參考電池以測定其他的太陽電池之特性。此地所謂的太陽電池群指具有同樣分光感度特性而言，參考電池法中正確評估參考電池之短路電流I_{sc}，極其重要。其校正期望由權威機構如日本品保機構(JQA)進行。

2. 人工光源之光量調整

　　校正過之參考電池在人工光源下測定，將其短路電流利用人工光源之光量調整，調整到短路電流之校正值。

3. 太陽電池測定

　　調整光量後，測定待測之太陽電池。此時樣品位置必須與參考電池同位置，此為避免人工光源在光強度內面之誤差值。

3-5-2　大面積模組之測定

　　進行模組之測定，除面積較大外，其餘與單位電池之基本性質相同。當然人工光源之選定，要能確保照射至所需面積，確保均一性並不容易，需要更高精度之人工光源。此外，通常模組包含數個單體電池之串聯，因為各單體電池之電流值為全體效率之控制因子，故對光之均一性有很大影響。就極端之例子而言，在測定時若模組之方向不同，則測定結果亦不同。至少也要確認模組之測定方向改變之特性有無安定。模組極端大之場合，可能人工光源無法罩住所有之面積，此時只有利用屋外自然光。而因自然光時常改變，故使用標準電池之測定及Real time之監測為不可或缺。當然希望標準電池之分光感度能與模組相同。將同型小面積電池在規定光源下做標準化為一期望。對於光的均一性而言，若非也要考慮全般系統可能受雲影響之大面積外，是沒有問題。

3-5-3　太陽電池特性測定重點

　　3-4節已說明過，太陽電池特性易受溫度改變，因此測定時一定要保持電池均溫。**國際電子規格標準化委員會IEC**之規定為25℃，若在不同溫度下測定時，將其換算為25℃之值。但是3-4節所述之換算法為針對結晶系太陽電池，在測定非晶矽等材料特性不同之太陽電池之場合，有時發電機機構不同，此換算法不適用，希望在正確之溫度下進行測試。

　　保特測定時溫度均一之方法，如使用參考電池之氣密盒為例，使用熱傳導性良好之材料如鋁，在電池內側面設有水流之溫控裝置。參考電池以外，使用pulse型人工光源測定大面積之模組化太陽電池，測定時照射時間只有幾秒，溫度不致上升。針對非晶矽長時間光照射之光劣化實驗上，使用有防止溫度上升之冷凍機的人工光源，當光照射時，不斷進入保溫用冷氣。為了增加太陽電池特性之測定精度，可以將參考電池與待測太陽電池同時測定，補正測定時燈光強度之變動或位移，將數次之測定值加以平均亦可，惟其前提為人工光源之光強度之面向均一性良好。

　　使用人工光源時，必須牢記人工光源之光譜分佈，起因之曲線因子(FF, fill factor)及開放電壓(V_{oc}, open circuit voltage)之變化。參考電池方式上，只是讓短路電流之水平與基準狀態一致(分光放射照度特性不一定一致)，特別在積層型太陽電池之場合更要注要。這種分光放射照度之分佈也會因人工光源之燈泡，過濾器或其經時變化而不同，必須隨時注意其分光照射特性，在保養上不斷注意。

現在積層型太陽電池之測定法，對於單光源型之人工光源而言，可依預測各積層型太陽電池使用何種波長領域之光來發電，針對各太陽電池所使用參考電池(一般指單結晶矽太陽電池組合適當之過濾器)調節光強度之方法，或依3-2-2節中使用複合型人工光源之兩種方法。特別針對積層型太陽電池而言，在自然太陽光下之特性評估極為重要，亦即檢討屋外測定之可行性。

太陽電池研發之相關者，對於所述太陽電池特性之測定方法，若能了解其特徵及問題點，並殊能充分使用人工光源之特性，則在正確評估太陽電池正確評估上必大有助益。

第四章
各種太陽電池

　　本章以前述太陽電池之概要、原理及測定法為基礎，針對各種太陽電池之詳細情況，加以闡述。太陽電池以材料，可區分為矽系、化合物半導體系及其他三種類。實用化之太陽電池大部分為Si系，結晶構造又細分為單晶、多晶及非晶系三種。本章溯其歷史，從單晶矽、多晶矽太陽電池及非晶矽太陽電池等順序，說明其開發經過，現狀及未來展望。此外，針對化合物太陽電池，也針對Ⅲ-Ⅴ族、Ⅱ-Ⅵ族以及calcopilite等系的特徵、現狀及展望，加以介紹。最後再簡單說明其他無機太陽電池，有機太陽電池及濕式太陽電池。

4-1　單晶矽太陽電池

4-1-1　概　說

1. 矽太陽電池之沿革

　　　　將光照射至固體內，使其生成正、負電荷，並將其分離而在外部產生電流之光起電力效果，在19世紀即在半導體Se中發現。利用此效果之光電池從1930年代即被應用在照相機的曝光計上。從電晶體的發明以來，半導體的物性相繼被研究，電荷的舉動漸漸被解明，隨著半導體加工技術之進步，將B擴散至n型Si單晶中，以製作比較淺的p-n接合也成為可能。因此利用太陽電池將太陽光能轉換成電能之利用方法在1954年即被提案。

　　　　將太陽光照射Si的p-n接合時，含有大於禁制帶寬(一般室溫下約1.1eV，但高Dope時1.02eV)能量之光子在Si內產生電子-正孔對，其一部分由p-n接合內部電場之作用而分離，造成外部回路的電流通過。禁制帶寬的1.02eV相當於波長1.2μm。原理上，雖然1.2μm以下之光產生電子-正孔對，但實際的太陽電池上，超過1.02eV之能量變得沒有用處，故能源轉換效率隨短波長之存在而降低。從觀測到的作動電壓0.5V來考慮，將此損失對全太陽光譜來計算，極限效率約爲22％。然而現實上，由於Si表面之反射，生成之電子與正孔在到達p-n接合前因再結合、表面層電阻及接觸電阻等損失，轉換效率只有6％。

　　由於基本特性在理論上被說明，隨著特徵之解析，單晶矽太陽電池在燈塔、人造衛星上電源之利用變成實用化。1960年代前半，達成14～15％之轉換效率。1973年代隨著石油危機之開始，此種新能源利用被廣泛認識，高效率低成本之太陽電池開發也被大眾期待。由於這個期待，才有各種材料、製作法及素子製造等之研究發展。

2.　單晶矽太陽電池特徵

　　　單晶矽太陽電池之特徵極多，主要爲如下所述：

(1)　原料矽之藏量豐富。由於太陽光之密度極低，故實用上需要大面積的太陽電池，因此在原材料之供給上相當重要，再加上Si材料本身對環境影響極低。

(2)　由單晶製造技術或p-n接合製作技術，爲電子學上Si積體電路之基礎技術，隨著技術成熟度增加而進步神速。

(3)　Si之密度低，材料輕。特別是對應力相當強，即使厚度在50μm以下之薄板，強度也夠。

(4)　與多晶矽及非晶矽太陽電池比較，當然其轉換效率較高。

(5)　發電特性極安定。在燈塔與人造衛星實用上，約有20年耐久性。

(6)　由於能階構造屬於間接遷移型，在太陽光譜之主區域上，光吸收係數只有$10^3 cm^{-1}$程度，相當小。故爲吸收太陽光譜，需要100μm厚之矽。

4-1-2 構　造

1. 接合構造

　(1)　基本構造

　　　　為將光照射在半導體內產生之電子與正孔分離，不能從外部印加電壓，而必須在內部製造一電場。通常利用製作法已確立，且特安定之*p-n*接合或使用金屬-半導體接觸之Schottky障壁也可以。單晶矽太陽電池之基本電池結構顯示在圖4-1。使用的基板，*p*型或*n*型皆可以，然而因*p*型中之電子少數擔體之擴散距離比*n*型中之少數擔體之正孔要長，故為了加大光電流，一般使用*p*型，用耐放射線佳之*p*-Si基板也是一大原因。表面部分形成*n*⁺層，為*n*⁺*p*接合(*n*⁺表示*n*型之不純物大量添加)。接合之深度通常0.5μm左右受光面(*n*⁺層之電極，為了使光能有效入射矽表面，故形成細手指(Finger)狀。電極細且長，則串聯電阻變大。取出電力之電池內部電阻變大之結果，在適當間隔上，設計粗的bus bar以降低電阻，在裏面電極上通常都有這些設計。

　　　　由圖4-2所示，因光照射所生之電子與正孔中的少數擔體(*p*型為電子，*n*型為正孔)，因擴散而向接合部移動。由於內部電場使電子往*n*側，正孔往*p*側分離之結果，各成為多數擔體。因此*p*側電極上正電荷之正孔集中，而*n*側之電極上負電荷之電子集中，所以從外部回路上取得光電流，少數擔體雖因擴散而往*p-n*接合部移動，但途中與多數擔體再結合，無法到達接合著也有，其結果使得從接合部到少數擔體之擴散距離內(圖中的*L*ₚ及*L*ₙ)所生成之電子-正孔對，對光電流有貢獻。

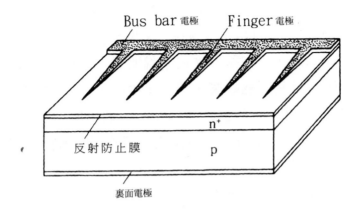

Bus bar電極　　　Finger電極

n⁺

反射防止膜　　　p

裏面電極

圖4-1　單晶矽太陽電池構造

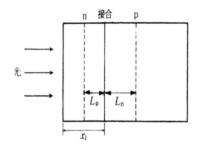

n　接合　p

光

L_p　L_n

x_j

圖4-2　光起電力效果之少數載體效應
(x_j爲接合深度，L_n、L_p爲電子與電洞之擴散長度)

(2)　淺接合構造

　　短波長的光，由於半導體的光吸收係數很大，故在表面被吸收而生成電子-正孔對。若接合太深時，則使得在表面生成之少數擔體不易到達，再加上表面之再結合速度大時，生成之電子-正孔對因而消滅，更使到達接合處之少數擔體降低。要增大光電流時，只有增強短波長之應答性，減低接合部深度(0.1～0.2μm)，並使表面再結合速度減小，爲使短波長領域之感度增加，必須使n層變薄，而且爲使少數擔體之擴散距離變大，不可增加不純物濃度。這種電池稱爲紫色電池(Violet cell)。曾在基本構造中說明過，n層電極構造的長手指狀電極，且其間隔較寬。若爲集中p–n接合部之電場，所分離之電子，而使其通過長距離之n層，則串聯電阻變大，因此如圖4-1，通常太陽電池，爲降低那部分的電阻，會增加不純物量成爲n^+層。

⑶　BSF(Back Surface Field)構造

　　若考慮單晶矽之光吸收係數及太陽光譜，並以擴散距離之典型值來計算轉換效率，則如圖4-3所示點線部分，n^+p之接合電池中厚度爲100μm以上的效率一定，不需要較大厚度。因此，可以達到薄膜化，減少材料重量及因吸收紅外線所致溫度上升。然而爲了薄膜化而在少數擔體的擴散距離內附加表面電極，則使得應該轉化的光電流之少數擔體，因爲在電極部分再結合而被消滅。也就是說光電流減少及轉換效率降低。爲避免這些結果發生，故在裏面電極近旁形成p^+層而有n^+pp^+構造如圖4-4所示能階帶圖，在裏面pp^+層間之費米準位差而形成電場，此稱爲BSF構造(back surface field)。

　　由pp^+層之障礙使得在p型基板內，所生成之少數擔體(電子)中，向裏面的被反射回來，故電極部分之再結合不再發生，使到達p–n接合部數目增加，這是增大擴散距離之功用。對長波長的光而言，單晶矽之光吸收係數低，故長波長光可從表面到達較深部分，產生電子-正孔對，所以BSF構造可以改善長波長領域之感度，增加光電流。除此之外，pp^+層間之能量差也造成開放電壓增大，使得p^+層對多數擔體之正孔而

言，形成低電阻之歐姆性電極，造成曲線因子之改善。此
BSF構造(也稱為HL，High-Low構造)，對薄膜電池而言，有
顯著效果，如圖4-3實線部分所顯示之效率增加。

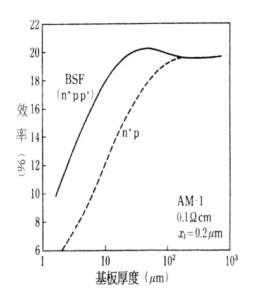

圖4-3　BSF構造的依存效果

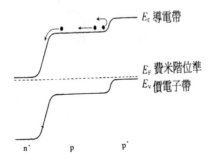

圖4-4　含有BSF構造之太陽電池能階模式

2. 電極構造

　　　電極功用是將電池所產生之電力以最少損失取出,因此希望有良好的歐姆性接觸,低的串聯電阻,接著強度高、焊接性良好。

　　　受光面側之電極由Finger及Bus bar所組成,其形狀樣式及面積,由受光損失最小及串聯電阻最小之重疊部分來決定。為使受光損失最低,電極所占面積越小越好。另外電池,其串聯電阻與受光面側之面抵抗成比例增加,與Finger之支數的平方成反比例減少。代表的電極樣式在圖4-5顯示,$10\times10\,cm^2$之電池之Finger寬度(間隙):75μm(2mm),127μm(4mm),Bus bar之寬度(數目):1mm(4),0.25mm(4)。電極所占之面積一般在5~7%。在大面積電池時,使用Lead線用箔片以降低串聯電阻。對於n層很薄,添加不純物量少的Violet cell或集光用電池場合,將微細的Finger形成多數支。

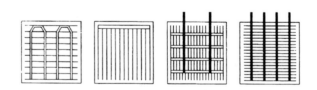

圖4-5　典型電極樣式
(細線為Finger,白色中空線為Bus Bar粗線為帶狀電極)

　　　為得到良好的歐姆性接觸,裏面電極通常為全面電極,因不同場合,使用圖4-6之BSR(Back surface reflector)構造者也有。活用在裏面光的反射,而使在入射光路上未被Si所充份吸收之光,可在反射光路上被吸收,以增加光電流。因為在半導體內未被吸收之長波長光,在裏面被反射從表面被放出,而使電池之溫度不上升，這些都是優點。特別在太空用途時，因輕量化故可利用爲薄型太陽電池。

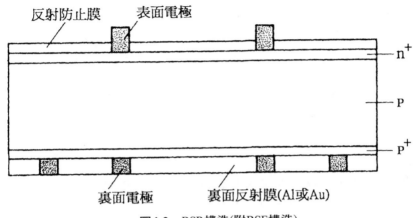

圖4-6　BSR構造(附BSF構造)

3. 封存光之構造

⑴　反射防止膜

　　Si在波長400～1100nm之區域內有6.00～3.50之大折射率，故在短波長區域有54％，長波長區域內有34％之反射損失。爲了減少反射損失，使用折射率不同之透明材料作成反射防止膜(anti-reflection coating)。反射防止膜之最佳折射率n及厚度d，依入射光之波長爲λ時，

$$\lambda = 4nd，n^2 = n_{\mathrm{Si}}\, n_0 \tag{4-1}$$

n_{Si}爲Si之折射率，n_0爲環境之折射率。空氣之場合，$n_0 = 1$，故期望爲$n = \sqrt{n_{\mathrm{Si}}}$之材料。圖4-7中以實線表示Si之反射特性與施以折射率爲2.25時之反射防止膜。

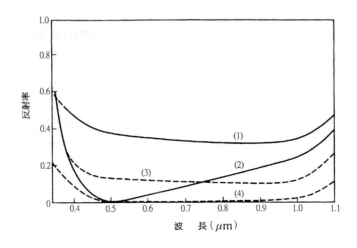

圖4-7 Si的反射特性(1)鏡面Si(2)鏡面Si＋反射防止膜(3)Texture處理後的Si(4)Texture處理＋反射防止膜

(2) 組織(Texture)構造

通常太陽電池之電池室，其受光面爲平坦鏡面，施以反射防止膜也很難避免有幾分反射。如圖4-8所示，在Si(100)面上以侵蝕液所形成之(111)面微小四面體之金字塔群所構成的組織構造上，在某一金字塔面上向下方反射之光，可活用爲其他的金字塔中進入之多重反射。就全體而言，可減少反射。特別是進入Si內光受到折射，如圖所示，因行進距離長，故其優點爲等價的，使吸收係數增加(相當於擴散距離增加)。施以組織構造後，再加折射率約爲2.25之反射防止膜之反射特性，在圖4-7中以點線表示。表面上有組織處理之太陽電池，幾乎沒有反射，故亦稱爲黑體電池(black cell)。

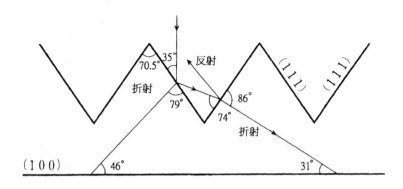

圖4-8　Texture構造的概念

4-1-3　單晶矽太陽電池之製作法

　　圖4-9顯示單晶矽太陽電池之製作過程。大體而言，分為基板用晶圓(wafer)製作過程及電池(cell)製作過程。在此，因晶圓之製作過程與太陽電池無直接關係，故僅止於概說，論述重點放在單晶矽太陽電池特有之電池製作過程。

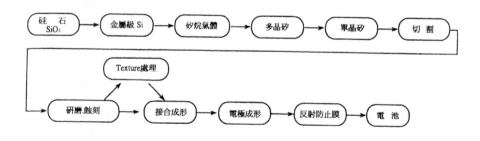

圖4-9　單晶矽太陽電池之製作流程

1.　晶圓製作過程

　　　製造多晶矽之工程為(1)矽砂之還原；(2)矽烷(Silane)系氣體之製造；(3)矽烷系氣體之還原及熱分解。在(1)過程中，矽砂以電爐來還原，以得到純度98％左右之金屬Si，在(2)過程中，從金屬矽來製造矽烷系氣體(三氯矽烷($SiHCl_3$)或一矽烷(SiH_4))。在(3)過程中,將這些氣體還原或熱分解以得到多晶矽。由多晶矽來製造單晶矽之過程為,拉伸法(CZ:CZoChralski)與浮游帶熔融法(FZ:floating zone)二種,可得到10～15cm之單晶棒(ingot)。除特殊構造之太陽電池外,主要使用CZ法所製造的矽,這些工程仰賴Si積體電路之技術進步。太陽電池為了達到發電機能,需要大面積,必然的使用大量的Si。因此開發大量、低成本及大面積單晶製造技術是必需的。

為了將單晶矽棒作為太陽電池用晶圓(厚度0.3～0.5mm),必須將其切片(slice)。此工程是用附有鑽石微粒子之圓鋸以約4000rpm高速回轉切片;鋸片又分為外圓周型及內圓周型二種,後者較無擾動,可以使用較薄刀片,切面平坦,故適用於量產。可在短時間得到多數片之方法,如Multi-blade或Multi-Wire也被用心檢討。

將晶棒切斷所得到之晶圓片,因切斷時之機械性衝擊,使結晶組織破壞,產生應變。此應變使得晶圓之電氣特性降低,影響電池特性。為了除去應變及加工污染,通常在表面10～20μm左右做化學侵蝕。最常用方法為HF及HNO_3之混合酸做侵蝕,將Si以 HNO_3變成SiO_2,再以HF溶解蝕刻。將HF及HNO_3之混合比改變,或將醋酸加入可改變侵蝕速度。利用矽結晶侵蝕速度因結晶面方位而不同之特性,可在表面形成金字塔狀之凹凸。而前述組織構造之製作技術,將在第(3)項光封存構造中明述。

2. 接合形成法

通常在p型的矽晶圓表面層導入n型不純物可形成p-n接合,接合形成時需注意不使晶圓之少數擔體之壽命降低(如在低溫處理)及要求不純物之分佈能得到高能量轉換效率。不純物之導入法有氣體擴散法，固相擴散法及離子注入法。

(1)　氣體擴散法

此為將欲添加之不純物以氣體狀送入保持在高溫之基板上，將P當做不純物擴散至p型Si上，形成n型者較常使用。擴散源以P_2O_5(固體)，$POCl_4$(液)及PH_3(氣)較常使用，將Si保持在850～950℃而擴散，此時Si內之不純物濃物$N(x)$，以表面密度為定常狀態(N_0)而解擴散方程式。

$$N(x) = N_0 \operatorname{erf} c\left(\frac{x}{2\sqrt{Dt}}\right) \tag{4-2}$$

D為不純物之擴散常數為溫度函數，t為擴散需要時間。圖4-10以實線表示不純物分佈。

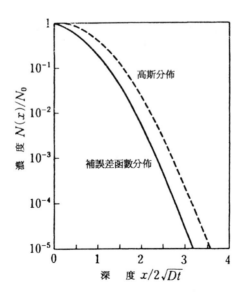

圖**4-10**　因擴散法所致不純物分佈圖

　　　　一般，電阻率1Ω之p-Si基板上，形成n型層不純物密度爲$2\sim4\times10^{20}\mathrm{cm}^{-3}$，深度$0.5\mu\mathrm{m}$之接合程度時，表面層不純物之密度約爲$10^{21}\mathrm{cm}^{-3}$左右。至於不純物高濃度的添加造成效率降低問題，將在後面討論。在Violet 電池之場合，將此表面層氧化，再以侵蝕法拿掉，可製作$0.1\sim0.2\mu\mathrm{m}$薄之n^+層。使用同電阻率之基板，可設定接合深度爲$0.1\sim0.2\mu\mathrm{m}$之擴散條件。

　　　　氣體擴散法在基板兩面進行擴散，故必須在擴散後除去裏面所形成之p-n接合。

(2)　固相擴散法

　　　　此爲在基板表面堆積含有不純物之擴散劑，而後在高溫下將不純物導入內部之方法。此時因表面之不純物密度總量的一定。故得高斯分佈

$$N(x) = \left(\frac{N_0}{\sqrt{\pi D t}}\right) \exp\left(-\frac{x^2}{4Dt}\right) \qquad (4\text{-}3)$$

此不純物分佈在圖4-10中以點線表示。擴散劑之堆積法有CVD(Chemical vapor deposition)法與spin on法，spray法及screen印刷法等。可將P_2O_5溶在酒精中再塗佈，但也需注意均一性。利用CVD將含有不純物之SiO_2(doped oxide)做堆積，可達均一性。由於擴散劑只在基極單面堆積，故無需除去裏面擴散層步驟，此方法可同時處理多量，但需要堆積及導入兩工程。

(3)　離子注入法

　　　　此爲能夠控制不純物分佈之接合形成法。不純物分佈$N(x)$依高斯分佈

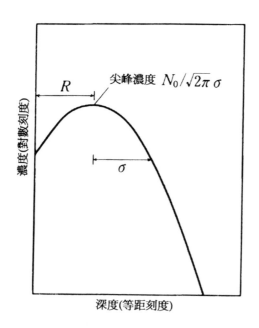

圖4-11　離子注入法所致不純物分佈

(R為投影飛程，σ為標準編差，No為Dose量)

$$N(x) = \left(\frac{N_0}{\sqrt{2\pi}\sigma}\right) \exp\left\{-\frac{(x-R)^2}{2\sigma^2}\right\} \tag{4-4}$$

N_0為注入離子之劑量(dose)，R為投影飛程(分佈的peak位置)，σ為分佈之標準偏差，這些都由離子種及注入能量來決定。圖4-11為其不純物分佈例，在太陽電池用途上，利用5kV左右之加速電壓將$2 \times 10^{15} \text{cm}^{-2}$左右之$p^+$注入。用此方法，基板可不用保持在高溫，故不需擔心基板之少數擔體壽命降低。被離子注入之矽，在表面層產生高濃度格子缺陷，且注入離子不變成電氣活性之不純物狀態。因此,在注入後進行回火,以除去格子缺陷及使離子活性化。回火方法有熱回火、雷射、電子束及閃光燈法等。熱回火是將注入層之損傷以固相成晶過程(Epitaxial)除去。使用電爐分三段(如550℃,120分;850℃15分;550℃,120分)進行,以使損傷區域之固相成晶,注入不純物之活性化及少數擔體之壽命增加。熱回火在短時間(800℃,3分)內進行者也有。使用脈衝式(pulse)之雷射及電子束回火為液相成晶過程來進行,因有急速冷卻過程,想留有缺陷,需要熱回火。在連續波狀時為固相成晶過程,回火工程可縮短。

3. 電極形成法

(1) 歐姆電極

此功用為將太陽電池所生之電力,以最少損失取出之東西,故希望此部分沒有整流,串聯電阻低,接著強度高,耐焊接性。歐姆性電極(Ohmic contact)形成法有蒸著法、電鍍法及印刷法,下面分述之。

① 蒸著法

在製造高效率之太陽電池時,使用Ni、Au、Ag、Ti、Pd及Al。對於n型Si,一般常用Ti-Ag。0.5μm左右之Ti歐姆性電極,是將其上做為降低串聯電阻使用之數μm Ag,焊接起來抵抗濕氣之電化學劣化。在Ti與Ag間插入100nm Pd薄膜以增加信賴者也有,另外,以蒸著Ti-Ni-Cu來取代Ti-Pd-Ag外,並在其上做Cu電鍍者也有。對p型Si而言Al蒸著後在550～600℃下,熱處理5～30分方法也有。因蒸著法為批次工程,故材料收率低為其缺點。

② 電鍍法

　　　無電電鍍Ni最常被使用，電鍍會在Si表面形成氧化膜，故不利於接著力及良好歐姆性接觸之獲得。但在電鍍後在300℃程度熱處理即可解決。在中間加入Pd層再熱處理也可以。Si上面鍍50nm之Pd及2μm之Ni或Cr後，在400℃熱處理，再用Cu電鍍上3～4μm以降低串聯電阻者也有。電鍍法上電極樣式用之遮蔽材料選擇很重要，工程上Mask之裝附工程及鍍液管理是必要的。

③ 印刷法

　　　對n型Si而言，以Ag粉及玻璃粉用有機結合劑製成之Ag膠為原料，在screen上印刷後，熱處理成電極。在印刷燒成之電極上鍍Cu及Sn再焊接，以降低串聯電阻。對p型Si而言，可在Al膠之印刷後，進行熱處理。為了使焊接能夠進行，在Al電極上再印刷燒成Ag膠者也有。

　　　在反射防止膜(TiO_2)堆積後，再印刷Ag膠於電極上，在高溫(850℃)熱處理，透過反射防止膜以形電極者法也有。印刷法富生產性，容易自動化，且材料之收率亦佳。

(2) 特殊電極

① BSF構造：於n^+p太陽電池之裏面形成pp^+構造。除以CVD或spin-on法將堆積之固相源，以擴散法導入硼(B)外，利用離子注入者也有。最常利用者為蒸著或印刷法，堆積Al後在700～800℃熱處理成p^+-Si。

② BSR構造：將n^+p太陽電池之電池裏面做成鏡面，以蒸著法堆積如Al之金屬。與Al來比較，使用Au、Ag及Cu在太陽電池裏面之反射相當好，故長波長(1.0～2.5μm)區域中，從太

陽電池之表面往外面逃出之光很多，達到BSR效果。圖4-12
表示BSR構造之效果，溫度上升也只有15℃左右。

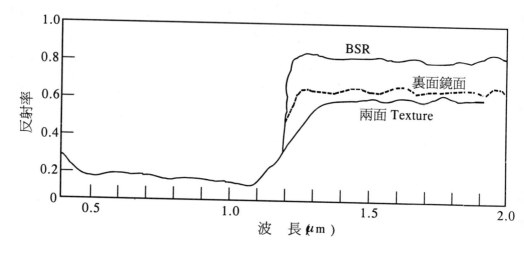

圖**4-12**　BSR構造的效果

4. 光封存構造成形法

　(1)　反射防止膜

表**4-1**　各種材料的折射率

材　料	折　射　率	材　料	折　射　率
SiO_2	1.44	SiO	1.80～1.90
MgF_2	1.44	SnO_2	2.00
SiO_2-TiO_2	1.80～1.96	Si_3N_4	2.00
Al_2O_3	1.86	Ta_2O_5	2.20～2.26
CeO_2	1.90	TiO_2	2.30

　　使用於反射防止膜之材料的折射率列於表4-1。1層之反
射防止膜以折射率1.8～1.9之SiO最常使用。此外，CeO_2、Al_2O_3、Si_3N_4、SiO_2及SiO_2-TiO_2也常使用。2層反射防止膜時，

使用TiO_2與Ta_2O_5等折射率大之材料。成形法有PVD(Physical vapor deposition)，CVD及其他堆積法。

① PVD法：以蒸著或濺鍍方法，可採用SiO、CeO_2、TiO_2、SnO_2及Ta_2O_5膜。膜質因基皮溫度及蒸著速度而有影響。在100～250℃之溫度中，下降堆積速度可得透過率優良之膜質。由電子束蒸著法所得之SnO_2及濺鍍法所得之ITO(Indium tin oxide)膜有導電性，故曲線因子隨短路電流之增大而增大。將TaOx與MgF_2以逐次蒸著法堆積，製成二層之反射防止膜，可使反射損失降爲4％。PVD法可得良質膜，但因爲批次式，生產性差。

② CVD法：有減壓CVD，plasma CVD及常壓spray CVD法三種。SiO_2、SnO_2及Si_3N_4使用減壓CVD法來堆積。SnO_2以$SnCl_4$爲原料，Ar爲負載氣體，於450℃與O_2反應，得約700nm左右之厚度。Si_3N_4是在780℃堆積後，在550℃下做2小時回火，製造溫度較高。plasma CVD法與減壓法比較，在300℃之低溫即可堆積是其特徵。Si_3N_4常被使用，但常因分解氣體中之H原子表面作用，使界面不活性化，特別在多晶矽太陽電池場合，必須附加提升特性要素。一般，CVD法也是批次式，故量產性差。

　　加熱至300～400℃之電池上，吹進$SnCl_4$之乙酸乙酯溶液，可因加熱分解得到SnO_2之spray CVD法，雖然便宜，但需注意均質膜之再現性。

③ 其他方式：如spin-on法、spray法及dip法等塗覆、堆積後，以熱處理將堆積物變成反射防止膜法。將SiO_2、TiO_2或TiO_2-SiO_2混合系，以spin-on法做成反射防止膜，或將擴散

劑P_2O_5與TiO_2塗佈劑混合液，以spin-on法塗覆後施以熱處理，同時形成p–n接合。以此方法容易連續生產，成本較低，可得均質膜，惟塗佈液及塗佈條件之工程管理重要。

(2)　組織構造

前述之Si(100)面上，以侵蝕所形成之(111)面金字塔構造，爲利用Hydrazine 60％溶液，於110℃保持10分時間，或1％NaOH水溶液，保持在沸騰狀態5分鐘後可得。模型圖如圖4-13所示。

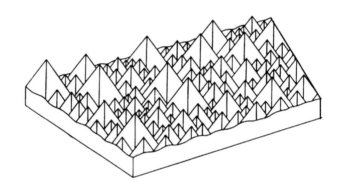

圖4-13　Texture構造的模型圖

利用photo lithography與Ething法可得{111}面之二稜面型屋頂結構，如圖4-19所示。

4-1-4　單晶矽太陽電池之高效率化

1.　理論效率

對於單晶矽太陽電池之能源轉換效率理論極限值，依平衡原理可計算出來。禁制帶寬E_g以上能量含有之光子，可全部生成電荷q，電壓E_g/q之電子，採用相當於6000K黑體輻射之普郎克分佈式，以$E_g = 1.1\,\mathrm{eV}$為最大轉換率，其值為44％。然而現實上存在許多損失。此地以$p\text{-}n$接合特性為基礎，論述理想的轉換效率。

　　太陽電池之能源轉換效率η，由電池之最大出電力P_m及全體太陽光譜之光入力比所決定，

$$\eta = \frac{P_m}{P_\text{in}} = \frac{I_m V_m}{P_\text{in}} = \frac{I_{SC} V_{OC} FF}{P_\text{in}} \tag{4-5}$$

I_m，V_m為最大電力之電流與電壓，I_{SC}、V_{OC}、FF為短路電流，開放電壓及曲線因子。圖4-14為太陽電池光照射時之出力特性圖，與性能有關者為I_{SC}、V_{OC}及FF三個量。

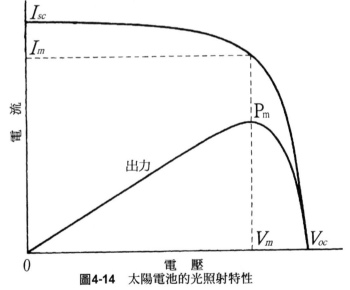

圖4-14　太陽電池的光照射特性

　　短路電流以含有Si禁制帶寬之1.1eV以上能量光子理想上，對外部回路放出一個電子之假設下，以太陽光之各波長光子數來計算，可得短路電流密度J_{SC}於AM-1.5時(83.2mW/cm²)為37.7 mA/cm²，AM-0時(135.3mW/cm²)，得到54.2mA/cm²之予測值。

　　　　對開放電壓V_{OC}，根本極限無法由解析得到。理想pn接合V_{OC}為

$$V_{OC} = \frac{kT}{q} \ln \left(\frac{I_{SC}}{I_0} + 1 \right) \tag{4-6}$$

I_0為p-n接合之暗時逆方向飽和電流，欲使V_{OC}變大，必須使I_0越少越好。Si之高性能太陽電池可期待之V_{OC}最高值為700mV。

　　　　FF為開放電壓之函數，依經驗式得

$$FF = \frac{v_{oc} - \ln (v_{oc} + 0.72)}{v_{oc} + 1} \tag{4-7}$$

v_{oc}為$v_{oc} = V_{OC} / (kT/q)$所得之規格化開放電壓。$v_{oc} = 700\text{mV}$時，依(4-7)式得到$FF = 0.846$。

　　　　因此對於AM-1.5(83.2mW/cm^2)之太陽光而言，理論上預測轉換效率之最大值η_{max}為

$$\eta_{max} = \frac{37.2 \times 700 \times 0.846}{83.2} = 26.5\% \tag{4-8}$$

2.　高效率化基本考量

　　　　現實太陽電池有以下之各項損失因素：

(1)　反射損失：因半導體表面之反射，使太陽光無法全部進入而產生之損失，使用反射防止膜及組織構造等可改善。

(2)　透過損失：能量比禁制帶寬小之光子，不被半導體吸收而透過，沒有被能量轉換，造成光電能源轉換之損失結果。可被自由擔體吸收而存在。

(3)　光能之不完全利用損失：被半導體所吸收之光子，若其能量大於禁制帶寬時，能量被半導體之結晶格子吸收轉成熱而消

失。

⑷　再結合損失：生成之電子與正孔在表面或半導體內再結合，
則不產生光電流。

⑸　電壓因子損失：利用$p-n$接合時，最大可取得之電壓為擴散電
位，通常費米準位存在於禁制帶寬內，故在相當於禁制帶寬
之電壓以下。亦即，開放電壓較低而造成損失。

⑹　曲線因子損失：半導體之電阻不為零及歐姆性接觸部位之電
阻為串聯電阻，此外理想之$p-n$接合沒有漏洩電流。而現實上
因有漏洩電流，使$p-n$接合上有並聯電阻出現。故此項包含串
聯及並聯電阻損失。

　　為了實現高效率太陽電池，必須使這些損失變小。其中⑵
及⑶並不在原理上改變，只要半導體材料決定用Si，則因其禁
制帶寬而損失量即決定。對於⑸為原理上發生之損失，可從不
純物添加量及構造上加以改變而改善。因此高效率化之因子為
⑴、⑷及⑹變小即可。太陽電池效率由短路電流及開放電壓所
決定，以下即針對其討論。

3.　高效率化之進展

　　標準太陽電池通常使用電阻率在$0.3\sim1\Omega$ cm之P-Si，以擴散
來製造$p-n$接合(接合深度0.5μm附近)，表面不純物密度在$2\sim4$
$\times10^{20}$cm^{-3}左右。由於表面附近之不純物密度相當高，使此區域
內之少數擔體壽命變小，因此光照射所生之電子-正孔對無法到
達接合部，不產生光電流，其結果為轉換效率只有$11\sim14\%$。

⑴　短路電流之改善

　　降低接合深度至$0.2\sim0.3$μm，且不純物密度再降1位，且
改良短波長區域光應答特性之Violet 電池之出現，可在AM-1

之光譜上達成15％轉換效率。加於Si表面上施以異方性侵蝕降低表面反射。將Si表面之反射率從35～45％降至20％，且與適當反射防止膜組合，可使反射率在寬波長區域內降到數％以下。Violet 電池與 Texture之組合可將AM-0之短路電流密度從36mA/cm²增加至46mA/cm²。經過這些改良及組合，短路電流密度值可達到理論值之90％以上。

n^+p構造上，p層內部全面貼上的歐姆性電極部中，因光照射而生成之少數擔體的電子會起再結合，以致不產生光電流。n^+pp^+之構造上，pp^+間所存在之能量差可做為少數擔體之電子能階障壁，減少再結合，增大電子之形式上的擴散距離，增加長波長區域之光應答特性之BSF構造也同時被提出。BSF構造之效果爲p^+層對多數擔體之正孔而言，爲良好之歐姆性電極可減少串聯電阻，pp^+間之能量差可造成開放電壓之上升，使用電阻爲10Ω cm之p-Si可將550mV改善到600mV。

⑵ 開放電壓之改善

增加開放電壓不只可增加太陽電池之效率，也使曲線因子升高。開放電壓V_{oc}依(4-6)式，可近似爲

$$V_{OC} = \frac{kT}{q} \ln\left(\frac{J_{SC}}{J_0}\right) \tag{4-9}$$

爲改善此性質，只有從降低太陽電池暗時之逆方向飽和電流密度J_0著手。此電流由n^+層往p層之電子注入，及p層往n^+層之正孔注入來決定。考慮n^+層很薄時之p-n接合特性之解析，暗時之逆方向飽和電子電流密度 J_{n0} 及飽和正孔電流密度 J_{p0} 時，各以下式表之

$$J_{n0} = q \; n_1^2 \frac{D_n}{L_n N_A} \tag{4-10}$$

$$J_{p0} = q \; \frac{n_1^2}{N_D} \left(S_p + \frac{x_j}{\tau_p} \right) \tag{4-11}$$

n_1爲真性擔體密度，D_n、L_n爲p層之電子的擴散常數與擴散距離，τ_p、S_p爲n^+層之正孔壽命及表面再結合速度，N_D、N_A及n^+，p層donor及acceptor之密度，x_j爲接合深度。式(4-11)，因n^+層很薄，故考慮注入少數擔體，以在表面產生表面再結合電流。

　　n^+層之不純物的高濃度添加，①造成結晶格子之應變，降低等價的禁制帶寬E_g，同時增加真性擔體密度n_1(在～10^{19}cm^{-3}之不純物密度場合，造成$\Delta E_g = 60 \sim 100\text{meV}$之變化，且因$n_1 \propto \exp (\Delta E_g / kT)$，而使$n_1^2$增加50倍)。②格子缺陷之增加以及Auger再結合增加，使少數擔體(正孔)之壽命τ_p降低，增加了J_{p0}。再者，③因n^+層很薄，故表面再結合效果顯現，引起J_{p0}之增加。

　　考慮高濃度之不純物之添加所引起的①及②之效果，計算J_{p0}之S_p依存性，其結果圖示於圖4-15。

　　由於基板之p-Si之電阻率，使依(4-10)式所計算出之J_{n0}有相當差別。在接合深度爲0.2μm時也要考慮n_1，τ_p之添加Donor密度N_D之依存性。逆方向飽和電流密度J_0爲J_{n0}與J_{p0}之和。基板使用0.1Ω cm之p-Si時，S_p若不低於10^3cm/s，則J_0會增加。

　　爲了降低逆方向飽和電流，必須降低J_{n0}及J_{p0}。由(4-10)式可以知道J_{n0}之降低，爲增大Dope量N_A及增長電子之擴散距離L_{n0}，L_n要增長期望與光電流增大之方向一致，但Dope量N_A增大則L_n變短。因基板選擇及製程之改良使得本體內再結合主要因子J_{n0}充分的變小。另外，對J_{p0}而言，對於薄的n^+層內及表面上再結合影響很大。因此，避免添加高濃度不純物，增大τ_p，及減少表面再結合速度S_p。然而單降低n^+層之不純物添加量N_D，會使串聯電阻變大，損失太陽電池之性能。

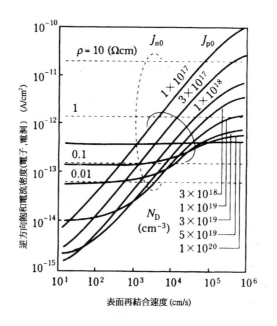

圖4-15　逆方向飽和電流密度的計算值
(電洞所致電流的表面再結合速度依存性，以$X_j = 0.2\mu m$之計算)

假設接合至表面的厚度中，90％為$10^{15} \sim 10^{17} \, cm^{-3}$之濃度，則為降低表面附近極薄層之串聯電阻及接觸電阻，有人提案用高濃度的表面HL接合(n^+層之形成)。對於通常的BSF構造之開放電壓600mV程度而言，可以達到640mV。此外，如圖4-16所示，不以不純物添加方式製作n^+層，而以堆積內藏空間電荷之氧化膜，在氧化膜與n型之間蓄積電子，形成看起來為n^+n之HL接合，可將開放電壓改善由634mV(AM-1，25℃)，改善成642mV(AM-0，25℃)。

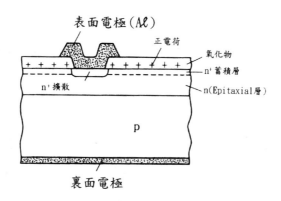

表面電極(Al)

正電荷

氧化物

n^+蓄積層

n^+擴散

n(Epitaxial層)

p

裏面電極

圖4-16　氧化物誘起之HL接合

　　使用氧化膜進行表面披覆，降低表面再結合之提案也有，以增加開放電壓之MINP(Metal insulator，np)構造，如圖4-17(a)所示，可大幅增加V_{oc}值。傳統方法如圖4-17(b)在光電流的收集電極部上，金屬與半導體直接接觸，故此部分的再結合電流，對暗時的逆方向飽和電流有很大影響。在MINP構造上，為防止n^+層表面的再結合，以熱氧化性製造2～3nm薄SiO_2層。因為表面上再結合減少，所以在減少逆方向飽和電流同時，也防止因光照射所生成電子-正孔對之表面再結合。在收集擔體的金屬電極與半導體間存在有薄氧化膜，因為有Tunel效果所以有充分電流流過，不會對短路電流有大的影響。表面電極使用Ti-Pd-Ag之構造。使用像Ti一樣有低工作函數(Work function)金屬，可在電極下的Si中誘發靜電的擔體積層。此想法在減少接觸部再結合上很重要。在反射防止膜上使用ZnS與MgF_2之2層構造。$2 \times 2cm^2$電池，開放電壓$V_{OC} = 694mV$(AM-0，25℃)，達成轉換效率16%(AM-1，28℃))。

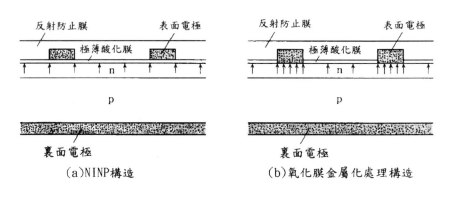

圖4-17　NINP構造太陽電池

使用低電阻之Si基板，在擴散變淺同時，使用BSF及BSR構造，也可增大短路電流。因為以電鍍法形成厚的表面金屬電極，故在減少串聯電阻同時，降低被覆比率，增大了取光面積，再增加2層的反射防止膜。面積$4.01cm^2$之太陽電池，AM-1.5，$100mW/cm^2$，28℃之條件下，得$J_{SC} = 35.49mA/cm^2$，$V_{OC} = 641mV$，$FF = 0.822$，轉換效率$\eta = 18.7\%$。表面之電極披覆率為6.8%，將電極之Aspect比(膜厚／寬)設定成1，可降低至40%。

4-1-5　高效率單結晶矽太陽電池

從1984年起單晶矽太陽電池之轉換效率成長極快。在此以非集光型之平面板(flat panel)，大面積及集光型太陽電池為論述對象。

1. 平面型太陽電池

⑴ PESC

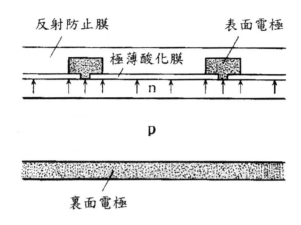

圖4-18　PESC之構造

　　圖4-18顯示PESC構造(passivated emitter solar cell)。基本上與MINP構造電池類似，但表面電極部的構造不同，使用添加B之FZ-Si當做基板，可在減少逆飽和電流，在體積內之再結合，同時活用少數擔體為，增大光電流。因 $800 \sim 950°C$ 之 p 之擴散，在深0.2μm上使用電阻 $100 \sim 300\Omega$ 每塊之 $p{-}n$ 接合，在其上以 $800 \sim 850°C$ 再堆積passivation用10nm之氧化膜。在進步神速之MINP上，雖然活用表面passivation，但因金屬電極與 n^+-Si間有極薄之絕緣膜，故光電流在此部分不用Tunnel效果通過不行。為避免這些因素，將金屬電極與 n^+-Si層之直接接觸部限制在微小領域內，可減低逆方向飽和電流，並增加光電流收集率。以光蝕刻照相術(photolithography)開窗，形成Ti與Pd之Finger電極。在其上施以8μm厚之電鍍Ag。將傳統

上有問題之電極披覆率降低至3.0～3.5％。在反射防止膜上與MINP電池同樣，採用ZnS與MgF$_2$之2層構造。以此電池，在AM-1.5,100mW/cm^2。28℃之條件下，η＝19.0～19.1％。再改良製程可達到J_{SC}＝36.5mA/cm^2，V_{OC}＝662mV，FF＝0.819，η＝19.8％，轉換效率20％之目標也已接近。

(2) μg PESC

圖4-19表示μg PESC構造(micro grooved passivated emitter solar cell)。基本上與上述的PESC構造相同。如圖所示在Si表面上有5μm深度到10μm pitch之微細構造(micro groove)。此微細構造為使用photolithography，在沿著Si內交叉之面上，以稀NaOH做異方性etching。此構造在活用PESC特徵之同時也改良其性能。

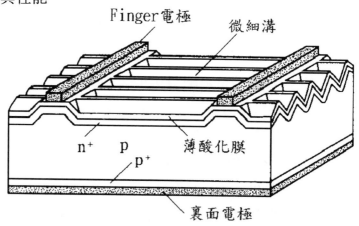

Finger電極 微細溝

n$^+$ p 薄酸化膜

p$^+$

裏面電極

圖4-19　μg PESC構造

① 微細構造將表面之光反射從3～4％降至1％以下。

② 光斜射至Si表面，即使在某一面被反射也可能入射至某一稜面，可增加光吸收量。換算成光生成擔體被收集時之擴散距離，也有35％。此二點與Texture構造之優點一樣，但

但與Texture構造比較，因溝之形狀較整齊，故表面收集的
電極形成規則，減少串聯電阻損失。

③　因使用photolithography工程，與Texture構造比較，再現性
很好。

此結果在AM-1，100mW/cm²，28℃條件下，J_{sc}有5％增
加至38.3mA/cm²，V_{oc}幾乎不變662mV，FF稍增至0.824，η效
率可達20.9％，μg PESC之轉換效率已達到21.8％。

⑶　PERC(passivated emitter rear (ell)電池

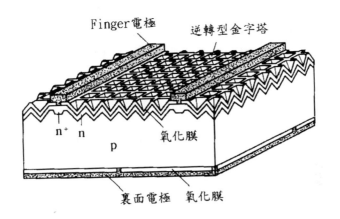

圖4-20　PERC之構造

到現在為止，都注意著表面passivation及表面之收集電極
部轉換效率的改變。太陽電池裏面passivation之重要性的
PERC(passivated emitter and rear cell)構造畫在圖4-20。在表面
及裏面以SiO₂膜做passivation，且在表面上形成逆轉型金字塔
構造(inverted pyramid)，可減少表面反射。使用Ti與Pd做為表
面電極，在其上電鍍Ag。在裏面將氧化膜之一部分開窗，此
部分做Al之蒸鍍，並在400℃，15分鐘之熱處理形成電極，可

減少傳統上裏面電極部之金屬-半導體接觸之再結合。結果可減少逆方向飽和電流,增加開放電壓。裏面電極之間隔為2 mm左右。0.2Ω cm之p-Si電池,AM-1.5,25℃時,可達成 J_{sc} = 40.3mA/cm²,V_{oc} = 696mV,FF = 0.814,η = 22.8%之效果。

(4) PERL(Passivated emitter rear rocally diffused)太陽電池

　　PERC可降體積內,表面及裏面之再結合速度,增加V_{oc}及J_{sc}是成功的。裏面之歐姆性電極以Al-Si來形成,在此部分未做passivation。如圖4-21所示,裏面電極為局部的,以B之擴散形成PERL構造。以BBr₃為原料,在900℃×15分堆積,再以1070℃×2hr Drive-in進去。電極面積以直徑30~100μm,間隔在200~500μm左右。可達成AM-1.5,25℃下,J_{sc} = 42.9 mA/cm²,V_{oc} = 696mV,FF = 0.81,η = 24.2%之高效率。逆金字塔構造為光封存構造之最高水準,曲線因子之改善最重要。

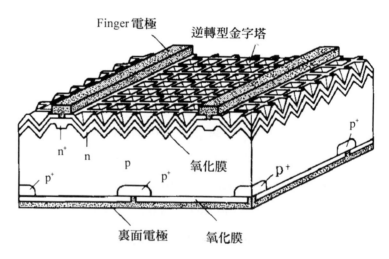

圖4-21 PERL太陽電池構造

其後，考慮人工光源與太陽光譜之差，進行將特性測定之標準化，上面之值變為J_{sc} = 41.3mA/cm^2，V_{OC} = 695mV，FF = 0.81，η = 23.3％。至此時之太陽電池性能有再檢討之必要，但PERL性能為單晶矽太陽電池之最高性能者。

(5)　電極埋入式太陽電池

前項高效率太陽電池不一定以便宜之方法製造，特別是不用photolithography及真空蒸著法形成電極與反射防止膜不行。圖4-22所示的為埋入式電極(burried contact)之高效率太陽電池，此太陽電池之製作工程步驟少即可成之。做成金字塔式之Texture構造，以擴散接合形成後，做表面氧化。以雷射鑽頭將氧化膜及擴散層刺穿，在深度40μm切成20μm之溝(Groove)。用etching清除溝部後做深度擴散。此時，表面之氧化膜變成Mask(掩飾物)，故擴散只在溝部發生。Ni及Cu之無電解電鍍在表面及裏面進行，此時表面氧化膜也是電鍍用之掩飾物。不用Si之氧化膜而用氮化膜也可以。使用0.5～3Ωcm之太陽電池級CZ-Si之電池(4cm^2)，AM-1.5，100mW，28℃之轉換效率18.6％(J_{sc} = 38.0mA/cm^2，V_{OC} = 609mV，FF = 0.802)，此電池有一些有力特徵。如

①　與電極接觸面積為雷射加工製作之溝，狹小(20μm)且形成高Aspect化之金屬電極構造。金屬電極部陰影之損失，在4cm^2，50cm^{2}太陽電池也只有2％。另外，電極為電鍍所形成，厚度大，故此部分之電阻低是其利點。

②　與金屬電極接觸面大時，再結合速度也變大，但因為溝部分深層擴散之故，接合部變深，接合部遠離半導體與金屬接觸部之故，表面再結合可能變小。然而，開放電壓變

大，使用適當之基板(電阻0.25Ω cm)可得650mV。

③ 此構造有Texture構造及表面passivation效果之所有優點。最值的注意是使用電阻為0.5～3Ω cm太陽電池CZ-Si基板，可得高效率太陽電池。

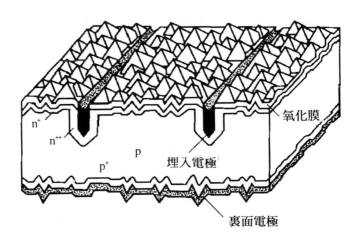

圖4-22 埋入式電極太陽電極構造

與PESC太陽電池比較(轉換效率19.1％)埋入式電極之太陽電池，金屬電極所占表面被覆比率低，反射少，光為斜射進入，所以短路電流大。由於埋入式之基板其電阻稍大，故開放電壓較低，因此FF也稍低。其後進展為使用10Ω cm之FZ-Si 電池(12cm^2)，在AM-1.5，25℃轉換效率19.8％(J_{sc} = 39.3mA/cm^2，V_{oc} = 634mV，FF = 0.794)達到。

其他也有雷射加工與前述PERL太陽電池組合之混合型。用0.5Ω cm p-Si，12cm^{2}之電池，AM-1.5，25℃下，其J_{sc} = 38.0mA/cm^2，V_{oc} = 686mV，FF = 0.816，η = 21.3％。由於PERL構造可大幅減少裏面電極部之界面再結合，故埋入式電極電池之V_{oc}可達到PERL 電池之程度。PERL 電池之V_{oc}最高值為6

95mV，但此構造若改善溝部與電極接觸之面積，則 Voc可大幅增大。

2. 大面積太陽電池

目前$10 \times 10cm^2$大面積之太陽電池已近實用化，通常太陽電池面積增大時效率會降低，其理由為下述：

(1) 所給與之表面電極樣式，當太陽電池面積增大時電極部之電阻也增加。

(2) 某些材料之材質不均一時，當面積增加，含有壞材料之比率也增大。

(3) 高效率、大面積特點為：使用高品質單晶矽太陽電池，其高效率、小面積之製作技術若適用大面積時，性能之低下不多，已有作過$50cm^2$之面積實證。其要素為：

① 使用高品質的FZ-Si。

② 在表面、裏面做離子注入。

③ 表面有氧化膜之passivation。

④ 利用photolithography。

⑤ 表面電極使用真空蒸鍍與Ag電鍍之複合技術。

(4) 模組效率改善：用此大面積太陽電池，$75.2W_p$之模組，電池效率16.9％，模組效率15.2％。最近可能達到17％，模組效率之改善。有下述要項：

① 電池充填率之改善。

② 降低玻璃面之反射損失。

③ 降低太陽電池間之配線損失。

④ 降低太陽電池性能上不均一性之損失。

μg PESC構造，以面積$4cm^2$之太陽電池，可達成20.6％轉換效率，故適用大面積太陽電池之製作。

　　表面電極樣式所造成之限制，可用埋入式電極之製作法加以克服，表面金屬電極之Aspect比，可配合太陽電池面積而改變。因此，可不增加金屬電極部之損失，使太陽電池面積變大。電極之陰影部分所造成損失在4cm²時為2％，50cm²時之太陽電池也沒變化、效率相等。

3. 集光型太陽電池

　　若不用排列式太陽電池，而以集光鏡或集光透鏡收集入射光，以少數之電池來發電時，電池成本轉為集光器、支持台、追尾裝置之成本，全體而言應該降低。但集光用電池之效率不高，對整體系統而言沒什麼優點。電池效率隨集光比之增加而增加，但若溫度也隨之上升時，則效率降低。隨集光比之增加，轉換效率η亦隨開放電壓V_{oc}對數比例增加，但因V_{oc}在$p-n$接合之擴散電位近值上飽和，故η無法無限制增加。再者，通常太陽電池，$p-n$接合之不純物以非對稱方式添加基板上，比表面層者要低。集光比增大時，基板內生成之電子-正孔對亦高，比基板內多數擔體還多，變成高注入態。亦即擬費米準位(pseudo Fermi level)不是平坦，在開放狀態，基板內也有電位下降，使光起電力降低。此外，因$p-n$接合之暗時特性成為高注入狀態，增加了逆方向飽和電流，造成曲線因子之降低。實用之電池，除上述因素，因串聯電阻之故，在高注入態之集光比時反不若低集光比η較低。因此，集光比低時，使用非集光型電池也可以，集光比高時，需要特別的設計，有各種構造之集光用電池被提案，從1984年以來有下列數種較高轉換效率型式。

⑴　點接觸型

　　　　圖4-23為點接觸型太陽電池，集光(100sun)下之轉換效率為27.5％(面積0.152cm²)。此電池在1sum下之特性，AM-1.5，100mW/cm²，24℃，J_{SC} = 41.5mA/cm²，V_{OC} = 582mV，FF = 0.786，η = 22.2％。其特徵爲

①　高品質，高電阻基板(FZ-Si，電阻390Ω cm，少數擔體壽命1ms)之利用。

②　以氧化膜(厚度120nm)passivation使表面結合速度降低。

③　裏面使擴散區域最小，使金屬與半導體之直接接觸區域限制在最小(10×10μm，50μm)間隔，故再結合性低。

④　薄膜(厚度112,152μm)上之具BSR效果。

⑤　表面Texture之利用。

⑥　解除$p-n$兩電極在裏面之電極陰影損失。

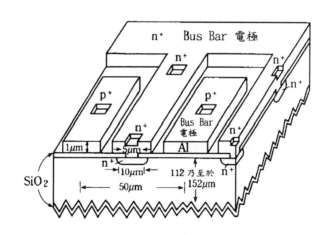

圖4-23　點接觸型太陽電池構造

集光效率之變化,以1sun下22.2%,100sun下27.5%,以及580sun下23.5%。體積內之少數擔體壽命及表面再結合速度推定為1.5ms及8cm/s。因面積小,故預測周圍部流過之再結合電流變大。面積變大時,因周圍部再結合之貢獻小,效率可能超過23%。

集光下之開放電壓為Auger再結合過程所限制,為了降低此值,只有將太陽電池變薄,以110μm之厚度,所得到之短路電流很大,變薄時因光Trapping之利用,其值不變。變薄時可使用在100sun以上,開放電壓可再變大,再注意表面之反射防止膜時,可達30%。但高品質基板之使用,製作工程複雜,對集光型用而言不構成問題,但對非集光型用之大量生產而言,不適合。p–n兩電極放在裏面是其優點,但在集光型卻為缺點。在裏面若有良好之熱接觸,且將p–n兩電極分離製作再接合並不太容易。

(2) 微細溝型(micro groove)

基本上與前述之μg　PESC類似,但表面的Finger電極不同,其構造如圖4-24(面積3×3mm²)。基板為0.1,0.2Ω　cm之FZ-Si。其特徵為:

① 薄氧化膜passivation。

② 對表面擴散層之金屬電極接觸面積變小(0.18mm²)。

③ 使用V溝之斜面降低表面反射及增加光的取得。

photlithography所製造的V溝深為5μm,pitch為10μm,而金屬電極之寬度,厚度及間隔分別為6,1.5及150μm。太陽電池之厚度為280μm,電極裝在上下兩處。此太陽電池之所以為高效率,依賴BSF構造之處極大,裏面並鍍上0.5～1.0μm厚之Al

後，加熱至Al/Si共晶點之上。此一製程，可將裏面passivation效果增加10倍以上，相當有用。在高電阻基板上，因逆方向飽和電流之影響很大，此部分之passivation有效。此高溫處理可增加接合深度，降低表面n層之平均Doping水平。其結果使表面的面電阻降為原來之一半值，成為50Ω／每塊(可能因為電子平均移動度增加之結果)。因不影響短波長之應答性，故可降低串聯電阻。電阻0.2Ω　cm之電池特性，AM-1.5，100 mW/cm²，28℃時，有J_{sc} = 40.2mA/cm²，V_{oc} = 653mV，FF = 0.829，η = 21.8％。

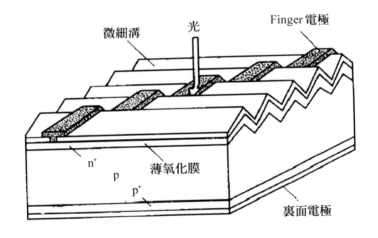

圖4-24　集光用μg PESC構造

最大特徵為金屬電極從斜對溝之方向裝上去。在金屬電極之某一區域內反射光被反射至下方，到達溝對面沒有金屬電極之斜面上被Si吸收，此方式在金屬電極小於溝之pitch時最有效。再施以2層之反射防止膜，使陰影部分及反射損失變小在3％以內。尖峰的轉換效率在集光50～100sun處出現，

0.1，0.2Ω cm之電池都可達到25％。從高照射下*FF*之減少量推測之等價串聯電阻，爲從構造及物性因子所計算出值之2倍左右。若能解明其原因，降低此值，轉換效率可達26％之期待值。

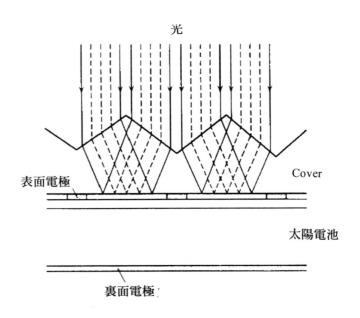

光

表面電極

Cover

太陽電池

裏面電極

圖4-25 Prismatic Cover之原理

以此構造，定表面電極之被覆率爲1.5％，裝上電鍍電極之太陽電池，1000sun下轉換效率爲20％。這麼高集光下之轉換效率損失由體積電阻決定。厚度爲280μm，因此電阻之貢獻度極大，可降低效率損失，因此越薄越能克服此項問題。另外，表面被覆採用(prismatic cover)，故表面上有電極且被覆率不大，也可將光充份導入Si內。也就是說，圖4-25所示，將prismatic(稜鏡)被覆之周期與Finger電極之周期配合，可使光從電極部分避開，入射至沒有電極之部分。因為高集光下活性區域之轉換效率支配特性是重要因素，故不用裏面有二電極之太陽電池也可。以兩面電極構造，將基板做薄時在500 sun以上集光下也有25％之期待效率值。

4-1-6　今後的課題

現在單結晶矽太陽電池之實用化已達$10 \times 10cm^2$規格。轉換效率也高，潮流動向以目前之製作法可提高效率及降低成本至多少，雖然沒有做詳細檢討，但以模組化效率增加為今後最大之課題。

從原理上而言，單晶矽應以光之萃取效果(Trap)為活用重點。這是因為要補足單晶矽吸收係數小之缺點。比如說，藉著光子或禁制帶寬內之缺陷不純物準位，存有禁製帶寬以下能量之光子，可生成電子-正孔時。已知光電流上限之東西，其光吸收所得電子-正孔對生成與透過光損失幾乎相同。實驗上，一個光子參與增加吸收，在長波長區域得到量子效率。藉著缺陷及不純物準位，其濃度若不能與最大出力時所生成之擔體密度相同，則不能克服自由擔體之吸收。當然，隔著缺陷與不純物之再結合，也可能抵消長波長光之吸收所生成電子-正孔對。因此，這些效果在薄膜電池較有效，長波長光之活用，以帶有比Si更窄之禁制帶寬材料，如Si-Ge者較受期待。

短波長光之利用為經常課題，但對單晶矽而言，尚無可用之提案。雖然採用寬間隙半導體與單晶矽所形成積層構造，做為太陽電池之基波或可為此範圍，但更不同之提案，如導入色素增加矽中之短波長光轉換，可能有較高效率。

對於高效率電池之設計，必須考慮基板之品質，非集光型從成本考量，為CZ-Si之利用，利用埋入式電極電池已達20％之效率，最終可達22％，故模組效率也在20％左右。集光型利用比較高價之高品質基板，較合成本。點接觸型可達高效率，若將基本考慮點更明確化，其貢獻將大。今後在兩面配置電極，而在表面用稜鏡披覆者可較爲實用，做爲分散型電源在屋頂上使用發電，可做爲平面板式利用，將單晶矽之集光型太陽電池做爲地上發電系統之行動也在展開。

4-2　多晶矽太陽電池

前節中所述單晶矽太陽電池之研究最多，損失過程也已明瞭，性能上也幾乎到達理論效率。然而對於發電成本而言，有降下之極限存在。單晶矽太陽電池，在非電力化區域之應用，或小面積多發電量需求之人造衛星及汽車等，與商用電力網不競爭之應用區別才可。本節中所述多晶矽電池是以降低成本爲第一要務，效率爲第二而開發出之太陽電池。

低成本化有二個方向，即薄膜化與低品質材料。太陽電池之光吸收層之厚度，大概有太陽光能吸收厚度之2～3倍即可。矽太陽電池，材料之光吸收係數小，爲膜化可能減少光電流，得不到高效率，故不受重視。但若能將光封存在吸收層內，則薄膜也得到高光電流，而且也有暗電流之減少效果，在理論上也可達到高效率。薄膜且能吸收光者不一定爲單晶，非晶矽爲最佳例子。多晶矽若晶粒徑大於膜厚，則因接合入之有效發電用少數擔體，比流入短擔體壽命之粒界中者還多，可抑制結晶粒界之影響，再用便宜之基板以堆積矽薄膜，製作薄膜太陽電池，即可以連續自動化製作大面積太陽電池模組，而且以雷射等可簡單的將元件分離，因此以結晶矽爲材料之太陽電池，其最終形態爲多結晶薄膜太陽電池。

　　另一個降低成本之方法為利用低品質之材料，亦即製造金屬矽所需之成本與單晶矽雖然相同，但將其中之不純物濃度精製到不影響效率之範圍內即可，且減少結晶化所需之時間。

　　經過許多的努力，盡量排除成本高之原因，故多晶矽太陽電池為今日製造最多之電池，但必然結果為晶圓內部有許多結晶粒，因此造成光生成擔體壽命低下之結晶粒界存在著，而犧牲了轉換效率，本節說明這些多結晶矽太陽電池之特長及問題點，動作原理及製造技術與單晶矽太陽電池共通之處很多，故下節將對開發低成本之材料準備技術。結晶粒界之特性、具體的構造、性能和製造方法來述明之。

4-2-1　多晶矽材料之形成

　　單晶矽太陽電池之場合，原料成本大概為全體之$1/2$。多晶矽太陽電池是將原材料價格中之結晶化部分盡量降低，以降低Si電池之價格。單晶基板價格中，可以降低成本之部份，可分為(1)原材料純度可降低至何種程度；(2)含結晶化等之基板製造能源可降低至何種程度。

　　矽材料為(1)金屬級矽(不純物濃度10^2左右)，含有許多製造深準位之重金屬，亦稱為Life time killer，Donor及Acceptor之製造元素以及大量之氧氣、炭等。代表性不純物表示於表4-2。(2)半導體級Si，是以化學手法，去除這些對價電子控制有影響之不純物及重金屬，而在結晶成長階段再偏析效果，精製至不影響成品特性為止(不純物濃度10^9以下)。另外，因為太陽電池為大面積單一接合設計，故不一定要用到半導體級Si之純度。什麼樣的不純物對太陽電池有何種影響，已有許多的報告。10%以上轉換效率要求時，不純物之水準列在表4-2中。其中，Ti與V等必須在10^9以下，Fe、Cr及Ni等10^6程度即可。這種精純度之矽稱為太陽電池級Si。不純物之除去手法，有酸洗及結晶化之偏析等。此外因原料之SiO_2之還原工程上使用炭，故必須有脫炭工程，以除去金屬級Si中之含炭量。

表4-2 矽中金屬不純物及其大略容許量

不 純 物		矽 中 金 屬(p.p.m)	容 許 量(p.p.m)
Dopant	Al	1500～4000	
	B	40～80	
	P	20～50	
Life time killer	Ti	160～250	0.001
	V	80～200	0.002
	Fe	2000～3000	0.02
	Cr	50～200	0.1
	Ni	30～90	0.8

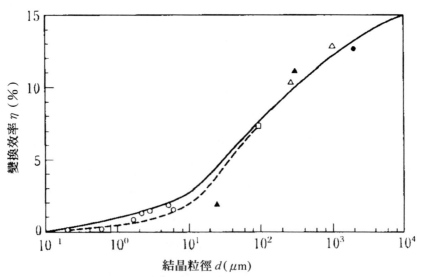

圖4-26 轉換效率的結晶粒徑依存性
(實線虛線各爲無光封存，載體封存效果之理論值)

　　對於基皮化必須考慮者為結晶粒徑(Grain Size)。因為Si之吸光係數低，且擔體之擴散距離長，為了得到充份高轉換效率，需要大的結晶粒徑。圖4-26為結晶粒徑與理論效率之考察結果。轉換效率之絕對值與材料之品質有很強的依存關係，且與光及擔體之封存亦有關係，上述計算並不考慮這些因素，比目前實用化之效率值還低，但厚膜之矽太陽電池，需要50μm以上之結晶粒徑要求。

　　此結晶粒徑、製作法及膜厚有很大關連，下面再說明矽基板製作法。不只有矽，製作半導體結晶之方法可分為液相成長法與氣相法兩種，圖4-27為製造太陽電池用矽基板之液相法。

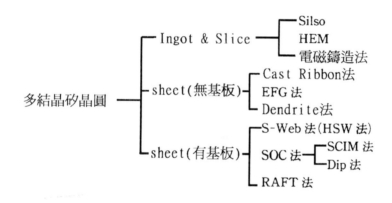

圖4-27　液相矽基板製造法

　　又可分為先製作Ingot，再切片法(cast法)，以及由薄膜狀態求取片狀矽多晶法。前者之代表例為Wacker公司之Silso及Crystal System公司的HEM(heat exchange method)。Silso之結晶成長裝置，如圖4-28。兩者皆可得到，太陽電池用晶圓之數mm以上結晶粒徑需求。最近以連續供給原料方式製長型Ingot之電磁鑄造法，來得到多晶Ingot也被開發。由以上方法所得Ingot製出之晶圓，其太陽電池效率亦高，電磁鑄造法之概略如圖4-29所示。

　　另外，也有Ingot製造，不用Slice工程而直接製作板狀的矽方法，圖4-27除液相之堆積法外，也有氣相堆積法。由溶融之Si直接製造片狀多晶Si之方法，很早即被研究。類似單晶之Ribbon(節)狀矽片之製作法也有，以炭模製作單晶矽之EFG(edge defined film-fed growth)法及由自由矽熔融液面來成長針狀結晶(dendritic web)之針狀結晶法也被開發，現在進行成長速度及結晶性改善。以這些材料所製太陽電池之效率前者為16％，後者為17％。以這些方法不需要製作多結晶片之基板，可得比較良質的矽板，但厚度0.1mm以下薄膜則有困難，現階段成長速度慢，成本無法降低。

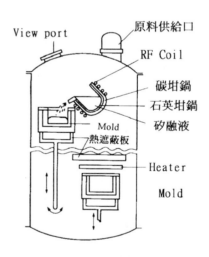

圖4-28　Silso製造裝置概略圖

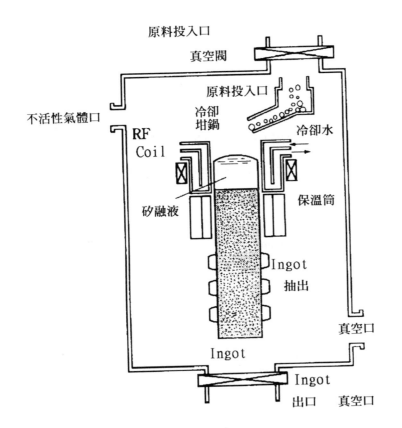

圖4-29　電磁鑄造法之原理圖

　　使用適當之基板或容器以造多晶矽板之嘗試也有。基板當做支持台也可，或剝下再利用。可分為⑴在便宜之基板上製做太陽電池。⑵可再利用之基板上成長矽，剝下做為太陽電池用基板兩方法。使用前者之基板，以必要最小限度之Si用便宜方法，在基板上堆積可節省高成本之Si原料、降低電池成本。基本要求性能為⑴在薄膜堆積溫度與Si不反應，且密著性高。⑵熱膨脹係數與Si同等，且不起反曲、脫落及裂傷等。可以使用之材料如石墨、陶瓷、石英、金屬Si及耐熱性金屬板。

　　石墨與矽之濕洞性佳,雖然可與Si形成部分SiC,但常用來製作多晶矽板。如利用網狀石墨片來製作矽膜之S-Web法(supported web),示於圖4-30。速度超過1000cm²/min,效率為12%,垂直網狀石墨片拉上之方法也有同樣稱為S-Web,但水平法在速度上有改善,與垂直法區別時稱為HSW(Horizortally supported Web)。此外,也有使有石墨箔片當做基板,在其上將溶融矽從溶液桶以毛細箔之方法,送到基板表面形成薄膜,增加墨中所含之溶融炭含量可抑制SiC之生成,在膜厚50～200μm之效率為10.3%。

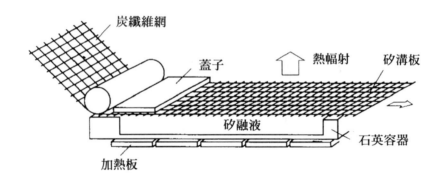

圖4-30　S-Web法原理

　　陶瓷表面、凹凸不平,也可能放出不純物,使用要注意,使用陶瓷當做基板之技術,如SCIM(silicon coating by inverted meniscus),表示於圖4-31。0.3mm厚之Si以60cm²/min之速度生成,有10%之轉換效率,從溶液在陶瓷上面成長Si之SOC(silicon-on-ceramics)法,另外以Dip法或用導電法性陶瓷當基板者也有。

　　石英玻璃從熱膨脹的觀點而言不適合當做基板。金屬矽可滿足前述要求性能(1)及(2)條件,但不純物太多,必須注意不能混入堆積膜中(如用矽氧化膜披覆基板之大部分表面)。耐熱性之金屬以使用Mo為例，因成本高在堆積膜之結晶粒成長後剝下再使用爲主。鋼板或鋁板也可利用，但前者具不純物，後者耐熱性不佳，很難實用。

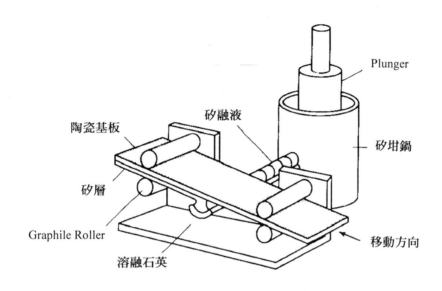

圖4-31 SCIM法在陶瓷基板上矽膜之成長模式

由液相成長Si後再利用基板者，爲如RAFT(ramp assissted foil-casting)法，示於圖4-32。在被稱ramp以溶融石墨炭所被覆之石墨製基板上，讓Si成長後因熱膨脹係數之不同而剝離得到板狀Si。0.3mm之厚度成長速度可達18000cm²/min。目前，缺陷密度高，效率在10％以下，但成長速度高，值得注意。

另外，在鑄造及片狀法之技術上，有利用片狀之Cavity回收容器中注入熔融矽，以製作片狀Si晶圓者稱爲Cast Ribbon法。雖名爲鑄造法，但無Ingot製作之高速切割問題及切片損失，是一有力之製作法。其原理示於圖4-33。寬200mm，厚0.3mm之矽板以400cm²/min之速度得到，轉換效率具13％以上。

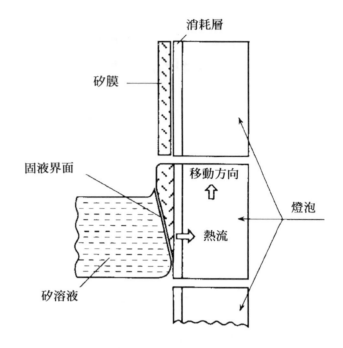

消耗層

矽膜

固液界面

移動方向

熱流

燈泡

矽溶液

圖4-32 RAFT法原理

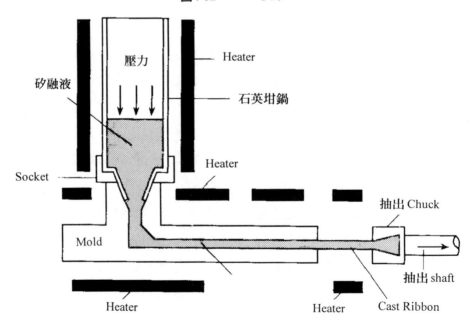

壓力

Heater

矽融液

石英坩鍋

Socket

Heater

Mold

抽出 Chuck

抽出 shaft

Heater

Heater

Cast Ribbon

圖4-33 以Cast Ribbon法製備矽薄板概念圖

由氣相製造法，以真空蒸鍍法、濺鍍法及氣相化學反應法(CVD)為代表。使用之基板與液相者相同。但以一般方法所得之結晶粒徑極小，不能用於太陽電池。為得到粒徑大之結晶，基本上仍要經過液相狀態之結晶成長過程以製造晶圓，再結晶化以電子線、雷射及燈泡加熱等再結晶法為主。

多晶矽以此方法來製作時，一般結晶之成長速度快，加上存在有結晶粒界，結晶粒中含有很多點缺陷，擔體生命週期短。因此，為得到高效率化，缺陷之不活性化技術相當重要。

4-2-2　結晶粒界之電氣特性及不活性化

1. 結晶粒界的物性及光電特性

結晶中存有粒界時，Si原子會在界面上切斷結合形成未結合電子(dangling bond，懸移鍵)。此電子之活性極高，在結晶成長時與某些元素結合，大多數之場合，為在單晶矽中形成與禁制帶同能量之電子，此電子狀態可能對少數擔體造成萃取或再結合中心，使其壽命變短。此外，因不純物之析出，而在結晶粒界上形成應變，禁制帶寬發生變化，擔體壽命改變外，若此電子狀態因變成離子化狀形成空間電荷，使得結晶粒界附近之矽能階帶受到影響形成障壁，可使多數擔體之移動度降低。

圖4-34為結晶粒界附近之能階帶，以荷電狀態分類各別之樣式。此圖對n型半導體所示之樣式，對p型也一樣。對n型半導體而言，結晶粒界帶負電，其分佈為比禁制帶中的中央部位還高，如圖4-34(a)向上攀升之樣式，界面附近形成空乏層。若變成這樣，則橫切過之多數擔體不越過這些能障不可以，使得巨觀之移動度有顯著減少結果，使串聯電阻變大。再者對少數擔

體而言，往結晶粒界吸附之電場作用結果，其壽命更短。粒界之電子分佈，其位置若比禁制帶之中央低時，則能階帶被押上去如圖4-34(b)所示，於界面電子狀態靠近能階帶端時，費米準位之位置比結晶粒內更近能帶端，所以在界面附近成為多數擔體之蓄積層。在此情況，多數擔體或少數擔體也都幾乎不受影響，故亦不對太陽電池特性有影響。此狀態可以利用擴散沿結晶粒界，快速擴散之不純物(n型為Donor)而達到。

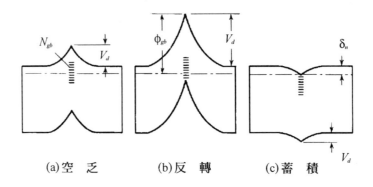

(a)空 乏　　　(b)反 轉　　　(c)蓄 積

圖4-34 由結晶粒界之電子狀態所形成之三種典型能階樣式

在多晶矽晶圓中，存在著許多不同種類之粒界，電氣活性度也有很大不同。在結晶學上之考察有化學侵蝕後表面之觀察，X-ray照相及電子線折射等，但所觀察到之粒界不一定會影響太陽電池特性。特別是表面觀察上看起來呈直線狀出現之平面狀粒界，以雙晶(twin)及積層缺陷較多，而這些大都不活性。對於會影響光電特性者，包含沒有結晶規則之不規則粒界，稍離開雙晶關係之粒界，微結晶集中之部分及轉位密集之亞粒界等。在這些結晶粒界近傍存有大的應變能量，加上懸移鍵結及不純物之故可能影響結晶之光電特性。代表因素有如下述：

⑴　界面幾乎爲金屬，能階帶成爲Double Schottky型，對多數擔體，少數擔體雙方有影響，特別阻礙太陽電池特性。此外，沿著界面形成之管道有電流流過，變成Shunt電阻，吸收禁制帶寬以下之光子。

⑵　在界面形成空間之電荷，亦形成能階帶之變曲。

⑶　雖不生成能階帶之彎曲，但造成少數擔體之再結合中心。

　　結晶粒界所形成障壁之高度，在暗狀態及太陽電池作動之較強光照射時有可能不同。光勵起之少數擔體可爲結晶粒界之電子狀態所捉住，造成減少荷電狀態之方向動作，也減少能障之高度。

2.　粒界的特性評估法

　　爲了達到高效率化之多晶矽，基本上必須降低結晶粒界的電氣活性度，因此如何掌握它的特性是非常重要的。特性評估法，常用的如表4-3所示。在這些中，使用銅之裝飾法(decoration)，銅原子因應變之存在而有偏析傾向，故與光電特性有密切關係存在。所謂裝飾法即在基板溫度約1000℃，Ar環境下，在基板之上流放置比基板溫度高5℃之金屬銅，進行1～3hr之擴散，其後急冷。可以使用紅外顯微鏡來進行觀測。此外，X線照相術，對於有不同結晶方位之多晶材料，因出現之對比太雜，很難利用。而侵蝕選擇法，對太陽電池之特性，不太影響之小應變也有很敏感反應，故無法區別應除去之缺陷或不除去也可之缺陷爲其缺點。

　　結晶粒界在長晶過程及太陽電池製作過程，有各種不同之不純物析出，爲以充分之空間分解能來評估不純物，可以使用電子線探針走查型Auge分光法或電子線探針微分析法。

表4-3　結晶粒界的特性評估法

手　　法	具 體 分 析 技 術
結晶學的評估	1. Decoration 法 2. X－ray Topography 3. 選擇蝕刻法
電子線利用手法	1. 走查型 Auger 分析 （SAM） 2. 電子線 Probe 微小分析 （EPMA） 3. 電子線激起電流像法（EBIC）
光學的手法	1. 雷射光激起電流像法 （LBIC） 2. 單色光激起電流像法（MBIC）

　　同樣使用電子線探針來觀測，流進太陽電池之電流應答信號，將其畫做1次元像或二次元像者，稱爲電子線勵起電流法(electron beam induced cruueat ，EBIC)。因電子線所生成之電子及正孔，可被內部電場所分離之電極所收集而造成外部回路之電流流動，故可以直接觀測太陽電池之光勵起擔體之捕獲過程，爲電子元件評估上最常用方法。但對接合斷面之評估，必須出示試料之斷面，故爲破壞評估法。此外對裝有反射防止膜之最終元件之構造無法評估，故太陽電池之評估，多使用下述光電的手法。

　　太陽電池爲吸收光，並在外部回路中通電以取得能源之元件，故以光爲探針，流過外部回路之電流成像，來觀測是最適合之評估法。由氣體雷射發振器所得到之光束可不擴散，而被傳送，故使用振動鏡等來走查太陽電池，以評估其特性之方法稱爲雷射光勵起電流像法(Laser beam induced cur-

rent，LBIC)。爲了評估結晶粒界，因粒界特性所影響，爲少
數擔體擴散長程度，相當狹小，故使用光源集中之雷射光以
增加空間分解能爲必要。所以大多數之裝置爲固定光學系，
將試料在電動台上進行走查照像之方法，最近使用雷射顯微
鏡且能測定空間分解能至1μm者已有許多。

　　使用光探針以測定光感度分布之方法，因半導體之光吸
收係數比光之波長改變更大，故可使用不同波長之探針對太
陽電池之深度方向，進行非破壞測定之方法爲EBIC所沒有。
但因雷射光之波長無法輕易改變，故也開發將Xe燈泡之白色
光分光後，使用顯微鏡將光束直徑變窄，進行走查太陽電池
之單色光勵起電流像法(Monochromatic-light beam induced cur-
rent, MBIC)。爲了得到1μm程度之分解能，必須極力排除環
境所造成之振動，並將顯微鏡之對物鏡片倍率增高才可。圖
4-35爲在橫切結晶粒界之方向上，使用光束走查一次所觀測
之光電流分佈例。圖中虛線所示之像爲理論值，與下式可相
當近似。

$$\frac{I(x)}{I(\infty)} = 1 - \frac{2S(1+A)}{\pi} \int_0^\infty \frac{\sinh^2 t \, e^{-(x\cosh t)/L}}{\cosh t (S+\cosh t)(A^2+\sinh^2 t)} \, dt \qquad (4\text{-}12)$$

$$I(\infty) = \frac{A}{1+A}$$

$A = \alpha L$，$S = SL/D$，L、S、D各爲擔體擴散長度，界面再結合
速度擴散係數。測定之光電流像與理論值之對照，可以予測L
及A。上述定義之S也可以稱爲規格化再結合速度，即表面爲
1之意義宛如等於同一材料會繼續著。換言之，相當於在一均
質連續之材料中導入假想的表面。MBIC之另一優點爲，可自

　　由選擇波長，與SPV法(surface photo voltage method)相同，可測定光照射部位附近少數擔體之擴散長。這是以光吸收材料之吸收係數爲α，少數擔體擴散長爲L，在吸收端附近的波長之太陽電池的收集效率Q，大約與$\alpha+1/L$成比例，故從吸收端附近之波長的$1/Q$及$1/\alpha$之關係，當$Q\to0$時$1/\alpha\to L$之手法來掌握粒界近傍之擔體擴散長。

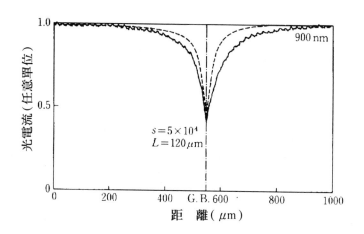

圖4-35　以MBIC觀察橫切結晶粒界部分之光電流分佈

　　詳細檢討以上評估法結果，在多結晶矽中之擔體壽命由①結晶粒界中短壽命之影響；②結晶粒界近旁所蓄積應變之影響；③體積內結晶不完全性之影響等來決定。但從結合算起之距離而言，影響之強度有變化，再者因偏差光強度(bias)對結晶粒界特性之影響也有變化，需要詳細分析。

(3)　不活性化技術

　　再針對對太陽電池特性，由不好影響之粒界及缺陷之不活性化技術來說明，最終技術爲減少粒界的量，亦即單晶化，但此嘗試尚不順利。因此對於不活性化是導入化學物質進入粒界內，將電子狀態從Si之禁制帶中趕出來，就是所謂的氫氣處理法及Gathering法。

由於spear等在非晶矽上價電子控制之成功，對於此不活性化給了相當啓示。亦即以濺鍍法所製成的非晶矽存在，有許多的禁制帶中之電子狀態，幾乎無法用不純物Dope方式控制價電子，但用Silane氣體之放電所製成的膜卻很容易Doping。這是由放電所製成的非晶矽膜中，含有許多的氫氣，與矽網膜中的Dangling bond結合，將其電子能趕到禁制帶外面。因此禁制帶中的電子狀態密度可減少幾十倍，故可用少量P或B來控制半導體中的擔體密度。多晶矽之結晶粒界與非晶矽一樣含有許多的禁制帶之電子狀態，其大部分為Dangling bord或被其所補捉之不純物原子(C、O或金屬)。以氫氣與Dangling bord之結合來降低電子狀態密度者，稱為結晶粒界不活性化(passivation)。

為了達到氫化目的，必須將氫氣做擴散。雖然在含有氫氣的氣體中，將Si做熱處理即可以導入氫氣，但基板表面之氫氣濃度低時，為使粒界不活性化所需之氫氣之引入，需要相當長的時間。因此一般氫化是將氫離子打入或在氫氣電漿(plasma)中放入基板以得到。氫氣離子之打入，一般使用大面積中能打入多個離子之考夫曼型離子槍。典型之打入條件為基板溫度250℃，離子能$0.5 \sim 2KeV$，離子電流密度$0.2 \sim 0.6$ mA/cm²，打入離子量$5 \times 10^{17} cm^{-2}$。

此外，在氫氣電漿中之氫化效果而言，已有多數報告在多晶矽上以plasma CVD法堆積非晶矽或氮化膜所製太陽電池。

　　氫化時有些特殊現象必須注意，首先被氫氣所打入之表面上，因為氫原子密度高，會有新的缺陷產生。為了避免此一現象，應該避免從接合非常近之太陽電池表面打入氫原子，而從裏面打入較佳。此外，母材中氧氣濃度高之材料，氫氣效果必不顯著，有可能造成受體(Acceptor)之不活性化，為了達到效果，需要一定之氫氣量。再者多結晶矽中之氫氣擴散係數，在500℃以下之溫度，約為$10^{-10}cm^2/sec$之25倍。此一數字與結晶性及擴散之方法有關，對製程經濟性而言，為相當好之數據。

　　氫化效果不只對結晶粒界，對結晶粒內之缺陷也有好的影響。以快速長晶所做多晶矽中，比FZ法或CZ法中慢慢所製之結晶含有較多缺陷，而氫氣之不活性化同時，也增加了擔體壽命。

　　最近改善結晶性之話題，為磷擴散所致Gathering效果。所謂Gathering係結晶中存在不必要的不純物，由半導體中活性部位，不影響動作之部分移動技術。為達到此目的，首先要製造不要之不純物容易移動之環境，在結晶中以某些方法導入一些應變，以其能量將不純物往一定場所移動。較早方式，如利用切削基板裏面以導入應力變形，再利用熱處理將不純物往裏面集中(intrinsic gathering)。另外，也開發利用某種不純物擴散在半導體表面，以其應變將不純物元素，收集到此高濃度擴散層。矽材料方面以磷做Gathering之技術是眾所周知的。此技術不只在太陽電池，在積體電路上也可以。典型製程如基板洗淨，磷擴散(950℃，10～20分，Gas源$POCl_3/N_2$)，接著以KOH除去擴散層，除去接合之不純物。

以磷擴散除去不純物之特徵，首先對FZ及CZ基板等不純物少之效果較差，磷之氣體源、PH₃及POCl₃都有效果。氧氣濃度低之材料，收集(Gathering)效果較大。不過在不適當條件下進行磷擴散，反而會短縮壽命Life time，需要加以注意。

4-2-3　接合構造及理論效率

1. 多晶太陽電池作動之理論解析

　　太陽電池之作動原理，本質上與單晶矽沒有不同。在此只說明多晶矽太陽電池特性，其與單晶矽不同者如(1)存在有結晶粒界、整體體積之特性，亦受到結晶粒界近旁之少數擔體再結合特性之影響。(2)當多數擔體橫切流過結晶粒界時，有必要超過粒界所生成之能階位障，影響串聯電阻。(3)結晶粒界之障礙高度由光照射可變化。(4)因長晶速度快，故體積內遍佈缺陷，擔體之擴散長度較短等四點。

　　此外，(1)不只影響光生成擔體，減少光電流，且影響太陽電池作動狀態下，因順方向偏差(bias)所注入之少數擔體，減少開放端電壓。再者，當沿粒界之導電度高時，變成Shunt電阻。在此定量的檢討這些影響。

　　由前節之*1.*項知道，結晶粒界對多數擔體及少數擔體都會造成性能劣化之影響，故結晶粒之排列，不希望是亂排的方式，而希望以厚度方向成柱狀排列(column)。在多數的多結晶矽基板上，已有多例實現這種排列，故在此先假設其為柱狀結晶。簡而言之，結晶粒界與受光面及接合成垂直。在考慮多晶矽太陽電池之作動時，結晶粒界必須考慮下述三種情況：

⑴   結晶粒界對少數擔體之影響，要用那個物性值來表述。

⑵   結晶粒界若切過空乏層時之影響，用那個物性評估。

⑶   光照射時及暗狀態時，結晶粒界之特性如何變化。

對於少數擔體之影響而言，將結晶粒界當做一個表面來考慮即使用表面再結合速度。假設有一長為A之正方形結晶粒，若表面及裏面之少數擔體無再結合，且結晶粒界之再結合速度為S。當光照射此結晶粒，且均一的生成擔體之狀態，至停止勵起後少數擔體之變化之減衰常數為τ_{fil}，在再結合速度大時，可用下式求得

$$\frac{1}{\tau_{\text{fil}}} = \frac{\pi^2 D}{2A^2} + \frac{1}{\tau_g} \tag{4-13}$$

再結合速度小時

$$\frac{1}{\tau_{\text{fil}}} = \frac{S}{A} + \frac{1}{\tau_g} \tag{4-14}$$

τ_g代表在結晶粒夠大時，結晶粒內之Carrier Life time。大致估計，以擴散係數$D = 1\text{cm}^2/\text{sec}$，$\tau_g = 100\mu\text{sec}$。粒界之影響依(4-13)式，結晶粒為220$\mu$m。又依(4-14)式$S = 5000\text{cm/sec}$時，為500$\mu$m。若實際之結晶粒大小低於此值時，太陽電池之特性將降低。實際多晶矽太陽電池其基板之厚度，大約略低於此值或相同於此值，故裏側之表面狀態及接合面邊界條件，對特性影響很大。短路狀態時，接合面邊界條件之過剩少數擔體密度為零，故在裏面有足夠passivation時，會左右少數擔體之結晶粒大小與膜厚相同。但在Bias之狀態，如最佳負荷狀態，有相當多的少數擔體，由順方向Bais所注入，與短路狀態比較，較受結

晶粒之影響，這些在曲線因子及開放端電壓上可看出。

　　在以多結晶爲母材之太陽電池上，影響性能最大，但又完全不能掌握之問題，爲結晶粒界切過接合中之定量研究。當結晶粒界之再結合速度大時，亦即少數擔體密度在接合端面上被要求等熱平衡值，但此與順方向Bias時之擔體注入邊界條件(如p型中$P_{n0} \exp(qV/kT)$)相矛盾。實際再結合速度沒有那麼大，與結晶粒中比較，擔體之注入濃度較少，且一部分短壽命擔體因擴散而再結合，剩下的以金屬方式流過結晶粒界造成Shunt電阻。對於這些定量化處理尚未成功。此外，粒界之性質、缺陷密度及不純物濃度，Bias條件及入射光強度爲非線性關係，故很難量化。

　　而對於光照射之影響而言，在前節之 *1.*項敘述過，結晶粒界之電子狀態，受到少數擔體注入影響很大。一般結晶粒界會在收集少數擔體時，於其四週形成電場，而將順方向Bias所注入之擔體或光生成擔體捕捉住。此時，在粒界中之空間電荷被中和，因此能障高度降低，在減少對多數擔體影響之同時，收集少數擔體之電場也減少。對於再給合速度而言，如何變化尚不清楚。在光照射下之MBIC測定，可以看到往減少之方向移動。

　　最後對結晶粒界如何影響太陽電池之特性，來做定性說明。假設太陽電池之基礎爲p型，Emitter爲n型。在一區域上結晶粒界之電子狀態，如對基材之p型而言，結晶粒界在有擔體蓄積狀態(p^+)，空乏狀態(p)及反轉狀態(n)三種狀態，故對多晶矽太陽電池之接合而言，依表4-4有9種組合存在。在基材區域內粒界在反轉層之狀態7～9之構成上，光生成擔體被粒界所吸入，再結合損失變大，造成光電流降低。另外，在基材內之粒界爲p^+之場合，與BSF效果同樣之電場 存在於粒界附近，故可抑制粒界內之再結合。此時，若Emitter側之粒界爲n^+，則結晶粒界之接合爲p^+n^+，增加Tunnel電流；而若Emitter側爲p時，成爲p^+p接合，使接合能障變低，不管那一個場合，開放端電壓都變小。而狀態6與3之構成都以相同理由，不被希望存在。狀態4〜5之構成，結晶粒界之結合速度若變小，則可期望有較佳特性存在。狀態2之構成，其接合之能階梯式圖描繪於圖4-36上，今後主要課題，爲如何實現這些模式。

表4-4　結晶粒界的電荷狀態與太陽電池特性

構成	Base		Emitter		可 預 期 特 性
	粒內	粒界	粒內	粒界	
1				n^+	低 V_{oc}
2	p	p^+	n	n^-	最　佳
3				p	低 V_{oc}
4				n^+	佳
5	p	p^-	n	n^-	佳
6				p	低 V_{oc}
7				n^+	低 J_{sc}
8	p	n	n	n^-	低 J_{sc}
9				p	低 J_{sc}

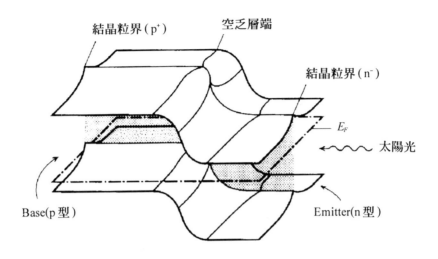

結晶粒界（p⁺）　　　空乏層端

結晶粒界（n⁻）

E_F

太陽光

Base(p型)

Emitter(n型)

圖4-36　可期待高效率之結晶粒界的荷電狀態

　　不過對於狀態7之構成，應可以得到高效率，利用結晶粒界之不純物擴散速度快之情況，在p型多晶基板上，從表面擴散n型不純物，將粒界部分變成電子收集n型層來利用，因n型層進入較深之部分，故長波長感度可較高。

2.　光封存及擔體封存

　　此二者本來為半導體雷射之室溫發振上不可或缺，而在太陽電池之性能增加上也有效果。

　　光封存機構曾在4-1-2節中，以受光面側之無反射膜與Texture構造中說明過，在此我們以入射光可以透過之薄膜太陽電池為討論主題。太陽電池之入射光在半導體之表面附近被強烈吸收，形成電子-正孔對。再利用接合內部電場加以分離，使電子經n型，正孔經p型集中，而在各電極取出電能，此機構之重點為光吸收要儘可能在接合之近傍發生較有效。另外，在接合之遠方生成之少數擔體,到達接合之概率與其距離,呈指數關係而減少。因此,儘量減少接合以外部分,使其薄膜化,造成飽和電流密度減少,而有高效率化。在薄膜太陽電池中,厚度不足故未被吸收之光,從裏面放射出來,若在裏面覆有光反射率高之電極或膜,可將透過光送回接合側。由裏面反射回來之光到達表面時,因表面無反射膜之效果,故直接送出表面外,若如圖4-37將表面與裏面做成非平行,則光可通過複雜之通路經過半導體而被吸收,實際上也達到厚膜之效果,此即薄膜太陽電池之光封存效果。

實際技術上,在受光面側以侵蝕法在表面做出凹凸不平之Texture結構,再加以無反射塗覆以抑制表面之光反射損失,並將裏面出來之反射光以雜亂方向散射出來。但與單晶不同的是,各結晶粒之結晶方位為雜亂排列,只有用Alkali溶液做蝕刻,得不到良好之Texture構造,尚要用機械切割式photo mask。又在裏面置有如Ag之高反射率金屬,或誘電體/金屬複合選擇反射膜之BSR(Back Surface Reflector)效果方法也有。一般用後者,可使裏面反射率增高,且誘電體膜有封存擔體之效果,故較佳。到達裏面之光,其能量以帶有禁制帶幅寬之能量者為主,因此,特別是後者積層型(Tandem)太陽電池之裏面反射膜作用上較有力。

光生成之少數擔體是將光子能量,以位能形式暫時保有。被內部電場分離時,以多數擔體形式被電極收集時,可有效的轉成為電能,若再結合則成為勢能損失,再結合發生原因可分為半導體內部之原因(缺陷、深度不純物)與包含結晶粒界之半導體表面。特別是半導體表面上,存在有許多的電子狀態在其禁制帶中,透過這些可使少數擔體之再結合發生。其大小可定量

的，以再結合速度來表示，其值若比整體之少數擔體擴散速度
(L/τ，L：擔體擴散長度，τ：Life time)要大，則少數擔體之再
結合，會因透過此表面電子狀態而增強，影響太陽電池特性。
因此，為高效率化考量，必須如4-2-2節第 *3.*項所言，結晶粒界
之不活性化及再結合速度之減少為重要課題。

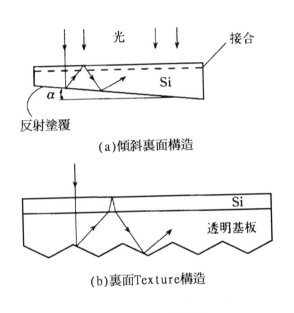

(a)傾斜裏面構造

(b)裏面Texture構造

圖4-37　光封存構造

　　為降低因表面電子狀態之再結合速度，必須用適當之Ter-
minator與產生電子狀態之 Dangling bond結合，將其能量逐出禁
制帶外。在Si太陽電池中，減少再結合速度法，以使用氧化膜
最好。再者，使用BSF效果也可大幅減少裏面之再結合。如此
來減少再結合中心，則光吸收生成之少數擔體，可有效率的被
收集到電極上，使能源轉換有效進行，此即擔體封存效果。

　　太陽電池之出力電力，為開放端電壓，短路光電流及曲線因子之乘積。前面所述光封存可增加短路光電流效果，而擔體封存可減少光生成少數擔體之再結合，以增加光電流效果，且增加開放端電壓及曲線因子。開放端電壓為光吸收所生成之光電流，全部為在太陽電池內部消耗時，所生之端子電壓，由太陽電池之暗電流-電壓特性所決定。在Si等擴散電流為支配性之二極體暗電流-電壓特性，為以順Bias所注入之少數擔體之擴散，再結合機構所生。

　　裏面之擔體再結合，對於暗電流-電壓特性有何影響，以基材之擴散電流做理論探討。當基板為p型，電子之Carrier Life time為τ，無電場。此時電子之擴散以下式表示

$$D\frac{d^2\,\Delta n}{d\,x^2} - \frac{\Delta n}{\tau} = 0 \tag{4-15}$$

接合端面$x=0$，基材之厚度為t。$x=0$之邊界條件，順方向Bias為V，熱平衡之電子密度Δn_p，則$\Delta n = \Delta n_p \exp(qV/kT)(=\Delta n_0)$。而在$x=t$之邊界條件，則因裏面之活性化而不同。施加理想之passivation，表面再結合速度$S=0$(Case 1)，而在歐姆接觸之少數擔體全部再結合的$\Delta n=0$(Case 3)。中間狀態為裏面之再結合速度等於擴散速度($S=L/\tau$)，則厚度充分之擴散電流，可以求得(Case 2)。相對應之電子之擴散電流J_e為

$$J_e = \frac{q\,D\,\Delta n_0}{L}\tanh\left(\frac{t}{L}\right) \quad \text{(cases 1)} \tag{4-16}$$

$$J_e = \frac{q\,D\,\Delta n_0}{L} \quad \text{(cases 2)} \tag{4-17}$$

$$J_e = \frac{q\,D\,\Delta n_0}{L\,\tanh\left(\frac{t}{L}\right)} \quad \text{(cases 3)} \tag{4-18}$$

由以上之結果得到結論，裏面有不活性化，且再結合速度小之Cases 1，若基材厚度小於擔體擴散長，則暗電流之電子擴散成分減少。亦即，太陽電池之厚度越薄，出力電壓越高，而若裏面全體為歐姆接觸或再結合速度大之Cases 3，當基材厚度比擔體擴散長小時，暗電流會增加。因此，在接合至少數擔體擴散長度之適當位置上，將注入之少數擔體以電場(BSF效果)押回，或導入再結合速度小之表面，可大幅減少太陽電池之暗電流值。讓BSF發生之方法，可在裏面形成高濃度層(如pp^+接合)。

利用所發生之電場來達到，減少表面再結合速度，也可利用寬禁制帶之材料(如SiO_2)，做不均接合來有效達到。

此二個封存效果若能有效執行，薄膜太陽電池可比厚膜得到更高效率。特別多晶太陽電池由於薄膜化，使得光生成擔體擴散至接合之概率，比至結晶粒界之概率高，且暗電流得到抑制之故。

3. 各種高效率太陽電池構造

  (1) 多晶厚膜電池

以鑄造法製作多晶矽，再將其切片成基板之多晶電池，最近進步很大。這是因為控制不純物及結晶條件之最佳化，所致便宜及品質安定之基板能夠供應外，在Gathering或氫化，表面處理等之技術也臻成熟之故。最近報告成果列於表4-5。以機械式V溝構造所示之電池，為了降低表面上之光反射損失，以Dicing機在表面做出V型溝槽，其元件之構造如圖4-38所示。pitch 70μm，深70μm之溝製成後，以酸或鹼之侵蝕將受損層拿掉，並將溝整型。再以磷擴散製作接合後，裏

面以Al做BSF層，表面用SiO_2不活性化後，再用MgF_2做二重
反射防止膜之元件，表面電極以線寬50μm， pitch 2.5mm印刷
而成。最近此構造有17％轉換效率之報告。

表4-5　多結晶矽太陽電池的出力特性

	元件構造	開放端電壓 (mV)	短路光電流 (mA/cm²)	曲線率 (%)	轉換效率 (%)	受光面積 (cm²)
厚膜	機械的 V 溝構造	601	36.5	77.8	17.1	100
	3 電極	611	35.4	75.9	16.4	100
	BSNSC	611	35.4	75.9	16.4	225
	Cast Ribbon	596	37.4	75.4	16.8	100
薄膜	陶 瓷 基 板	593	32.4	74.0	14.2	0.98
	金屬級 Si 基板	608	30.0	781	14.2	100

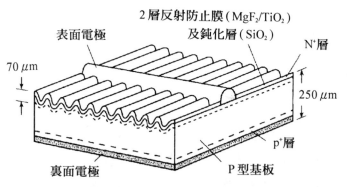

圖4-38　機械的V溝構造電池模式圖

3電極所示之構造，則不止在表面，裏面也有收集電子之
電極存在，使得在由裏面附近生成之電子能有效的收集，且
以Texture etching，由裏面做氫化及絕緣膜做不活性化所得之
元件。另外，也有將裏面電極做最佳化，設計一雙面構造，
以有效收集從裏面入射之光。其元件構造如圖4-39所示。

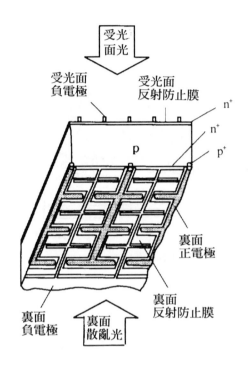

受光面光

受光面
負電極

受光面
反射防止膜

n^+

n^+

p

p^+

裏面
正電極

裏面
負電極

裏面
散亂光

裏面
反射防止膜

圖4-39　3電極Bifacial電池之構造

　　而BSNSC之構造，為使表面不活性化，在表面皆用Si_3N_4披覆。氮化膜以SiH_4或NH_3氣體用plasma CVD法來製備。因堆積時有多量的氫氣電漿存在多晶基板上，故氫氣不活性化同時也存在。表面Texture構造是以photolithography所做微細之樣式。再者表面電極之電極幅降低及電極下導入高濃度n膜以達到高效率化。電池構造之概念如圖4-40所示。15cm × 15cm之面積，有16.4％之轉換效率報告。在此所述多晶矽基板之太陽電池之製程，示於圖4-41。

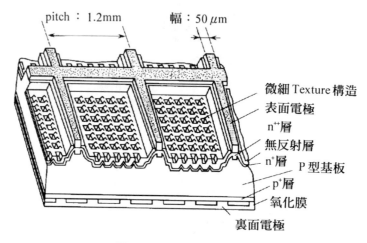

圖4-40 BSNSC之構造

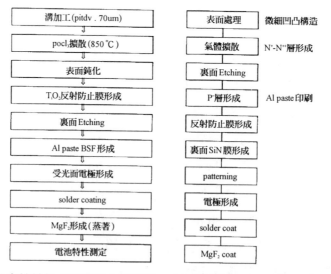

(a)有機械的V溝構造太陽電池　(b)有微細Texture面氮化膜構造

圖4-41 典型的厚膜多晶矽太陽電池製程

⑵　薄膜太陽電池

　　薄膜多晶矽太陽電池，為達成Si太陽電池之高效率化及低成本化所不可或缺之課題。薄膜矽之製造方法有將厚矽基板薄膜化及在基板上形成矽薄膜等二種方法。前者因增加製程及材料節約考量，並不適當。在此以後者為主做說明。

　　已知薄膜結晶矽用基板有陶瓷，Steel、Graphite及金屬矽等，或者以Spin Coat法在Al_2O_3基板上，形成SiO_2及以CVD形成Si_3N_4膜等，做為Buffer，在其上再以減壓CVD堆積形成5～7μm之矽薄膜。在硼B氣體擴散中，以Ar Laser做熔融再結晶，而得100μm之粒徑，對此膜再進行P擴散形成太陽電池。性能上，開放端電壓雖然只有0.44V，但光電流密度4μm卻有$30mA/cm^2$以上，亦即用光封存，可得到高的光電流密度。同樣之嘗試，有14.2％之比較高轉換效率，即以Al_2O_3絕緣性做為基板時，基板側之電極之取出需要設計，薄膜多晶型若可用Laser做樣式化，則在1枚之基板上，做出複數之多晶矽太陽電池，即串連接形成集積層型太陽電池。

　　薄膜矽太陽電池用基板，以使用金屬矽者為有力候補。在耐熱性及熱膨脹係數外，成本低故研究之歷程久。缺點為金屬矽中所含不純物，在元件製作過程上擴散至活性層，可使Carrier life time變短。為避免這些缺點，裏面光反射膜之外再設矽氧化膜於基板表面，一部分做為電極接觸之開口，在其上堆積矽，Gap層設定後，以Zone Melting使結晶粒徑擴大。而後在其上做矽單晶成長，製成膜厚50μm，粒徑為數mm以上之多結晶膜，再以擴散形成接合，做為太陽電池。最近利用金屬級矽粉末供給至Ar plasma Arc中，將其溶解，吹適當基板上，形成基板之plasma溶射法，形成絕緣膜後，以氣相法堆積薄矽膜，再以Zone Melting使結晶粒徑擴大，最後用熱CVD法，形成發電層，可得14.2％效率。

在便宜之基板上製作矽膜，以製備薄膜多結晶矽太陽電池，仍在開發階段。

4-2-4　太陽電池製造技術

1. 接合形成法

多結晶矽太陽電池之構成也可與單晶電池相同。Schottky型，MIS型及不均一接合型等構成皆可，但現實上皆沒有採用，其主要理由爲再現性及出力電壓太低，目前以p-n型爲主。

代表的接合形成技術有擴散法，單晶成長法及離子注入法，其後二者在太陽電池研究上曾進行過，但目前以擴散法爲主。擴散法，如採用$POCl_3$與PH_3等做爲n型不純物源外，也用Spin Coat法塗覆 V 族元素。在擴散溫度時，結晶粒界之活性度也變高，而致Carrier Life time變短，影響電池特性，故應選用低擴散溫度。

2. 電極形成技術與表面不活性化技術

電極形成分爲表面電極與裏面，因表面電極入射光不能通過，故面積變大時，增加反射損失。又爲減少其面積，以Finger電極增大間隔，則串聯電阻與間隔之平方成比例而增加。故儘量使用很細Finger電極做複數排列，可以增加效率。這些電極成形法利用簡便印刷法，而爲使樣式微細化，可利用photo-lithography法。

表面電極歐姆接觸部之少數擔體再結合減少，不只增加光電流，也可抑制暗電流。因此只在電極部進行高濃度不純物擴散之HL(high-low junction)接合試作構造也有，電極以外之受光面之不純物濃度儘量減少，可防止Band Narrowing或Auger過程所致暗電流之增加。此外，為抑制表面擔體之再結合是高效率化重要因素。表面不活性化技術，在多晶矽與單晶矽都用同樣技術。特別是SiO_2表面Dangling fond之減少效果，在MOS電晶體之開發上曾被詳細研究過，表面再結合速度可達10cm/sec，氮化膜也具有同樣效果。

裏面電極在4-2-3節 2.項已說明，以pp^+構造及BSF效果外，全面裝設反射率高之金屬做為電極(BSR效果)。做為裏面電極常用者為Al，以Si擴散即得p^+層，將此條件最佳化時，可使BSF效果出現。在裏面也與表面同樣電極，會造成少數擔體結合損失，故減少電極之面積，取出電極部以外之部分，施以氧化膜或氣化膜之不活性化。

3. 結晶粒界不活性化技術

結晶粒界之不活性化為多晶系太陽電池不可或缺。通常以氫氣之擴散為之。為增加處理速度，使用離子注入也可，為減少注入時之損傷，由裏面進行注入。不活性化後以高溫熱處理則效果打折，最好在製程之最終階段再進行。多晶矽製造上，以高速成長所製，故在結晶粒界以外，有許多的點缺陷，造成Carrier life time之短少，故進行氫氣處理，不只在結晶粒界，在點缺陷上也有不活性化效果。

4. 反射防止膜與裏面反射構造之形成

　　　　在單晶矽太陽電池上為減少電池表面之光反射損失，並增加光封存效果，採用Texture效果。此構造容易用鹼侵蝕而成，一般使用在基板含有(100)面之結晶方位上。此外，多晶矽上，因各結晶粒之結晶方位混亂，用侵蝕會出現各種不同之蝕刻樣式，為達到充份效果，使用photolieto graphy做積極的模式控制才可。以Dicing Saw在表面形成細溝，再用蝕刻整形使形成Textur構造者也有。

4-2-5　將來展望

　　　多晶矽太陽電池利用各種技術，目前已可達到與單晶矽類似之效單。特別是多晶矽基板做成四方形，故模組化後，面積效率變高，為其優點。單晶太陽電池之製程技術，雖然有一些變更，但也可應用至多晶電池之製程上。

　　　但太陽電池之製造在高效率化之同時，低價格也是重要的。目前高效率電池之製作上尚含有photolithographing，不適合高速及自動化之技術，因此如何在不降低性能上做製程簡化，應予考慮。

　　　今後之課題，除上述低價格製程之開發外⑴低價格基板之開發；⑵大面積之高效率化等也應列入。對於基板之製造也有許多提案。與此相關而進步最慢者，為大粒徑薄膜之多晶基板製造技術。如同前述，充分的光與擔體之封存，可使薄膜化後結晶粒界之影響降低，薄膜太陽電池之性能也可超越厚膜。

　　　大面積電池之課題，為如何抑制表面電極之電阻損失。10cm四方太陽電池之轉換假定為20％，矽太陽電池之出力電流為4A，此值隨面積之增大而增加。又在大面積電池上，此串聯電阻損失之問題，在非晶矽或化合物半導體多晶薄膜太陽電池上,以積層型之採用來改善。此方式不被結晶系之矽太陽電池採用理由為,基板變厚時元件分離困難。此點若可在絕緣性基板上成長矽薄膜,可用Laser來分離元件,積層型也可,所以用鑄造法很難實現之一個模組對一個基板之多晶矽太陽電池也可實現。

4-3　非晶系太陽電池

4-3-1　概　論

　　非晶太陽電池的歷史始至1970年代初,以plasma CVD法,將SiH₄氣體製備之非晶矽薄膜,被發現對可見光,具有大的吸收係數,及優良的光傳導特性。而後1975年代英國的丹地大學,發表推翻非晶半導體物理常識的價電子控制(p-n接合)。其後不到1年,第一號非晶矽太陽電池(效率2.4〜5.5%)由美國RCA所製出。

　　以SiH₄之plasma CVD法所製a-Si中,含有10〜20%原子之氫氣,可以降低結構缺陷,產生優良光電特性及價電子控制性質(合稱構造敏感性),在後來1〜2年間又被發現。因此亦為a-Si:H也有使用氟素者稱為a-Si:F,但並不普及,故本節仍沿用a-Si:H,且簡稱 a-Si。

　　a-Si電池誕生至今已有多年歷史,全世界的電力換算太陽電池總生產量之1/3為a-Si太陽電池(大部分為民生用)。這些發展是因在任意之基板上可用低溫以及連續製程生產超薄型(1μm以下a-Si系薄膜)所致。亦即在大面積、省資源、輕量及低成本等實用化條件皆配合所達到的,在此說明1970年代後半所開發出來的積層型構造上,有關a-Si太陽電池在各種實用技術之開發。

　　太陽電池當然不能忽視轉換效率。圖4-42列出a-Si系太陽電池轉換效率增加與其相關技術。單接合構造上,以a-Si爲光電流生成層之pin接合構造,經過近17年間沒有改變。在此有一些設計是針對,將入射的光子儘量導入i型a-Si層(不Dope),或把封存、吸收所產生之擔體收集至電極。以下將詳細說明,由於寬能階間隙、不均一接合電極層(a-SiC等)、不均一接合界面控制與光學設計上新技術之開發,導入所導致轉換效率急劇上升,呈現在小面積約13%。電力用太陽電池之大面積模組化技術也有很大進步,如$120 \times 40cm^2$可有9%以上(約44Wp)之效率。

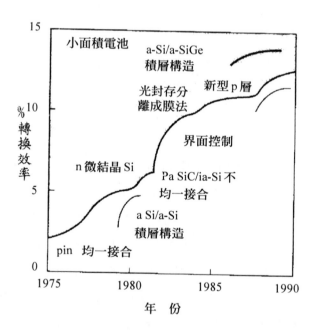

圖4-42　非晶矽太陽電池轉換效率技術變遷

　　實用規模之a-Si太陽電池效率到達10％以上，也只是時間問題，年生產量若能到達100MWp，則包含系統所有之太陽電池成本，及發電成本可以與電費一爭長短。高能源回收也可在1年內，故採用a-Si太陽光發電之分散型發電方式也可能普及。

　　效率再提高是被期待，標準的a-Si其能階寬度約在1.7～1.8eV之間，換成太陽光則比7000Å以上之長波長光無法被利用，理論值會停在14～15％。為打破此限制，可導入比a-Si更窄之a-SiGe，做成積層構造之提案，目前如圖4-42所示，得到近13.7％之效率。

　　關於 a-Si太陽電池必須要說明之重點，是a-Si為非晶質半導體，屬於非平衡系材料，故外部之刺激可能會改變其微觀構造。代表例，如光生成之結構缺陷，因為a-Si為構造敏感性，故缺陷與膜特性之劣化相關(一般稱為Staebler-Wronski效果)。為解決此問題，可在成膜過程上控制材料設計及太陽電池構造上變通。其結果為初年度之劣化率，可控制在10～15％以內(以後也不劣化之飽和度)，但仍不滿意。在電力用太陽電池上，需解決問題仍多，如信賴性等，而在太陽電池瓦或窗玻璃之非晶質特有實用化技術開發上，有長足進步，如果從膜物性控制至元件設計不斷進步，則遠景可期。

4-3-2　非晶矽之製備與物性

1. 薄膜製備法

　　　　a-Si及其合金材料是以plasma CVD，熱CVD，反應性濺鍍法或光CVD法等氣相合成法來製備薄膜。太陽電池用a-Si，目前以plasma CVD法製備，故先對此製作法加以說明，其次為光CVD法，Doping技術等。

⑴　plasma CVD法

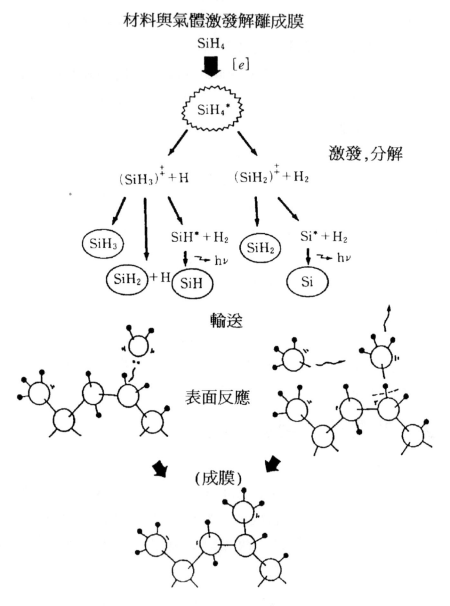

材料與氣體激發解離成膜

SiH₄

$[e]$

SiH₄*

激發,分解

$(SiH_3)^+ + H$　　　$(SiH_2)^+ + H_2$

SiH₃　　　SiH* + H₂　　　SiH₂　　　Si* + H₂

$\rightsquigarrow h\nu$　　　　　　$\rightsquigarrow h\nu$

SiH₂ + H　SiH　　　　　　Si

輸送

表面反應

(成膜)

圖4-43　電漿CVD法材料氣體至成膜之個種形成

將電能加之於SiH_4等Si系材料中，使其變成電漿，利用其高能量數eV至十數eV之電子衝擊，使材料分子激發、解離，如圖4-43所示生成$SiHx(x \leq 3)$反應種(中性及離子性)。這些反應種以擴散到達100～300℃之基板上，在其上發生各種反應(吸附、脫離、拉出、插入及表面擴散過程)後，形成a-Si薄膜。

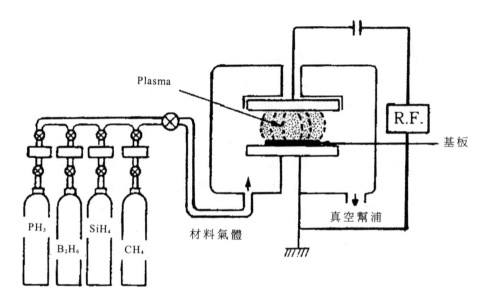

圖4-44　容量結合型Plasma CVD裝置概念

發生plasma之電力有直流、AM週波及高週波(13.56MHz)微波等等，目前以高週波plasma CVD最普及。典型實驗室中之反應器如圖4-44。兩相對電極中之一電極，經過Blocking容量，電力整合器後與高週波電源連接，另一方之電極則與反應器同時接地。由於plasma中之電子與離子之質量差，使與plasma相接之所有電極(壁)，對plasma而言呈現負的電位。而由於存在Blocking容量，故回路中沒有直流電通過，只要無異常放電，實效面積小之電極(高週波電力進入側)，比接地電極更帶深之負電位。這種自我偏差效果，造成高週波電力投入電極為陰極，接地電極為陽極。

最重要者為投入高周波電力，幾乎大部在陰極旁被消耗，因此在此區域內之激發，分解反應相當活潑，薄膜形成速度也快。但因為電極對plasma而言帶很深之負電，或者說近旁有大電場存在，故電極表面受正離子之衝擊。在此條件，無法得到太陽電池用之良質a-Si，所以一般放在陽極側，但不管如何，成長表面仍受某種程度的離子衝擊，此衝擊效果，在低壓及高投入電力時較明顯。

而在薄膜成長之第二階段，輸送過程中，反應種與母材(SiH$_4$)起衝突反應，變成不活性化。但SiH$_3$對此衝擊，相當安定，因此SiH$_4$　plasma之壽命與其他反應種比較要來得長壽命。因SiH$_3$反應性低，故成長膜表面上若沒有Dangling bond，則單獨存在，不會加入Network中。實際在100～300℃之基板溫度上，成長膜表面大概全部被氫氣所覆帶住，到達表面之SiH$_3$一面擴散一面找尋氫氣被拉出後之空位。此種擴散相活潑，在能量安定的空位上Si原子被安置，故緩和度高(即緻密)之非晶質構造可以形成。

所以良質a-Si之形成條件有①將易擴散之SiH$_3$選擇性的帶到表面。②為促進反應種之表面擴散，增高實效表面溫度，保持高度氫氣被覆率。對於第①項之解決法，以第三電極放在相對二電極之間，加大plasma與基板之距離，利用SiH$_3$長壽命，且降低離子衝擊之提案來完成。而對於第②項，則採用

能提供大量原子狀氫氣，於成長表面之氫氣稀釋法，與Rem-
ote plasma法配合上述利用離子衝擊及光激發。最近在高溫($\geq$
350℃)下，增大反應種的擴散係數，以及供給大量的反應種
(SiH$_3$)，予表面被覆氫氣之熱脫離所致之Dangling bond，使其
不與膜反應之手法(反應支配種缺陷抑制法)，以及用供給熱能
予反應支配，以促光激發成長表面之表面擴散的低缺陷膜製
備技術，也被開發。

　　也有針對由成長表面上數原子層未固定之非晶質構造
上，借原子狀氫氣之力使其緩和之成長／氫氣plasma來回處
理法(化學調質法)或降低薄膜成長速度，以給予足夠緩和時間
之方法皆有提案。以上二種方法從反應種及表面反應控制，
以及成長帶控制等不同概念之求證，不管那種方法，都可製
備太陽電池用良好之a-Si、a-SiGe及a-SiC之薄膜。

⑵　光CVD法

　　以上為利用plasma中之電子運動能激發SiH$_4$，並使其解離
之薄膜成長技術。使用光之能量直接(直接光CVD)或間接(水
銀增感或間接光CVD)，分解SiH$_4$之方法，通稱光CVD法。這
種成長法，因成長膜表面不受高能量離子種或電子之衝擊，
故可用較溫和之條件成長。而在水銀增感法中可選擇性的生
成表面擴散係數大之SiH$_3$反應種，可有良質膜生成。一般其
問題為成膜速度慢，但可用Si$_2$H$_6$或Si$_3$H$_8$來代替。

⑶　Doping與合金膜製作技術

　　a-Si適合用做太陽電池材料之物性要因為，具有"高的光
傳導性"以及可用不純物Doping控制傳導型與導電度之"構
造敏感性"。一般常用之Doping法為SiH$_4$/PH$_3$、AsH$_3$(n型)或

B_2H_6(p型)之氣相法爲主。

　　雖然a-Si具有構造敏感性,但因爲非晶質性,故與結晶不同,可超越各種限制做出各種合金材料。以CVD法對SiH_4上面,加入希望比率之GeH_4,NH_3,CH_3(C_2H_4,C_2H_2),CO_2(O_2,CO,N_2O)等,可製備比a-Si更窄之a-SiGe或寬間隙之　a-SiN,a-SiC及a-SiO,這些也可用不純物Doping控制傳導型式與導電度。在薄膜成長過程中,於非晶質構造緩和度促進之環境下,供給高密度氫原子,可在非晶質網目中製備Si微晶粒(數十Å～數百Å徑)之薄膜。這種材料稱爲微結晶質(microcrystalline,μC-)。在光學上介於非晶與結晶間,在電氣物性上因結晶粒含高之Doping效率,故可得低電阻特性。

　　大部分以a-Si爲基材之元件爲以上之Doping(p,n控制),合金化與微結晶化技術之組合所製備。

2.　基礎物性

　　下述係針對與太陽電池有關部分進行說明:

(1)　構造與電子狀態

　　非晶質半導體材料,雖然沒有結晶所擁有的長距離之秩序,但其原子週圍之化學結合狀態,可考慮爲與結晶同樣之狀態。由於這種近距離秩序仍然存在,故電子狀態(Band構造)大部分與其對應之結晶材料無變化。但因爲在結合角與結合長度等近距離構造之亂度,以及二面角之中間距離構造偏差,使得結晶上之尖銳的能階端,表現的如圖4-45之模式,存在著裙帶樣式於禁制帶內(呈指數關係存在)。在此帶有放射狀波動函數之能階狀態,與局部狀態之邊界稱爲移動度端面(mobility edge)。至少在室溫附近,此種能階狀態之擔體輸送可以決定材料的直流電氣特性。

　　a-Si在四面體結構之非晶質狀態下呈現過剩之束縛構造，為緩和堅固之網目中的內應力，可能誘起如Dangling bond之結構缺陷。在非熱平衡條件下，膜成長時，會組合進入薄膜中，又因包含有熱力學上所生成的結構缺陷，故這些在禁制帶中形成局部準位，如圖4-45所示，而成為擔體再結合中心。在a-Si中含有10％原子～20％原子氫氣者，可直接補償這些Dangling bond，或者降低平均配位數，達到改善構造緩和之目的，進而減低缺陷密度(禁制帶中的局部法位)，提高電氣特性，與氫氣之組合方式有許多；而其中以SiH結合在膜中分散者較有效。最近由於膜中氫氣之空間分佈，結合形式及微孔等之巨觀複合缺陷及其擴散現象，與電子之性質及構造安定性之關連性次第明白，而開發新的膜質控制法。

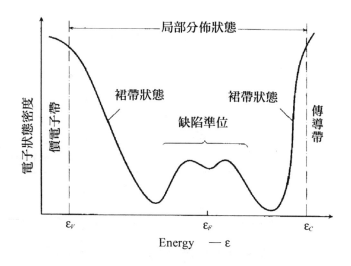

圖4-45　非晶系半導體的電子狀態密度模式

(2) 光學性質

圖4-46顯示a-Si之典型的光吸收光譜。圖中A所述區域，是以價電子與傳導帶間之光學遷移之Tauc區域。

$$\alpha(E)nE \propto (E - E_0)^m \qquad (4\text{-}19)$$

或

$$\alpha(E)n/E \propto (E - E_0)^m \qquad (4\text{-}20)$$

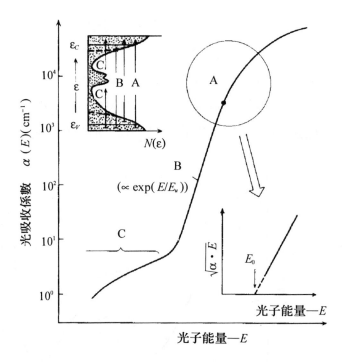

圖4-46 非晶矽半導體之光吸收係數光譜特徵

n為折射率，m為正數，E_0為光學之能階間隙是一虛擬量。從結晶的立場而言，不透過光子之直接遷移其運動量，亦即波數向量K之保存為必要條件。在結構雜亂之非晶質半導體上，此K並不是能記述電子狀態之好的量子數。而在能階帶端面近旁之波動函數，包含擔體平均自由行程之倒數範圍之K狀態。因此，若擔體平均自由行程為原子間隔程度(可能不盡正確)，且光學遷移也滿足能量不滅定律時，K在任何地方都相等。此稱為非直接遷移模式，為導出上式之基本概念。結晶Si為間接遷移材料，因此，其遷移需要光子之協助。a-Si如同上述，不需要這種助力，故本質上可得到較大之吸收係數(在可見光區域內，比結晶Si大個位數)。

　　若運動量遷移行列要素，或雙極子遷移行列要素為一定，則能假定適當之結合狀態密度，若各為式(4-19)及式(4-20)所示。當$m = 2$之時，稱為Tauc及Cody表示。實驗上，後者之表示近似度較高，但習慣上，式(3-1)的Tauc表示及所求的Tauc Gap常被使用。前述之移動度Gap大約比Tauc Gap大0.1～0.2eV。目前，一般太陽電池級a-Si之Tauc Gap在1.75～1.80eV左右，大約與氫氣含量呈反比而改變。若再進行合金化，則可製做如圖4-47所示寬範圍下Tauc Gap，亦即吸收係數光譜及導電率不同之材料。圖4-46之B區域，稱為urbach區域

$$\alpha(E) \propto e^{E/E_u} \tag{4-21}$$

　　帶有指數函數關係，E_u為Urbach tail之斜率，為衡量構造雜亂度之指標。太陽電池級之a-Si其值在50meV左右。此區域一般認為是基於能階帶之裙帶狀態，與擴散能階帶間之遷移所致，將E_u假設為反映價電子能階帶之裙帶狀態，是危險的假設。再者，在圖中C之區域被解釋為與Dangling bond等構造

缺陷有關之光學電子遷移,由其吸收成分可推測其缺陷密度。目前太陽電池級a-Si之缺陷密度在10^{15}cm^{-3}左右。合金材料組成離開a-Si,故其E_u及缺陷密度有增加傾向。

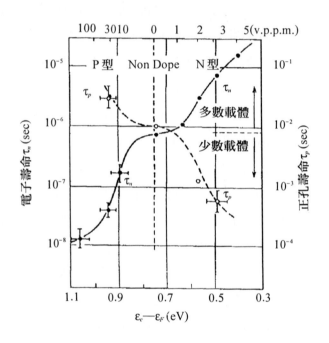

圖**4-47**　a-Si上電子及正孔壽命費米準位依存性

(3)　電氣性質

　　　室溫下之電導在移動度端面附近產生,直流導電率$\sigma(T)$以下式(4.22)表示

$$\sigma(T) \cong \sigma_0 \exp\left[-(\varepsilon_c - \varepsilon_F)/kT\right] \qquad (4\text{-}22)$$

上式中之。σ_0稱為導電度pre-exponential因子,ε_c為移動度端(輸送能量),ε_F為費米準位。由其溫度依存性,一般可推測絕對零度下之費米準位,但因各別之固有能量存在著溫度依存

性，故並不準確。a-Si以σ_0 = 75～150S/cm來求費米準位較恰當。如不Dope a-Si典型值σ_0 = 10^{-8}～10^{-10}S/cm，但$\varepsilon_c - \varepsilon_F$ = 0.6～0.7eV。

擔體移動度可用TOF(time-of -flight)來測定，一般a-Si中電子為0.1cm²/sec V，正孔為10^{-3}cm²/sec V。但這些稱為Drift移動度，為受到淺部位局部準位(如裙帶狀態)影響之值，純粹之能階帶移動度，在電子10cm²/sec V，正孔大約小他一個位數左右。

圖4-47為a-Si之擔體壽命之費米準位依存性測定結果。Non-Dope a-Si之電子壽命及正孔壽命各別為10^{-6}sec及10^{-2}sec左右。這些值為包含在淺準位上，所捕捉擔體之全電荷壽命(與Drift移動度同義)，自由擔體之壽命在電子為10^{-7}sec，正孔為10^{-6}sec左右。當然這些值與再結合中心(Dangling bond)之密度及能量位置有關，依測定之激發條件改變。目前太陽電池上最常用之評估方法，為定常光Carrier Gradient法，可以測定太陽電池作動環境時(如Am-1.5，100mW/cm²)之兩極性擴散長。與光傳導度測定組合下，可將電子與正孔之擴散長分離來測定。太陽電池級Non-Dope在a-Si上之正孔擴散長為1000Å左右，此電子擴散長約大2～3倍左右。

最簡單之膜質評估為測定光傳導度。但這個值與費米準位相關，故光傳導度高之材料，不一定為優良的太陽電池材料，但在新材料之開發上，可做為最佳化指標。圖4-48所示介紹一些新成膜法，所得a-SiGe及a-SiC合金之光傳導度σ_{ph}與暗時傳導度σ_{dark}之Tauc Gap依存性。

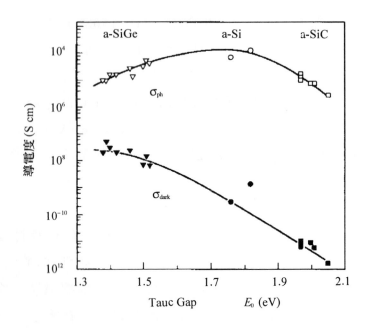

圖4-48　a-Si系合金材料在光照射下之導電度

(4)　Doping特性

　　圖4-49所示數據，由spear等人針對a-Si所做Doping特性。由不純物之Doping可控制p與n層，導電率可控制在10^{-11}S/cm至10^{-2}S/cm之間。其他的合金材料中靠近a-Si之組成領域內，雖然控制範圍較窄。同樣可得Doping特性。重要者為Doping效率隨氣相Doping量之1/2次方成反比率下降，且膜中缺陷密度增加。這可以解釋為離子化不純物與帶有相反電荷缺陷成對所致。此外，使用B_2H_6之p型Doping中，減少膜中氫氣量會使Tauc Gap變窄。這些情況為太陽電池設計上應該考慮之問題。

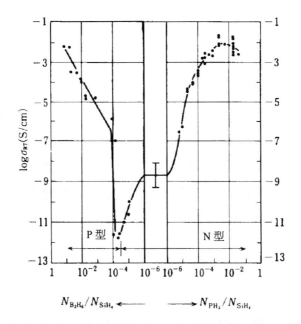

圖4-49　a-Si不純物Doping所致電氣傳導型及傳導度控制例

　　微結晶材料(μC-Si及SiC)，Doping效率高，不管在p型或n型，都可達到10S/cm之導電率。但是Doping後材料之共同點爲缺陷密度高，不適於太陽電池之光電流活性層。光學上很難定義非晶質特有的Tauc Gap，但其特徵爲比a-Si在可見光域內之吸收系數更小。因此，可做爲a-Si太陽電池之電極層，特別是光入射窗側層。

4-3-3　太陽電池構造與製備過程

1. 太陽電池構造

　　基本之構造爲p-i-n接合，一般p層厚度50～200Å左右，i層厚度4000～6000Å左右，而n層厚度在100～300Å左右。因爲目前太陽電池級a-Si之少數擔體擴散長度最大也不過1000Å，因此要利用擴散來收集光生成擔體時，電池之厚度也要在此級數，對於太陽光譜之有效利用而言，幾乎不可能。故若不利用內部電場之Drift輸送，不能得到高的轉換效率。

Doping過之a-Si材料即使光傳導度高，也因構造上缺陷密度大，故內部電場存在區域之寬度(或者結晶所存在的空間電荷區域)，比未Dope(i型)之場合要來的窄。基於上述理由，這些材料要做為光電流生成的輸送層之用途困難。故pin接合構成是考慮這因素後，所採用的。亦即光電流生成的輸送層為i層，p及n層可做出促進i層中Carrier　Drift之內藏電位，做為收集光生成Carrier之電極層。

基於以上這些概念，a-Si太陽電池之高效率化設計可分為(1)採用以寬Band　Gap且傳導度高之Dope層材料所形成的不均一接合窗構造。(2)利用以Texture基板及高反射率裏面金屬層所成光補捉效果，增加i層中的光吸收度。(3)結合比a-Si更狹Band　Gap材料形成積層構造。圖4-50為以這些概念所開發之各種太陽電池構造。

接合構成以外之重要點為，光入射面必定以ITO，SnO_2及ZnO等透明導電性氧化膜(TCO)做為電流收集電極，以及表面反射損失低減層(AR)。這是因為Dope過後之a-Si材料之導電率，即使微結晶化也只有10S/cm而已，因光透過率之關係不能太厚，故只有這樣無法從此處取得電流端子。因此，TCO層之電氣、光學、化學性質、其厚度及表面形狀為支配太陽電池性能之重要因子。

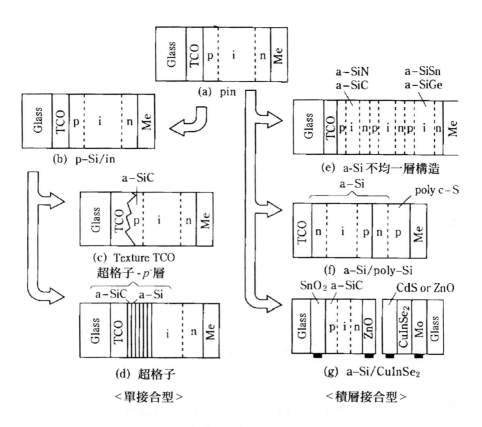

圖4-50　高效率化各種太陽電池構造

　　同圖中除了與多晶材料之積層構造外，是假定由p層側之
入射光及玻璃基板之例子。相反的，從n層也可以有入射光但是
⑴高的內部電場區域上，會形成p/i界面層；⑵正孔之輸送特性
比電子的要差等。故用p側做爲入射光層較有利。對於基板而
言，因使用plasma CVD等低溫，氣相成長法，故不管密著度
時，可使用多種多樣之材料。做爲透明性基板者有附TCO之玻
璃、PET等Flexible Film；不透明基板者有陶瓷，Al、SUS以及
Kypton系薄膜，依使用目的而不同。使用不透明性基板時，在

其上形成a-Si太陽電池(pin或nip)，而後設定TOC層，AR層或金屬Grid電極。目前如圖4-50所示玻璃、不透明之SUS及其薄板，爲常用之基板材料。

　　到此爲太陽電池構造之一般性說明，實用上將這些基本電池以串聯或並聯連接，Sub module(如10×10，30×40cm²)及模組化(如NEDO SIZE 120×40cm²)以上之組合有其必要。a-Si太陽電池之場合，如圖4-51所示，與外部配線無關，由薄膜之積體化製程，所成之基本電池，以任何段並聯連接形成副模組。

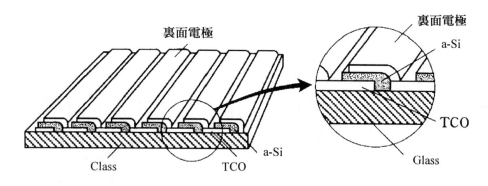

圖4-51　積體層型a-Si太陽電池基本構造

(2)　製作過程

　　針對以玻璃基板爲主之製程來說明，基本上，⑴附有TCO玻璃基板上(TCO層與相反的光入射面上，設有AR層者也有)，以pin的順序，用CVD法形成a-Si層(基板溫度100～300℃)，然後⑵裏面電極以及光反射層使用Al、Ag、Ag/Ti或TCO(ZnO，ITO)/metal等使用真空蒸鍍或濺鍍法形成。接合在各層形成之同時也形成爲其特徵。後節也會說明，在接合界面特性或擔體輸送特性上，構造 改善之目的也有不同設計。

因為a-Si中不純物之混入可造成電氣特性變化,故以單一之CVD反應器形成pin層,如在i層中殘留B之影響將出現。此外,連續製作第二個pin太陽電池,則在P層內,前面層成形之不純物,即磷(p)之影響將存在。故反應器內殘留不純物之效果將蓄積起來。對i層之B混入,不能說對性能一定有壞影響,但太陽電池性能之再現性及控制性變壞,則是不容置疑。

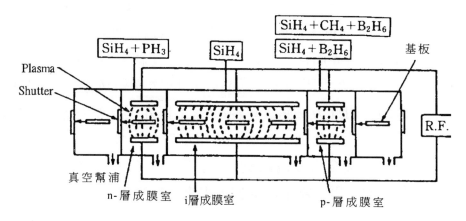

(a) 批次式分離形成裝置

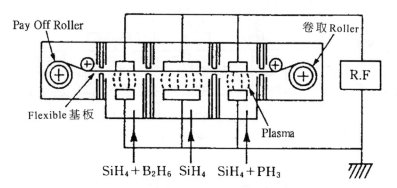

(b) Roller to Roller 式連續形成裝置

圖4-52　依P,i,n分離形成法非晶矽太陽電池製造裝置

　　因此，在太陽電池之生產線上，如圖4-52所示，p、i、n層之分離形成法爲一般採用。對於pin/pin構造之積層型(縱排式)太陽電池之製造，此方式可用單純增加反應器數目以達到。使用玻璃基板之場合，如圖4-52(a)所示，一般使用批次式。但若爲SUS Sheet則如圖4-52(b)採用Roller to Roller方式，可增加生產性。形成a-Si層之方法，現在以高週波plasma CVD法最常用，考慮膜質之關係，成膜速度在2～5Å/sec左右(原料氣體利用率低)相當的低。因此，未來可以組合成膜速度快之微波CVD法或可得良質界面特性之光CVD法以做連續製造過程。

　　a-Si系太陽電池之sub module(次模組)如圖4-51以積層式來製造。用此方法除了單純Mask工程外，當要考慮高精度及控制性而使用雷射加工技術。使用雷射加工技術，如圖4-53(玻璃基板單一接合太陽電池例)，可得自動化，大面積及連續量產製程，配合電力需求之增加，未來可能實現。

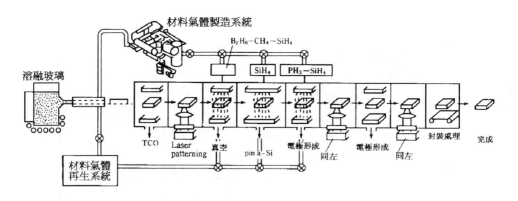

圖4-53　將來的連續自動化製程

4-3-4　太陽電池作動特徵

1.　pin接合太陽電池

⑴　作動解析模式

　　　　$p-n$接合所形成結晶太陽電池作動解析之初步，如在第二章所述，將$p-n$接合，分為p區域，p/n遷移區域及n區域，而後將p與n區域之少數擔體的電子或正孔之輸送方程式，用適當的邊界條件下忽視電場Drift項，來解即可。在此，可以將光擔體生成所致光電流成分J_{ph}以及$p-n$接合之二極體電流成分J_d看成線性獨立，依重合方式光照射時之全電流J以$J_{ph}-J_d$來表現。此外，因為光電流J_{ph}，沒有偏差電壓依存性，故太陽電池特性要素之短路光電流J_{sc}可歸為光電流J_{ph}，曲線因子FF可歸為二極體電流$J_d(V)$，而開放端電壓V_{oc}可歸為$J_{ph}-J_d(V)$ $=0$。

　　　　上述解析法，並未對不能忽視內藏電場之p/n遷移區域做明白解析。而這個問題，在結晶太陽電池上，如擔體擴散長度比入射光的平均滲透深度，或活性膜厚度要小之場合，或光照射強度大時，以及想利用此內藏電場時，無法避免不面對的。a-Si太陽電池即屬於此種場合。如圖4-54之模式所示，a-Si太陽電池之基本構造為pin接合，此光電流活性層之i層對應於$p-n$接合之p/n遷移區域，存在有很大的內藏電場(built-in field，E_b)。在此區域內，一般光照射時之擔體密度此暗時(熱平衡)之值要大，因此，單純之少數擔體概念並不適用，必須考慮內藏電場所引起之電子與正孔之輸送之Drift項。

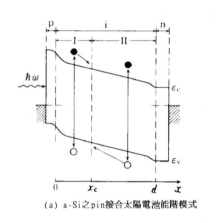

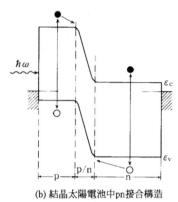

(a) a-Si之pin接合太陽電池能階模式　　　　(b) 結晶太陽電池中pn接合構造

圖4-54　pin接合與pn接合之太陽電池能階構造

　　如此一來，少數Carrier壽命之概念也比較不正確，必須將電子(n)與正孔(p)密度之函數的再結合速度，放入輸送方程式中才可。再者，即使內藏電場(E_b)之積分值即內藏電位(built-in potential，V_b)爲固定量，一般也是屬於位置依存量，與電子與正孔以及局部準位所帶之空間電荷密度分佈有相關。亦即爲嚴密解析a-Si太陽電池之作動，對n、p、E_b三個量，必須同時解非線型結合之電子，正孔之輸送方程式與poisson方程式。若爲1次元方程式則很容易解開。但爲做嚴密之解析，再給合過程或空間電荷密度有關局部準位之能量分佈或擔體捕獲斷面積，以及擔體移動度，不均接合特性等許多的數據也需要。但是對a-Si而言，目前尚未確立這些數據。故雖然上述之嚴密解析手法，對a-Si而言，其各種特徵說明有意義，但仍無法做最佳化之設計。

　　爲說明a-Si太陽電池之特徵，其實也不用做嚴密之解析，將其精髓抽出說明即可。重要項目如①脫離小信號少數擔體模式②內藏電場所產生之Drift電流效果，亦即光電流J_{ph}之電壓依存性③$J = J_{ph}(V) - J_d(V)$與形式上所記述之二電流成分之相關。現在以可變少數擔體模式來說明。與①項之相關，如圖4-54(b)所示，將光電流活性層分割為$p/\tau_p > n/\tau_n$(區域Ⅰ：$0 < x < x_c$)及$p/\tau_p < n/\tau_n$(區域Ⅱ：$x_c < x < d$)之區域，各別之區域內之電子或正孔假定為有一定擴散長度L_n、L_p之少數擔體(τ_p、τ_n為正孔，電子的少數擔體之壽命。其次，對應於②各別區域中之虛擬少數擔體之輸送方程式，以包含內藏電場所導致之Drift成分，加入考慮p/i界面($x = 0$)至p層側($x < 0$)之實效的表面再結合速度(S_n)之邊界條件來解析，n及p以及$J_{ph}(V)$及$J_p(V)$以邊界x_c為變數來求解。在此，項目③可依$p/\tau_p = n/\tau_n$，將邊界x_c以照射光之強度，或光譜及偏差電壓之函數來解，而自動被放進去。如此以虛擬之pn接合位置之邊界x_c，為依太陽電池之作動條件而改變者，故稱為"可變少數擔體"模式。

　　即使如此積極近似進行，其結果亦很難用解析的記述。在此，以①入射光在i層被均一的吸收。②忽視表面再結合。③內藏電場均一，且以$E_b(V) = (V_b - V)/d$來表示。④忽視由電極層來之擔體注入效果，做最單純之光電流$J_{ph}(V)$之近似表示。

$$\frac{J_{ph}(V)}{J_{ph}(-\infty)} \cong \frac{\tilde{L}}{d}\left[1 - \exp\left(\frac{-d}{\tilde{L}}\right)\right] \tag{4-23}$$

但

$$\tilde{L} = \sum_{i = n \cdot p}\left[\sqrt{1 + \left(\frac{qE_b L_i}{2kT}\right)^2} + \frac{qE_b L_i}{2kT}\right]L_i \tag{4-24}$$

(4-24)式之變數，有i層膜厚d，內藏電位V_b及擴散長度L_n，L_p(與膜質相同之虛擬值而已)四個。

　　圖4-55將規格化光電流$J_{ph}(V)$之偏差電壓(V/V_b)依存性，以$L_n(=L_p)/d$爲變數之圖示。但(4-23)式必須考慮低電場區域所應附加之補正項，不管如何，$V>V_b$可能不太妥當。由圖$L_n(=L_p)/d$在小時，短路光電流$J_{sc}=J_{ph}(0)$降低，且$J_{ph}(V)$之電壓依存性很顯著。太陽電池全電流之偏差電壓依存性，大致被$J_{ph}(V)$所支配時，則曲線因子FF由圖上黑點之作動點來表示，考慮(4-24)式之Drift成分之近似關係。

$$FF \cong C_1 - C_2 \frac{d}{L_n + L_p} \sqrt{\frac{kT}{qV_b}} \qquad (4\text{-}25)$$

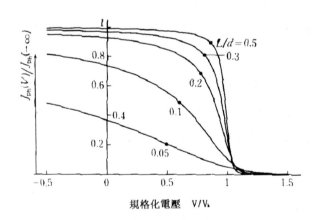

圖4-55　光電流之電壓依存性計算例
(將單體擴散長度以膜厚規格化)

上式(4-25)。在$C_1 \sim 0.86$，$C_2 \sim 1.9$左右。由此曲線因子FF與膜質L_n，L_p及內藏電位V_b爲正相關，與膜厚d爲負相關。但上述討論中被忽視之表面再結合效果，對 FF 等特性也有很大影響。

(2) 太陽電池特性一般傾向

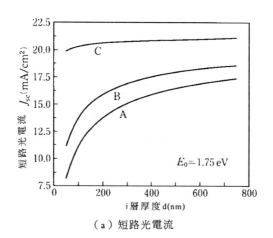

（a）短路光電流

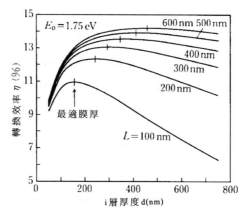

（b）轉換效率（以單體擴散長度為變數）之
i 層厚度依存性計算例

圖4-56　太陽電池一般特性傾向

圖4-56

　　當 i 層膜厚增加時，被吸收之光量，光電流也增加，其樣式在圖4-56(a)表示。在此，a-Si之Tauc Gap定1.75eV，忽略反射損失或 p、n 層中的吸收損失，而將 i 層吸收之光子數換算成光電流，但裏面電極沒有反射之場合(A)，完全反射之場合(B)以及(C)為理想之光封存之例。對於這些，考慮(4-23)式之 $J_{ph}(V)$，計算出變換效率 η 之變化如圖(b)($V_b = 0.9V$)。轉換效率與擴散長度有關，在某一膜厚達到最高值。這可由膜增加時吸收光量之增加，及內藏電場降低所致擔體輸送特性之劣化，所互相競爭之結果所致。

　　再來看表面再結合之影響，圖4-57為以可變少數擔體模式，來計算太陽電池特性因子之照射光譜依存性(因為是一般性，故橫軸為光吸收係數 α)。使用變數為 $L_n = L_p = 3500\text{Å}$，$V_b = 0.9V$，$d = 6000\text{Å}$ 等。圖中曲線之變動為由 p/i 界面($x = 0$)來看 p 層(光入射)側($x < 0$)之實效表面再結合速度 S_n(以電界強度來表示，是用電子移動度除過之值)。表面再結合之影響，對光譜全體而言 V_{OC} 相當顯著，這一點 J_{SC} 及 FF 在高吸收區域(短波長區)也一樣。我們已知道 FF 即 $J_{ph}(V)$ 因膜質參數 L_n，L_p 或表面再結合特性(特別是光入射側)，而有特別的光譜依存性。因此，$J_{ph}(V)/J_{ph}(0)$ 之光譜解析反而成為評估這種性能支配因子。再發展這種解析，可以求得 i 層某一位置所生成光擔體時光電流之貢獻分佈性，此稱為DICE(dynamic inner collection efficiency)解析，為高效率化膜質及接合界面最佳化的有力評估手段。

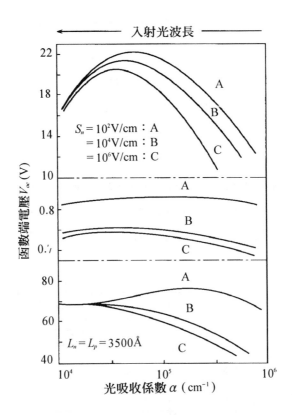

圖4-57　太陽電池特性因子之照射光波長依存性計算例

(3)　內藏電位與開放端電壓

　　　　內藏電位V_b為支配a-Si太陽電池之重要參數，其定義為內藏電場E_b在i層區域內之積分值。參照圖4-58所示pin不均一接合構造之模式圖，V_b可用下式近似式來表示。

$$V_b \cong E_{oi} - \Delta\varepsilon_p - \varepsilon_n + \delta_{p/i}^V + \delta_{i/n_i}^C - \phi_p(d_p) - \phi_n(d_n) \qquad (4\text{-}26)$$

式(4-26)之物理量在圖4-58中表示。如$\Delta\varepsilon_p$為 "整體" p層之價電子帶端，所測到的費米準位位置(對應於導電度之活化能)，而$\phi_n(d_p)$在p層厚度為零時與圖中之ϕ_n一致，隨厚度之增加趨近於零之函數，在局部準位密度或熱平衡擔體密度大者，其趨近速度也越大。$\delta_{p/i}^V$及ϕ_n為反映p/i不均一界面特性，及$p/$TCO界面特性，這些值之大小可參考文獻。(4-26)式也對$p(n)/$TOC(金屬)界面特性有依存，但一般在pin層之能量間隙大，導電性活化能低，以及厚度大時，可以得到高的內藏電位。但因為與pin層之光吸收損失及不均一界面上擔體輸送特性之互相關係，可以求得最佳能隙及厚度。無論如何，使用透明度高，且高導電度之pin層才是最重要的。

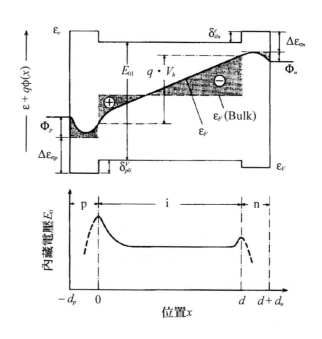

圖4-58　a-Si pin不均一接合能階模式與內藏電場分佈模式圖(熱平衡條件下)

　　內藏電位V_b之大小對所有的太陽電池特性都有影響,最顯著者爲對開放端電壓V_{oc}之效果。圖4-59爲對各種不同接合構造上,用裏面反射Electro　absorption法所測到的V_b及V_{oc}(AM-1,100mW/cm²)之關係。隨著p或n層之Gap的擴大,以及導電度之升高,V_b由0.8V升高至1.2V。而V_{oc}至0.95V隨V_b之增加而增大,但在以上則飽和。

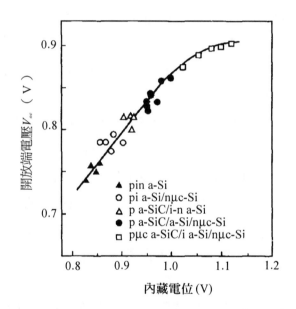

圖4-59　各種接合構成之內藏電場與開放端電壓關係

　　另外,V_{oc}可用下式來近似

$$V_{OC} \cong V_b - \int_0^d \frac{\sigma_d(x)}{\sigma(x)} E_b(x) dx \qquad (4\text{-}27)$$

σ_d及σ爲熱平衡及光照射時之導電度,其比例大約與光照射之虛擬費米準位之分離程度有關。i層之中央附近,這個比值

(σ_d / σ)相當小，因此，其內藏電場可貢獻予V_{oc}。問題爲p/i或i/n界面附近。在此區域中，因熱平衡費米準位靠近局部準位密度高的價電子帶端或傳導帶端，所以不能期待有大的虛擬費米準位之分離。界面近旁之再結合效果顯著時，虛擬費米準位之分離就越小，在此區域內之內藏電場不能有效的反映V_{oc}。此結果在圖4-57之計算結果上也有出現。圖4-59所示V_b在高的時候，V_{oc}所呈現的飽和傾向可解釋爲V_b之增加，爲p/i界面附近的熱平衡費米準位靠近局部準位密度高的價電子帶端所致。從而造成界面附近再結合之活性化結果。a-Si太陽電池之高電壓化，在如何避免這些點以達到高效率化。

2.　積層構造太陽電池

　　利用某一Tauc Gap E_0之a-Si系合金所致太陽電池中，期待之短路光電流J_{sc}(AM-1.5，100mW/cm^{2}條件下吸收光量子數值)，及內藏電位，開放端電壓V_{oc}圖示於4-60。但是，V_{oc}爲實際測得之V_b值，利用圖4-59所推定值。V_{oc}在太陽電池構造設計上尚有改善餘地，但J_{sc}如圖示，某一Tauc Gap E_0之值即可定出其值大小。也就是說pin單一接合太陽電池性能有一限制。由光電流限界之觀點來看，使用Tauc Gap E_0小之a-Si系合金可以有效利用太陽電池光譜之長波長區域則最好；但如圖4-60所示，此時開放端電壓V_{oc}將降低，這些相關顯示有一最佳值E_0存在。

　　上述係以半導體所做光電互換之基礎概念而言，其次$E_0+\Delta$能量之光子被吸收，產生電子與正孔，這些激發之擔體立刻放出光子而緩和至Band端。因此，從能量轉換立場來看，能夠有效利用之最大能量爲E_0，能夠取出之最大電能爲乘以吸收光子量及E_0。因此，單一接合太陽電池上，在某一太陽能量光譜之某一範圍內才有效。

　　為了打破此種性能限制，才有利用E_0之不同的材料以E_0(top) > E_0(middle) > E_0(bottom)之順序，從光入射側所排列之積層型太陽電池。這是為了有效利用寬範圍之太陽光能量光譜。積層構造也有許多種，在a-Si系太陽電池場合，主流為第二章圖2-22所示之光學與電氣上串聯之二端子型積層構造。當一要素太陽電池決定時，積層構造之最佳化為各要素太陽電池之最適動作點之光電流一致值。

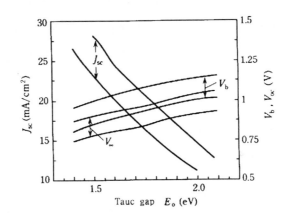

圖4-60 a-Si系太陽電池的Tauc gap短路光電流內藏電場及開放端電壓預測值

　　a-Si系積層構造太陽電池原理或一般最佳化手法，與結晶系者無大不同，但有一些 a-Si特點，如(1)基本構造為pin/pin/……/pin，但n/p接合可連接鄰接之太陽電池元件(自己串聯功能)。(2)可用連續寬範圍之Gap之a-Si系材料，來形成要素太陽電池(寬材料設計範圍)。(3)可連續製各種多層薄膜不均一構造(構造設計自由度高)，以及(4)各要素太陽電池之活性層厚度與單一構造相比要來的薄,可以改善擔體輸送特性及抑制光劣化。

　　一般所謂積層型太陽電池是組合各種不同Gap之材料,但a-Si系也有a-Si/a-Si之同材料所組合者,由第上述(4)點來看更有意義。理想上,此種構造與單一接合相比,期待有較高轉換率,實際上n/p接合部有光吸收損失,故效率為同值或稍低。

3. 轉換效率期待值

　　a-Si系太陽電池轉換效率之極限,是有趣的問題,但是目前對材料也還是無法完全了解。因此,在此引用所述單純化模式對單一接合及2層積層構造太陽電池之預測,例示於圖4-61。計算上變數在此省略,但這是組合膜質變數或內藏電位等實測之最大值或外插值所組成。在單一接合太陽電池,現在一般$E_0 = 1.75eV$之a-Si為14.2%,$E_0 \sim 1.5eV$之a-Si系合金最大為14.7%。即使由前述嚴密之作動解析理論來說,a-Si系單一接合太陽電池之予測,其最大轉換效率約14~15%是研發的目標。

　　上部太陽電池使用a-Si($E_0 = 1.75eV$)之二層積層型太陽電池中,下部使用之材料為$E_0 \sim 1.4eV$之a-Si系合金,則轉換效率之予測值為15.5%。當然積層型有各種不同材料或構造可做組合,在此說明者是最好的。但不管如何考慮目前a-Si系材料之物性(輸送特性及局部準位密度),目前能期待之最大值在15%左右。但a-Si系材料與多結晶半導體(Si或CIS等)之組合積層構造(主要為四端子接續型)則不在此限,可以有20%~25%之期待值。

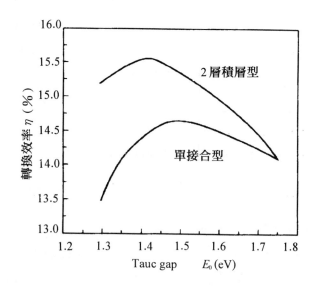

圖4-61 使用a-Si系合金材料單接合及2層積層構造太陽電池上頂估轉換
　　　 效率

4-3-5　高效率化技術

1.　p層關連技術

在3-3節已說明過非晶質太陽電池以pin型爲一般，由於做爲窗層，故也爲有效取出擔體，需要能形成內部電場之高品質化p層，以達太陽電池之高效率化。

1981年由於使用寬間際(Wide-Gap)材料之a-SiC，使得a-Si系電池之特性增加，由此開啓了對於p層之材料及構造研究。p層特性及太陽電池特性關係列於表4-6。

表4-6　太陽電池特性與p層特性之關係

太陽電池特性	P層有關特性
I_{sc}	光吸取係數 折射率
V_{oc}	費米準位的位置（活化能）
FF,　V_{oc}	TCO/p,p/i界面特性 p層膜厚與特性的均一性

(1)　p層材料所致太陽電池高效率化

　　　圖4-62為使用以plasma CVD法所形成之a-SiC，為p層之太陽電池 I - V 特性增加例。這是因為使用a-SiC使p層之吸收係數減少及Wide Gap化所致。但是，此p層之膜特性並不充分，尚有低FF之問題待解決。

　　　因此，為使膜特性增加，以光CVD法來成形p型a-Si也被檢討。因為對底材之p離子衝擊所致損傷較少，故TCO中之In及Sn不致擴散至p層。

　　　對於Doping用氣體也有研究。在光CVD法中以$B(CH_3)_3$來代替B_2H_6而使電池特性增加。圖4-63為用光CVD法形成p型a-SiC膜之導電率與 Tauc plot所得光學Gap(E_{opt})之關係，使用$B(CH_3)_3$比B_2H_6之導電率高10倍以上。其他使用BF_3之例也有檢討，使用BF_3因分解所需能量較高，故使用pulse plasma CVD法，然而目前特性上尚未超過B_2H_6及$B(CH_3)_3$。

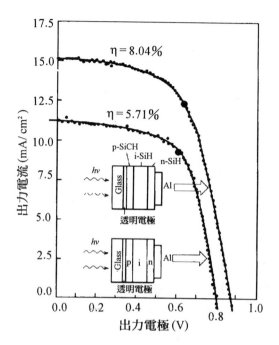

圖**4-62**　在P層上使用a-Si與使用a-Si之太陽電池特性比較

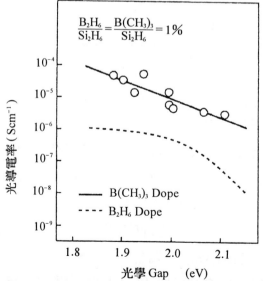

圖**4-63**　P型a-SiC膜之光導電率與光學Gap關係

　　Doping材料之外，p型a-SiC之C源也使用C_2H_4以取代CH_4者或在a-SiO上以O代C或p型a-SiO上之O以CO_2來形成，在光學Gap或導電率等膜之特性，及太陽電池轉換效率上與a-SiC同等，但a-SiO之界面特性尚不明瞭，需要研究。

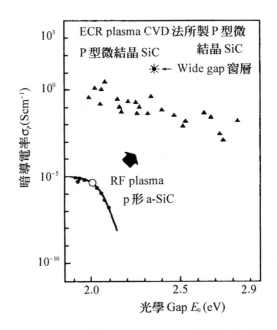

圖4-64 ECR plasma CVD法與RF plasma CVD法所形成P層的暗導電率與光學Gap關係

　　對p層膜特性之改善，也有使用微結晶化(μC-)以改善低吸收化及界面特性者。前述之光CVD法所形成p型μC-Si膜或使用電子Cyclotron共鳴之ECR(Electron　Cyclotron　Resonance) CVD法所形成μC-SiC也有報告。圖4-64為暗導電率及Tauc plot所求之光學Gap之關係。μC-SiC在2eV以上之Wide-Gap時，比傳統之a-SiC有10^5倍以上之導電率。目前p型μC-Si膜之課題爲，如何得到100Å程度之均一μC化膜，及結晶粒界之缺陷降低。

⑵　*p*層構造所致太陽電池高效率化

　　窗層之*p*層以全新構造所致特性改善也在檢討。爲了實現從沒有過之新特性，受注目者爲超格子構造(super Lattice)，對非晶質也有效。實際在*p*層以a-Si/a-SiC之超格子構造，使得*p*層泛光(photo Luminescence)之發光強度增加，且膜內局部準位減少。

　　此外，改善*p*型a-Si膜之Doping效率，以Delta Dope技術。這是將0.1～0.5單層之薄硼B的Dope層夾在a-Si層之構造。因B被上下之a-Si層夾住，故B之立置安定，B易被活性化，從而增加Doping效率。且因使用此技術之電池，因*p*層之薄膜化，對短波長光之收集效率也高。

2. *i*層關連技術

　　在非結晶太陽電池中，發電層之*i*層對電池特性影響最大。*i*層一般以a-Si：H爲主，其高品質化可分爲二個主流。其一爲裝置之改善，其二爲反應條件之最佳化。

⑴　反應裝置之改善

　　*i*層中之氧或氮氣之不純物，或*p*層及*n*層Doping材料之污染爲*i*層膜質低下原因，爲了減少這些因素，所以檢討反應裝置。降低不純物量之裝置，首先爲，前述分離成形法之提案，其次爲Hot Wall型反應裝置。所謂Hot Wall型，即爲利用chamber外側來進行基板加熱，在加熱同時，除去chamber壁上之吸附氣體以減少不純物。

再爲超真空型分離形成裝置(super chamber)。爲防止各層間之污染，pin各層之反應室採分離構造。此外，抑制chamber壁之脫氣，提高真空度，供應高純度氣體，可有效減少a-Si：H膜中之不純物量。實際氧氣或C在～2×10^{18}cm^{-3}，氮氣在～10^{17}cm^{-3}左右，比單室型比較，可減少10倍以上之不純物。從而減少i層中之擔體再結合，增加a-Si太陽電池之變換效率。

其他，反應室與電極形狀會影響放電狀態，且膜形成中之異常放電會發生粉末，而影響膜之特性等等，在反應裝置設計上應予注意。

(2)　反應條件之檢討

反應裝置之改善及反應條件檢討，使a-Si：H有高品質化結果，目前a-Si：H膜之缺陷密度在10^{15}cm^{-3}左右。但因裝置之不同，其成形條件也不同，不一定是因反應條件之最佳化已經確立。最近，使用100％SiH$_4$爲原料之Device　level之a-Si：H膜，表現導電率及光學Gap，或膜構造之SiH$_2$/SiH與反應條件間有特定關係存在。如圖4-65，導電率、光學Gap等與其他反應條件無關，而由成膜速度及基板溫度之平衡來決定。亦即不被一方之條件所制約，而可使a-Si：H之膜特性得到最佳化。再者爲增加膜特性，在離子槍CVD法所產生離子及氣體之加熱，對膜成長表面有付與能量，活性表面之效果。也有使用Hot Wire CVD法或前述化學Annealing法，藉氫原子來緩和Si之網目構造者，但實際上未能增加電池特性。此外，成膜後以氫氣plasma處理，將氫氣打入a-Si：H膜中，可使膜改質，增加膜之特性。

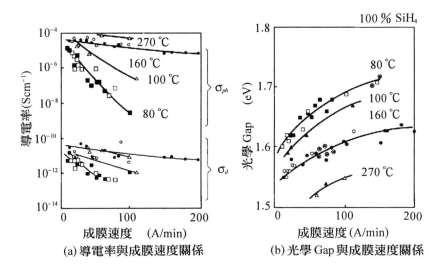

(a) 導電率與成膜速度關係　　(b) 光學 Gap 與成膜速度關係

圖4-65　各種反應壓力、RF功率與氣體流量下所型成a-Si：H膜

　　i層之高品質化，有利用plasma電源周波數之VHF帶者，稱為VHF plasma CVD。與傳統使用13.56MHz比較，因plasma中之高能電子較多，使原料氣體之分解效率較高，可得到比傳統上更高品質之a-Si：H膜。

　　其它，在i層中使用Narrow Gap材料之a-SiGe在積層電池之底層電池之i層，而在上層電池之i層用Wide Gap之a-SiC。這些a-SiGe，a-SiC之問題點在於膜中含有Ge及C，使未結合鍵增加，造成網目構造雜亂，使膜特性降低。為改善此膜特性之低下，在原料氣體中加H₂，稱為氫氣稀釋(Hydrogen dilution)法。圖4–66為a-SiGe之光導電率因氫氣稀釋增加之例子。氫氣稀釋之光導電率，特別在光學Gap較窄，膜中含多量Ge之場合，比未稀釋者增加更大。其增加機構是因成膜表面有充足氫氣，使成膜種之位置安定所致。

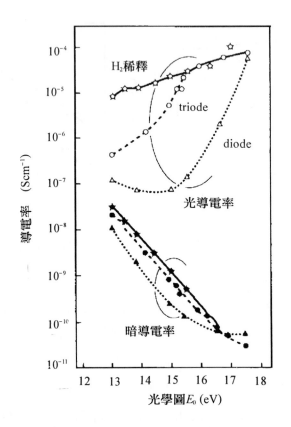

圖4-66　有H_2稀釋與無H_2稀釋下a-SiGe膜對光學圖導電率比較

　　使用a-Si：H取代a-SiC時，爲防止因低溫形成所致膜特性之降低，可使用氫氣稀釋。其他使a-Si：H Wide Gap化之手段有氫氣plasma處理。此爲交互做膜成型與H_2 plasma處理，使Wide Gap與高導電率兩立。用此膜做爲i層之太陽電池，V_{oc}超過1 Volt，可做爲積層構造之上層電池。

(3)　*n*層關連技術

　　一般a-Si太陽電池之*n*層，是用*p*來Dope之a-Si：H。實際上對於太陽電池之特性，*n*層比*p*層或*i*層難反映膜特性。這是因爲在pin組合成電池，*n*層居於光入射面下層，光吸收量少之原因。

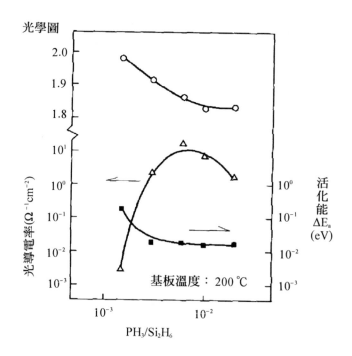

圖4-67　n型μc-Si之光學圖與導電率之Doping量依存性

　　在這種狀況下，可期待特性爲內部電場之增加。亦即微結晶化(μC)，使Doping效率增加，如圖4-67，導電率10S/cm比較容易得到。此*n*型μC-Si在積層電池中之電池間接合部上使用。但a-Si之膜厚較薄時，微結晶化不易發生。此外爲增加*i*層之光吸收，讓*n*層薄膜化，利用裏面電極增加反射光也較

　　　　有效。因此，電池設計上n層之膜厚上有最佳值存在。今後，
　　　　利用薄膜微結晶化技術，以提高電池效率，爲主要課題。

(4)　接合界面控制技術

　　　　非晶質太陽電池之基本構造爲pin型。光入射側爲透明導電
膜，另外裏面有金屬電極。通常高效率太陽電池，正孔之擴散
距離比電子更短，大部分用在p側入射。因此，在此介紹之接合
界面種類，爲p側入射型式之非晶質太陽電池，透明導電性氧化
物膜(TCO)/p層，p/i、i/n、n/金屬電極界面。再用積層太陽電池
逆接合部之n/p界面。對這些接合界面，需要控制項目如下所
述：

① 減少接合界面之再結合源準位。

② 減少半導體之Band Gap不連續所引起因子損失。

③ 防止接合之各構成物質相互擴散。

④ 界面上物理(化學)之處理，增加基材特性，減少上部層之損
　　傷。

⑤ 上部層(微結晶)形成之必要核控制處理。

　　　　但與太陽電池發電層不相接之TCO/P及p/n之逆接合部，爲
使再結合電流流過，上述①及②改爲

⑥ 儘量減少界面再結合電流之電阻成分，此外n/金屬電極界
　　面上，讓半導體／金屬接合有Ohmic接觸。

⑦ 爲有光封存之高反射構造爲必要。

　　　　因此，界面控制技術所用之方法可分類爲以下之概念：

① 爲防止界面準位低落或不純物擴散防止之界面層插入。

② 讓Band Gap能連續變化之Buffer層形成。

③ 爲了性能增加及成長核控制之表面處理。

④　爲了防止界面準位高之低損傷成形法。

以下介紹各例，TCO/P層界面，底材爲氧化物半導體與氫化非晶矽之接合來形成。因爲由不同組成物質所形成之接合，故構成物質之相互擴散的防止及上部層形成時，底材之損傷的減少爲重要因子。特別是p層大部分以plasma CVD來形成其氧化物。可因氫氣之plasma環境而還原，故需使用耐氧化膜層(如TiC)低損傷形成法或光CVD法。此外，使用μC，增加p層之性能時，很難在TCO上直接成長p型微結晶，在插入薄n型層於界面上製造成長核後，再形成p型微結晶層。

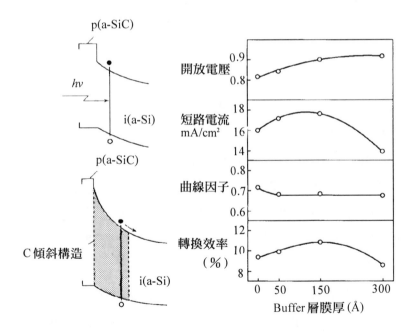

圖4-68　p/i界面Buffer層之概念與電池特性

p/i之界面，因在此附近吸收之光很多，擔體之發生量大易影響特性。在此之界面控制技術，爲Buffer層或界面plasma處

理。在p層以a-SiC：H爲多，與i層之 a-Si：H不同，此兩構造差
會發生界準位，故要用Buffer層。圖4-68爲Buffer層導入之概念
圖及Buffer層厚度所生太陽電池特性變化。此Buffer層之導入可
見到開放電壓與短路光電流之增加。此外，p層(Buffer)形成
後，以B_2H_6 plasma處理，增加其Doping特性。

　　i／n界面因n層常用微結晶化膜，與TCO/p界面相同，微結
晶化膜成長之故，核發生需做處理。

　　n／金屬電極之界面，爲防止由裏面電極來的擴散，可插入
薄之透明導電膜或與金屬形成合金層。以這種處理，可以改善
裏面電極之反射率，凹凸基板上之光封存效果因顯著，故可以
看到短路光電流之增加。此外在合金層中也看到導電特性及密
著性之增加。

　　積層型太陽電池中的的n/p逆接合部，因爲要使電流流向接
合的逆方向，故通常n、p都有高Dope之狀態，使因再結合電流
之故而有逆方向電流。但也因爲高Dope之狀態，隨時間之增加
而使Dopant相互擴散，降低了n、p各膜之特性。因此在n/p逆接
合之界面上插入擴散防止層，提高太陽電池之長期安定性。

　　採取各種手段來檢討各個界特性，而爲開發高效率太陽電
池，對於非晶質材料本身對界面特性之影響研究也應進行。

3.光封存技術

　　光封存技術，自古以來在單結晶矽太陽電池上，以異方性
蝕刻，來造成μm至數十μm單位之金字塔型凹凸狀之CNR
(comsat non-reflective solar cell)開始。其效果爲(1)以表面之多重
反射來降低表面反射；(2)以光之折射效果所生光路長度增加長
波長光之吸收。

　　a-Si太陽電池中，最初使用這種技術的是Exxon之Deckman等，如圖4-69之所示，在玻璃基板上之金屬有凹凸化，可起光散亂。所以，長波長光之感度增大許多。如在700～800nm之光之波長有100倍以上之感度增加。

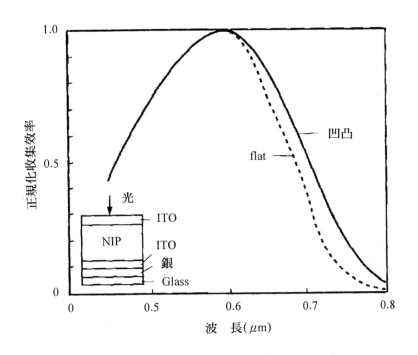

圖4-69　初期使用a-Si太陽電池例

　　現在高效率a-Si太陽電池上，所用之光封存技術，是在玻璃基板上造成凹凸之透明電極，使光從基板側進入如圖4-54。此外，爲使裏面電極有增大光封存效果，使用反射率高之東西。如金屬單體之銀，多層膜以ITO(Indium Tin Oxide)／銀或ZnO／銀等。

　　　凸凹化之重點在玻璃基板上透明電極之形成，代表之材料如SnO_2與ZnO。

　　　SnO_2以$SnCl_4$或$Sn(CH_3)_4$為原料，以熱CVD法或噴塗法來形成。這些方法可以形成次微米(Sub μm)之凹凸形狀。SnO_2通常以F素Doping以降低電阻，但擔體之長波長光之吸收是一問題。此外，在其上形成a-Si膜，因plasma造成表面之還原，即黑化也是問題。

　　　因此新材料之登場即ZnO。ZnO之耐plasma性高，此外移動度高，故長波長光之透過率也高。凹凸狀ZnO之製法，是以$Zn(C_2H_5)_2$與H_2O為原料之MOCVD(Metal Organic Chemical Vapor Deposition)法開發。

　　　由於這些有與波長同種度之次微米凹凸對發電之貢獻，因此對於光之散亂，幾何學之近似很難成立。因此，光封存效果是否能以表面散亂來說明並不明確，這些光封存效果以模擬來解析後，發現入射光之表面散亂是有效果。但勿寧說，從a-Si逃入入射光側之光在其界面反射，其封存效果更大。

　　　今後為了讓光封存效果更有效，除模擬技術來解析外，如何以新製程與材料來實現那些形狀，也是相當重要的。

4-3-6　安定性與信賴性

　　a-Si之另外之課題為劣化現象。這是因為長期使用高照度之光照射致特性之低下，其次飽和之現象。在太陽電池應用上，不能忽視的問題。

1. 非晶質膜之光劣化

　　a-Si膜之光劣化現象稱爲Staebler-Wronski效果，在1977年所發現。經電子光譜共鳴(ESR，Electron Spin Resonance)法之測定，發現是因膜中之Si其未結合鍵(Dangling bond)增加所起之缺陷所致。Dangling bond之起源有，膜中存在之弱矽結合因光能而切斷說，及Dangling bond之荷電狀態變化所致。雙方在觀察能階帶端附近之準位變成中央之缺陷準位上，相當一致。但是否正確尚需追蹤。

　　Dangling bond缺陷之生成速度，隨光照度之平方成比例增加。這是因爲光所生成之電子與正孔在間隙間再結合所致Dangling bond增加，亦即光劣化模式。

$$\frac{d\,N_s}{d\,t} = C_{sw}\,A_t\,np \tag{4-28}$$

$$\propto \frac{C_{sw}\,G^2}{N_s^2} \tag{4-29}$$

(4-28)式表示Dangling bond缺陷之增加率。N_s爲Dangling Bond缺陷密度，A_t爲表示Band端間再結合發生之比率常數，C_{sw}爲Band端間再結合重生Dangling bond缺陷之比率常數。n、p各表電子及正孔密度。Band端間之再結合數G及N_s來近似。解其方程得式(4-30)。

$$N_s(\,t\,) \propto C_{sw}\,G^{2/3}\,t^{1/3} \tag{4-30}$$

圖4-70爲ESR法改變光照度，所測得之Dangling bond之缺陷生成與(4-30)式所計算之結果。如圖7。之此模式可相當能說明光劣化模式。

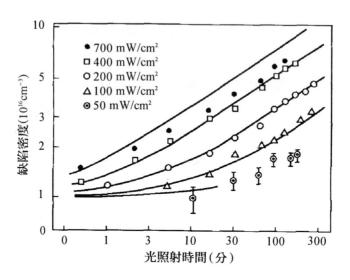

圖4-70　缺陷密度對光照射時間之變化

　　此外，在表示a-Si之特性分散過程中常被使用的Stretched exponential，而表現Dangling　bond缺陷之生成過程也常被檢討。這是假定Dangling bond缺陷密度之上限，而以(4-31)式來推演之模式

$$N_s(t) = N_{SAT} - (N_{SAT} - N_O) \exp((K t^{-\beta})) \tag{4-31}$$

N_{SAT}為Dangling bond缺陷密度之上限，N_O為初期值，K為生成過程中所關係常數，β為分散過程所關係常數。此模式如圖4-71所示，可計算含有光照射所生缺陷密度之飽和，故相當受人注目。但不管如何，未來論及a-Si膜中之微觀變化，是今後課題。

　　光劣化現象發生原因，有膜中不純物，氫氣及非晶質之構造本身所致，為了要得到明確結論，必須要降低這些要因至極限值，以觀察光劣化特性。對於典型之不純物如氧氣，以高純度原料氣體及超高真空CVD法可以降低至一極值。此外，對於氫氣，可針對附與能量至成膜表面，以降低膜中之氫氣量至一低值。現在常無明確之結論，但氫氣量與光劣化之相關關係有報告發表。

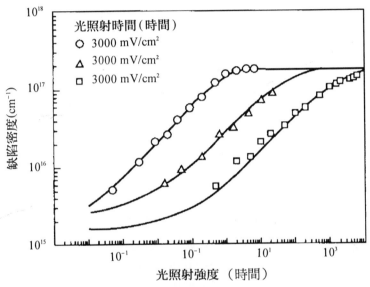

圖4-71　缺陷密度對光照射時間之變化

其他與a-Si之光劣化現象有關者為可逆性。光劣化之a-Si在150℃數小時熱處理，則可回到原先狀態。圖4-72為光劣化之a-Si的Dangling bond量因熱處理而減少樣式，以ESR所測，熱處理過程中，溫度高則速度越快。其活化能為1eV左右，這與a-Si膜中氫氣之擴散同等，故熱處理中，氫氣可能有參與。

今後，光劣化與熱處理兩個過程中，氫氣之角色次第能解明，則可考慮新的對策。

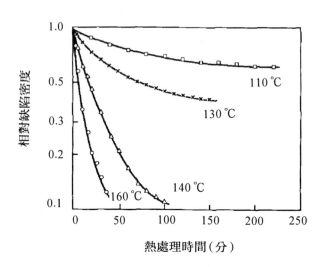

圖4-72　光劣化後之缺陷密度與熱處理後變化

2.　太陽電池之光劣化

　　光照射在a-Si膜內所生之Dangling bond缺陷，會阻害太陽電池內生成之電子及正孔流動，使光起電力特性低下。圖4-73為典型之光劣化特性。長時間光之照射，主要在FF降低，導致效率之低下。圖4-74為a-Si太陽電池之(a)初期(b)光照射後之能階圖。初期，因pin間生成之擴散電位以致電池電場在i層全區內，光生成電子與正孔，因此被吸引至n層及p層，結果發生起電力。但光照射後，生成之Dangling bond缺陷在p層及n附近形成空間電荷，使i層中央之電場降低，而致電子與正孔不易分離，因缺陷而致再結合多數被消滅。其結果為外部取出之電力降低。

　　為了抑制太陽電池之光劣化，增加材料信賴性，第一要降低Dangling bond缺陷之生成，這可用太陽電池之構造設計而降低一部分。將*i*層膜厚變薄，如圖4-74(b)可避免中央部電場之降低，減少光劣化。但薄膜化使光吸收量降低，效率也變低，故使用複數太陽電池之積層構造或Textune(凹凸構造)之光封存效果增加光吸收，以使效率不降低。

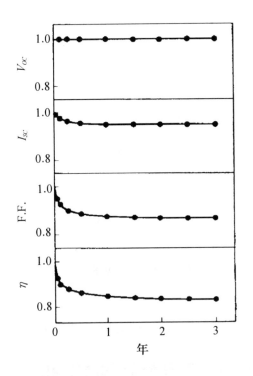

圖4-73　a-Si太陽電池之長期光劣化特性

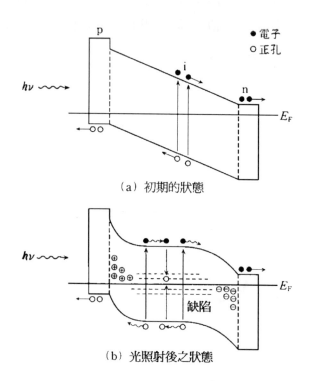

（a）初期的狀態

（b）光照射後之狀態

圖4-74　a-Si太陽能電池因光劣化所生能階樣式變化

4-4　化合物半導體太陽電池

　　太陽電池在Si之外，也有周期表中Ⅲ族元素(Ga、In等)與Ⅴ族元素
(P、As等)所構成之半導體，如GaAs或InP等Ⅲ-Ⅴ族半合物半導體，及
Ⅱ族元素(Zn、Cd等)與Ⅵ族元素(S、Se、Te等)所構成之半導體，如
CdS或CdTe等Ⅱ-Ⅵ族化合物半導體。傳統上，化合物半導體太陽電池
一直都是高性能但價格高，很難實用化。但CdS/CdTe低價格電池已實

用化，而GaAs或InP電池在太空用途也已實用化。最近，也有Ⅱ-Ⅵ族半合物半導體之變形化合物半導體，如CuInSe₂等研究也極盛行。此外，Ⅲ-Ⅴ族之低價格化也在開發進行。

表4-7　化合物半導體太陽電池的研發內容

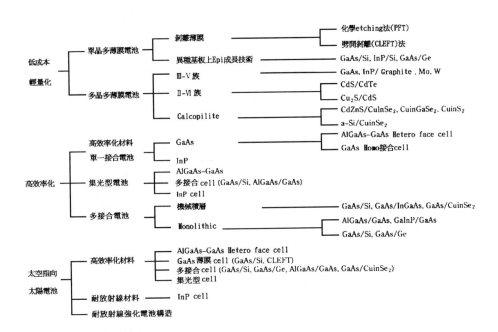

表4-7為化合物半導體太陽電池之研發內容。可分為下面幾類。

1. 民生機器用，電力用之低價格化。

2. 追求高效率化之極限。

3. 人造衛星用電源之耐放射線強者。

　　在此，針對化合物半導體材料之基礎物性，化合物半導體太陽電池之特徵，太陽電池之元件構造，製造技術及研發方向來說明。

4-4-1　化合物半導體太陽電池特徵

1.　化合物半導體物性與光電特性

⑴　基礎物性

　　　表4-8及表4-9列出Ⅲ-Ⅴ族及Ⅱ-Ⅵ族化合物半導體之種類與基礎物性質。此外，Ⅲ-Ⅴ族及Ⅱ-Ⅵ族化合物之光吸收特性示於圖2-8。化合物半導體之特色在於，即使是二元化合物，但在基礎物性常數之禁制帶寬，格子常數等值分佈很寬，而且可用三元或四元之混晶，做更寬範圍之物性改變。爲達到光電轉換效率高之太陽電池，整合太陽光譜是必要的。太陽電池材料之禁制帶寬E_g之最佳值在1.4～1.5eV左右。E_g 1.41eV之GaAs，1.35eV之InP或1.44eV之CdTe即屬此類。

　　　Ⅲ-Ⅴ族半導體，一般仍含有離子性之共價鍵，結晶缺陷較低，可以得到化學量子論優良安定性之大型結晶，或高純度之單晶膜。此外，也可做Dopling控制，且成分元素之缺陷很少，是自己補償不純物之補償效果。這些特色，使Ⅲ-Ⅴ族化合物半導體除太陽電池以外，半導體雷射或受光元件之光Device，或不均一接合電晶體之高速電子Device等材料上，也很有用。幾乎所有的Ⅲ-Ⅴ族化合物半導體，有直接遷移型之能階構造，有尖銳之吸收端，光吸收係數大，適用於薄膜太陽電池。如InP其光吸收係數，可用下列式子來近似。

$$\alpha = 4 \times^4 (hv - 1.31)^{1/2} [\text{cm}^{-1}] , \qquad 1.31 < hv < 1.58 \qquad (4\text{-}32)$$

$$\alpha = 1.1 \times 10^7 \exp(-9.9/hv) , [\text{cm}^{-1}] \quad hv > 1.58 \qquad (4\text{-}33)$$

hv爲光子能量。

化合物	密度 [g/cm³]	結晶型構造 / 結晶構造	格子定數 a_0[nm]	格子定數 c_0[nm]	線膨脹係數 [10^{-6}/K]	融點 T_m[°C]	E_g[eV] 300K	移動度 [cm²/V·s] μ_e 300K	移動度 [cm²/V·s] μ_h 300K	少數擔體壽命 [s] τ_n	少數擔體壽命 [s] τ_p	光吸收係數 [1/cm]
AlP	2.40	CB ZB	0.5463			2000	2.45(X)	80				
AlAs	3.598	CB ZB	0.5661		5.20	1740	3.11(Γ) 2.13(X)	180				
AlSb	4.26	CB ZB	0.6136		4.88	1080	2.218(Γ) 1.62(X)	200	420	2.6×10^{-9}	1.3×10^{-9}	
GaN	6.10	HEX WZ	0.3180	5.166	5.59(a_0) 3.17(c_0)		3.39	380				1.5×10^5 ($h\nu \sim 4$eV)
GaP	4.129	CB ZB	0.5450		5.3	1467	2.78(Γ) 2.24(X)	200	120 000(77K)	3×10^{-9}	8×10^{-8}	
GaAs	5.307	CB ZB	0.5642		6.0	1238	1.428	8500	420	$10^{-5} \sim 10^{-6}$	2.1×10^{-3}	1.1×10^4 ($h\nu = 16$ eV)
GaSb	5.613	CB ZB	0.6094		6.7	712	0.72	7700	1400 800(77K)			1×10^4 ($h\nu = 0.8$ eV)
InN	6.88	HEX WZ	0.3533	5.692		1200	2.4					
InP	4.787	CB ZB	0.5869		4.5	1070	1.351	6060	150	2×10^{-3}	2.6×10^{-6}	
InAs	5.667	CB ZB	0.6058		5.19	943	0.356	33000	460	10^{-3}	5×10^{-3}	4×10^3 (0.5 eV)

表4-8　Ⅲ-Ⅴ族化合物半導體種類與基礎物性值

表4-9 Ⅱ-Ⅵ族化合物半導體類與基礎物性值

	ZnS（六方）	ZnSe（立方）	ZnTe（立方）	CdS（六方）	CdSe（六方）	CdTe（六方）
格子定數 a_0[Å]	3.822	5.669	6.103	4.137	4.297	6.483
c_0	6.259			6.716	7.006	
密度 [g·cm⁻³]	4.087	5.262	5.636	4.819	5.670	5.849
熱膨脹係數 $\perp c$	6.5	7.1	8.4	4.6	4.9	4.5
(10⁻⁶·°C⁻¹) ∥ c	4.6			2.6	2.9	
融點 [°C]	1718	1526	1292	1397	1258	1097
禁制帶幅 [eV]	3.6	2.7	2.23	2.42	1.72	1.44
遷移型	直接	直接	直接	直接	直接	直接
導電型式	n	n, p	p	n	n	p, n
移動度 電子	120	530	530	350	650	1000
[cm²V⁻¹s⁻¹] 正孔			130			65
電子親和力 [eV]	3.9	4.09	3.5	4.5	4.95	4.28
誘導率 $\varepsilon_{33}^{T}/\varepsilon_0$	8.00			10.33	10.65	
$\varepsilon_{11}^{T}/\varepsilon_0$	8.58	9.25	10.1	9.35	9.70	11.0
折射率 n_0	2.356*	2.48	2.79	2.336	2.550	2.84
(波長 1 μm) n_e	2.378*			2.354	2.570	

* 波長 0.589 μm 之值

　　Ⅱ-Ⅵ族半導體也是屬於直接遷移型能階構造，光吸收係數也大。特別是 $CuInSe_2$ 之光吸收係數大，適合薄膜化。Ⅱ-Ⅵ族化合物中，呈現 p、n 兩型者只有 CdTe 及 $CuInSe_2$，故常用於太陽電池之不均一接合。其中 CdS 之禁帶寬 2.42eV，且大部分之陽光皆能通過，易得到低電阻材料，常用做不均一接合構造太陽電池之窗用材料。Ⅱ-Ⅵ族或 Calco perlite 化合物中，可用做太陽電池材料者有限。這些化合物離子性強，多結晶材料中可以得到長的少數擔體擴散長度，光吸收係數也大，主要用做多結晶薄膜型。

⑵　再結合效果

　　化合物半導體太陽電池用材料之重要物性因子有多數擔體之移動度μ，電阻ρ，少數擔體壽命τ或擴散長度L。特別是再結合效果極為重要。這些物性值，受到材料中不純物、缺陷及結晶粒界表面之影響。

　　太陽電池因光照射所誘起之少數擔體密度，藉各種再結合中心而與多數擔體再結而減少。再結合中心密度N_r越多，則短時間即減少，如下式數擔體之壽命τ越變越小。

$$\frac{1}{\tau} = \sigma \, v \, N_r \tag{4-34}$$

σ為再結合中心之捕獲斷面積，v為少數光劣化之熱速度。

　　太陽電池之特性，基本上受到半導體內之Bulk再結合之支配(包含電子-正孔之直接再結合、Auger再結合、Trap再結合)。如圖4-75，n型及p型InP結晶之少數擔體擴散長度L_p(cm)，L_n(cm)之濃度n(cm^{-3})，及p(cm^{-3})之依存性在此圖示。InP結晶之少數擔體擴散長度之擔體濃度依存性，如下式

$$\frac{1}{L_p^2} = \frac{1}{(3 \times 10^{-4})^2} + 4 \times 10^{-11} \, n \quad n \leq 10^{18} \mathrm{cm}^{-3} \tag{4-35}$$

$$\frac{1}{L_p} = \frac{n^{0.908}}{2.87 \times 10^{12}} \qquad n > 10^{18} \mathrm{cm}^{-3} \tag{4-36}$$

$$\frac{1}{L_n} = \frac{p^{0.3}}{21.5} \qquad p \leq 4 \times 10^{17} \mathrm{cm}^{-3} \tag{4-37}$$

$$\frac{1}{L_n} = \frac{p^{0.83}}{4.77 \times 10^{10}} \qquad p > 4 \times 10^{17} \mathrm{cm}^{-3} \tag{4-38}$$

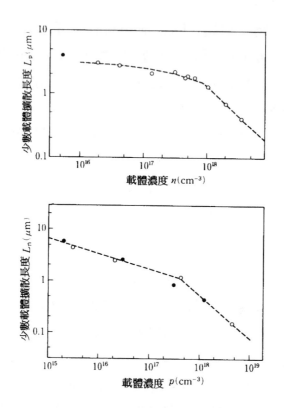

圖4-75 n型及p型InP結晶之少數載體擴散長度與載體濃度依存性

圖4-76顯示與$CuInSe_2$太陽電池特性與少數擔體壽命關係之計
算結果。在同圖中可以知道,少數擔體之擴散長度及壽命,
影響太陽電池之短路光電流密度J_{sc}及開放電壓V_{OC},為支配太
陽電池轉換效率之重要因子。少數擔體之擴散長度,隨擔體
濃度而徐徐減少,在$5 \times 10^{17} \sim 10^{18}$ cm^{-3}以上時,因有Auger再
結合,故隨濃度之增加而急速減少。

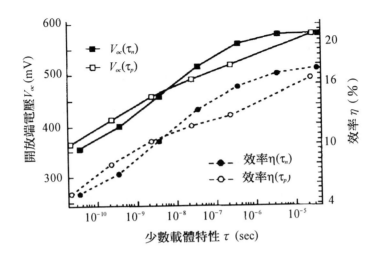

圖4-76　CuInSe₂太陽電池特性與少數載體壽命(計算值)

　　圖4-77為GaAs結晶，InP結晶，CdTe結晶之缺陷及不純物之能階準位圖。形成這些深的準位之遷移金屬，氧氣之不純物，構成元素之空孔或格子間原子之格子缺陷。一般做為太陽電池層內之多數擔體捕獲或再結合中心，必須降低其濃度。

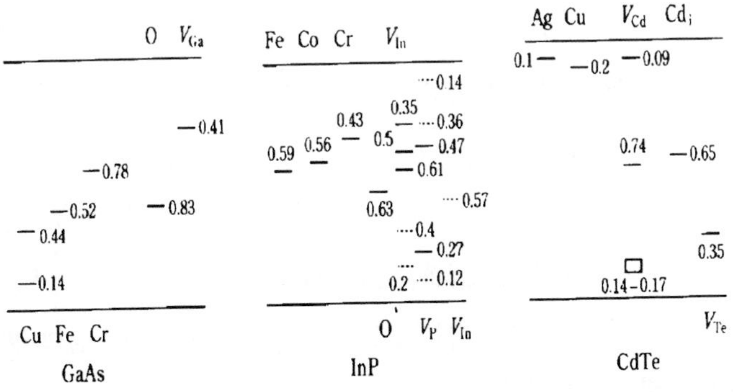

圖4-77　GaAs結晶及CdTe結晶缺陷或不純物之能階準位

　　半導體表面上,因為原子結合被切斷之故,有許多的未結合鍵存在,故可捕獲電子及正孔之表面準位呈現多數。因此在半導體表面附近之過剩少數擔體,因這些表面準位之存在而再結合從而消滅。這種因擔體損失所致表面上之少數擔體電流密度 J_s,在 n 型半導體中與過剩少數擔體之正孔密度 ΔP_n 成比例,下式表現。

$$J_S = q \, S_n \, \Delta P_n \tag{4-39}$$

上式 q 為電荷,S_n 為正孔之再面再結合速度,由下式來定義

$$S_n = \sigma_p \, v \, N_{ss} \tag{4-40}$$

　　N_{ss} 為表面之每單位面積之再結合中心數。不同材料之接合界面能階之不連續及格子定數之不整合,所致界面準位所形成再結合,造成光激發擔體之流動,結果降低太陽電池出力,此稱之為界面再結合。太陽電池層內之過剩少數擔體密度 Δn,因界面上之擔體再結合速度 S_1 而減少,故過剩少數擔體之擴散流,因界面上 $S_1 \Delta n$ 減少之狀態,而保有電流之連續性。

　　多結晶太陽電池之特性,與結晶界有關。結晶粒界之靜電位能,對多數擔體之流動而言是一障礙,造成串聯電阻之增加。結晶粒界,在多結晶內之禁制帶中造成能階準位,形成少數擔體之再結合中心。在太陽電池內接合至擴散距離內,光激發之少數擔體到達接合一樣,結晶粒界至擴散距離內,所發生之少數擔體也被結晶粒界之位能所吸引,而再結合致電流出力減少。

2. 化合物半導體太陽電池構造與特徵

(1) 特徵：

　　　　與Si太陽電池比較，有以下之特徵。

① 高效率

　　　　已知太陽電池之光電轉換理論效率，與半導體之禁制帶寬有關。與太陽光光譜整合點來看，有1.4～1.5eV左右禁制帶寬之半導體，適合高效率太陽電池材料。與禁制帶寬為1.1eV之Si比較，1.41eV之GaAs，1.35eV之InP或1.44eV之CdTe可以期待有較高效率。

②適合薄膜化

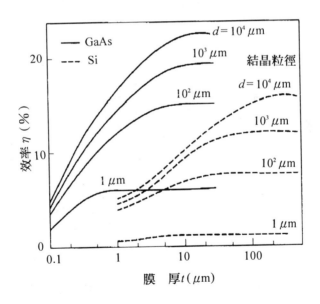

圖4-78　Si及GaAs太陽電池理論轉換效率與膜厚，粒徑關係

　　　　因為Si為間接遷移型能階構造，光吸收係數小，為吸收充足之太陽光，如圖4-78所示，需要100μm以上之厚度，

　　而化合物半導體多為直接遷移型，光吸收係數大，有數μm
之厚度，即可有充分之效率。對於太陽電池薄膜化，可節
省材料與電力。

③　可耐放射線損傷

　　一般作動領域淺與直接遷移型之故，少數擔體擴散長
度也短，耐放射線佳。因此，如Ⅲ-Ⅴ族化合物太陽電池，
更適合太空用途。

④　高集光動作可能

　　比Si之禁制帶幅還要寬之化合物半導體，在高溫動作
時，暗電流之變化較小，故太陽電池效率之降低較小，如
圖4-79所示。因此，集光動作時溫度之影響較小，可以有1
000倍以上之高集光動作。

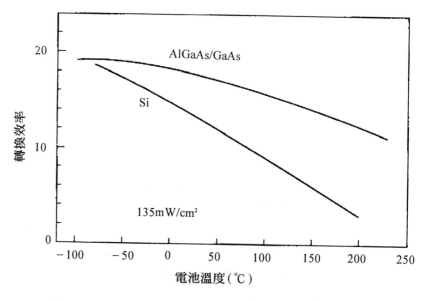

圖4-79　化合物半導體之光電轉換效率與溫度依存性

⑤　因波長感度之寬帶域化，可期待高效率化

　　　　各種半導體之組合，可使波長感度寬帶域化，更可期待高效率化。

(2)　元件構造

　　　　化合物半導體太陽電池之高效率化，輕量化及低成本化之進行中，元件構造也有許多提案。就在接合之形狀上而言，有單一接合Cell(single-junction cell)與多接合電池(Multi-junction cell)。

①　單一接合電池

　　　　圖4-80為單一接合太陽電池之主要元件構造，單一接合電池，可分為均一接合型(homo)，如n^+p InP，n^+p GaAs等。而不均一面型(hetero)，如pAl-GaAs-pnGaAs。雙不均一接合構造(double hetero)，如pInGaP-pnGaAs-nInGaP。傾斜Band　Gap型，如pAlGaAs-nGaAs。不均一接合型，如nCdS-pInP，nITO-pInP。MIS或Schottky障壁型(MIS-pInP)等。

　　　　在Homo接合構造上，製雖然簡單，但為得到高效率化，必須形成淺接合。如GaAs太陽電池，其表面再結合速度為$10^6 \sim 10^7$cm/s，在此Homo接合構造上要得到20％以上之高效率，接合深度要在500Å以下才可。Ⅲ-Ⅴ族化合物電池之高效率化，採用Hetero face構造或Double Hetero接合。在Hetero face構造上，用寬禁制帶幅之窗層，減低表面再結合之影響，實現高效率化。Hetero　face構造，因窗層之插入，與　Homo接合比較上，接合深度之設定較自由。在Double Hetero接合構造上，除這個窗效果外，也有BSF效果

發之擔體，受到傾斜Band Gap層內存在電場之作用往接合
方向Drift，減少表面再結合之影響，可期待高效率。但至
目前為止，與Hetero face及Double Hetero接合構造來比較，
尚未實現。CdTe或CuInSe$_2$等Ⅱ-Ⅵ或Calcoperlite化合物之
太陽電池，不易形成pn接合，大抵用不均一接合。MIS型
太陽電池，因開放端電壓與pn接合構造相比要來的低，且
絕緣膜也有問題，未達高效率化。

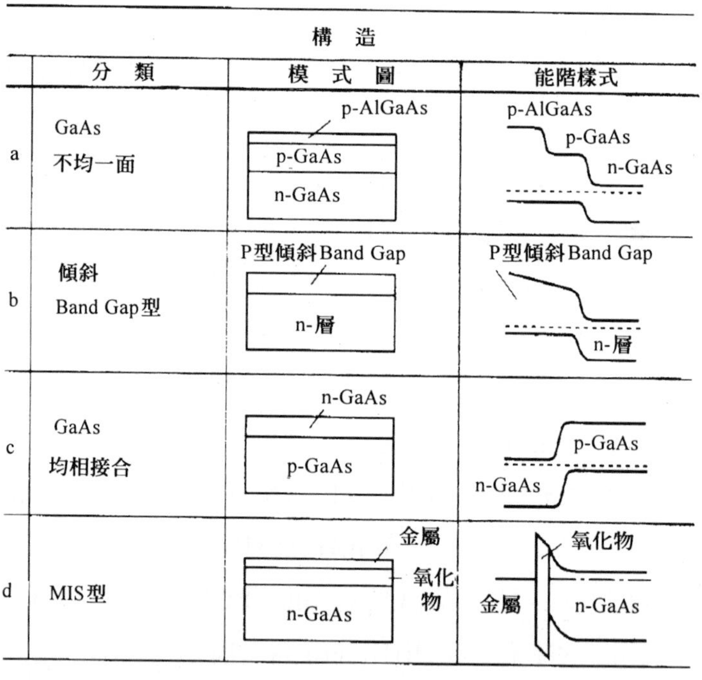

構　造			
	分　類	模　式　圖	能階樣式
a	GaAs 不均一面	p-AlGaAs p-GaAs n-GaAs	p-AlGaAs p-GaAs n-GaAs
b	傾斜 Band Gap型	P型傾斜Band Gap n-層	P型傾斜Band Gap n-層
c	GaAs 均相接合	n-GaAs p-GaAs	p-GaAs n-GaAs
d	MIS型	金屬 氧化物 n-GaAs	氧化物 金屬　n-GaAs

圖4-80　單一接合太陽電池之主要元件及能階樣式

② 多接合電池

　　單一接合電池之理論值在26-28％內，要再增加效率，
只有用多接合(tandem cell)構造。Tandem型可因波長分割之

構造，而有效的將太陽光轉換成能量。多接合電池構造上，每一電池上有接端子之n層，$2n$端子與n層，2端子電池兩種。n層，2端子電池如圖4-81(a)所示，以Tunnel接合電池與電池連接，稱爲Monolithic-Cascade型，及埋入電極之Metal-interconnected型。此外，n層，$2n$端子電池上，有個別之太陽電池以機械式貼合之Mechanically Stacked型，如圖4-81(c)所示。二者之中間也有n層，$(2n-1)$端子構造如圖4-81(b)。

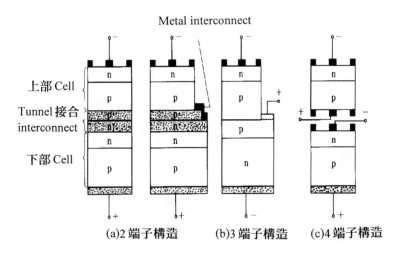

Metal interconnect

上部 Cell

Tunnel 接合
interconnect

下部 Cell

(a)2 端子構造　　(b)3 端子構造　　(c)4 端子構造

圖4-81　各種積層型電池

③　薄膜型電池

　　　對於化合物半導體太陽電池，爲使高效率化，低價格化及輕量化，薄膜化有其必要。CdTe或 CuInSe$_2$等之 II-VI 族化合物半導體太陽電池，多結晶粒徑在1～數μm之間，也可得到2μm左右之少數擔體擴散長。在玻璃或金屬等廉價之基板上，形成多結晶薄膜太陽電池，達到實用化。另外，在Ⅲ-Ⅴ族化合物上，多結晶粒徑，最高不過10μm，少數擔體擴散長度在1μm以下。由圖4-78來預測，此種多結晶薄膜太陽電池之嘗試並未能成功。Si與Ge單晶基板上之GaAs或InP之單晶薄膜太陽電池，爲研究重點。特別是Si基板上之Ⅲ-Ⅴ族化合物之Hetero單晶成長(epitaxial)，不只在薄膜太陽電池，各種光Device，電子Device及光電子IC之波及效果也有。其他剝離單晶薄膜之方法，有用選擇性蝕刻在基板結晶分離化合物成長層之PET(peeled film technology)法或機械式剝離之CLEFT(cleavage of lateral epitaxial films for transfer)等方法。

④　集光型電池

化合物半導體太陽電池之場合，低成本之同時集光動作也有效。化合物電池，高效率化之同時，集光動作之溫度上升，所致效率下降比Si電池要少，可有1000倍之高集光動作。

4-4-2　化合物半導體之接合成形技術與太陽電池製作周邊技術

圖4-82顯示AlGaAs-GaAs不均一接面電池之製程例。Ⅲ-Ⅴ族化合物半導體太陽電池上，液相單晶成長法LPE(liquid phase epitaxy)或有機金屬氣相堆積法MOCVD(Metalorganic Chemical Vapor Deposition)等單晶成長技術，常被採用做 pn 接合形成技術。在Ⅱ-Ⅵ族化合物電池上，則用真空蒸鍍或濺鍍之薄膜成形技術。在表4-10上，列出適用於化合物半導體太陽電池之薄膜成形方法。接合形成後，再形成 Si_3N_4 與ZnS/

MgF₂等反射防止膜，電極使用GaAs之電池上，*p*型以Ag-Zn，Au-Zn，In-Ag等，*n*型電極以Au-Ge-Ni，Ag-Ge-Ni，Ag-Pd為主。

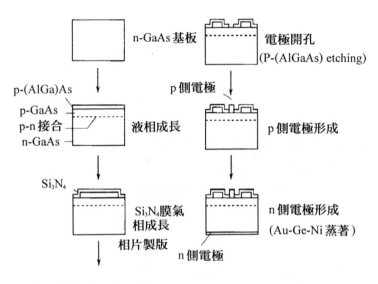

圖4-82　AlGaAs-GaAs非均質接面電池製程例

堆積方法	光吸收層A 窗層W	化合物膜	結晶性*	導電型	Dopant	膜度(μm)	堆積溫度(°C)	鄰接化合物膜半導體	備註
真空蒸著	A	CuInSe₂	P	p	—	3~4	350~450	CdS,CdZnS	元素同時蒸著
	A	Cu(InGa)Se₂	P	p	—	—	500	CdS,CdZnS	元素同時蒸著
	W	Cds,CdZnS	P	n	In	2~3	200	CuInSe₂	元素同時蒸著
	W	CdS	E	n	—	5~10	200~250	InP,CdTe	同軸型元素同時蒸著
	W	In₂O₃	P	n	—	0.1	150	InP,CdTe	反應型蒸著
MBE	A	GaAs	E	n/p	Si/Be	0.1/2.5	730	n⁺Ga₀.₁Al₀.₉As	不均一面型
	A	CuInSe₂	E	p	—	—	300	CdS	積層電池 不均一接合電池
濺鍍	A	CuInSe₂	P	P	—	3.5~4	200~400	CdS	反應性plannar Magneton sputter
	A	CuInSe₂	P	p,n	—	3.5~4	200~350	—	元素順次sputter
	W	ITO	—	n	—	0.07	非加熱	InP	RF sputter
	W	ITO	Am	n	—	0.1	非加熱	InP	原子線sputter
	W	ZnO	P	n	—	0.12	非加熱	W Se₂	Magneton sputter
CVD	A	InP	P	p	Zn,Cd	—	650	CdS	開管In/H₂/PCl₃系
	W	CdS	E	n	—	7~10	550~680	InP	開管H₂-CdS系
MOCVD	A	GaAs	E	p⁺/n	Zn/—	≦4	700	p⁺Ga₀.₁Al₀.₉As	Si基板,低壓MOCVD
	A	Ga₀.₁Al₀.₉As	E	p⁺/n	Zn/Se	2~3	700		Si基板,不均一面型電池
	W/A	InP	E	n⁺/p	Si/Zn	1~3	600	InP	低壓MOCVD
近接法	A	CdTe	P	p	p	10,3	590	CdS	Source溫度:750°C
	A	CdS	E	n	—	10	710	InP	Source溫度:800°C
Spray	W	Cds	P	n	—	0.15	450	CdTe	CdCl₂+socl₂的噴霧
電析	A	CdTe	P	p	—	2	非加熱	CdS	Anneal溫度:400°C
	A	CdTe,CdSe	P	p,n	—	—	450	電解液	溶融鹽浴使用
	W	CdS	P	n	—	0.06	非加熱	CdTe	Anneal溫度:400°C
液相成長	W	Ga₀.₁₅Al₀.₈₅As	E	p	Zn	0.5~20	900	GaAs	不均一面型電池
	W	GaAlSb	E	n	Te	—	400	GaSb	不均一接合電池
Screen 印刷	A	CdTe	P	p	—	30	非加熱	CdS	燒結溫度:690°C
	W	CdS	P	n	—	5~10	非加熱	CdTe	燒結溫度:620°C

*∴Am=Amorphous　E=Epitaxial　P=多結晶

表4-10　適用於化合物半導體太陽電池之薄膜成型法

1. Epitaxial成長技術

　　Ⅲ-Ⅴ族化合物太陽電池，主要以LPE成長法，MOCVD法，MBE(Molecular Beam Epitaxy)及分子Epitaxial技術來製作。

(1) LPE成長技術

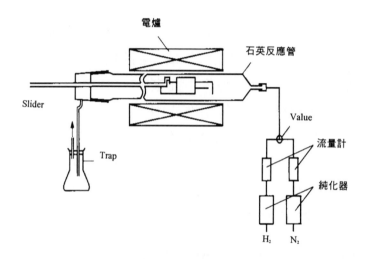

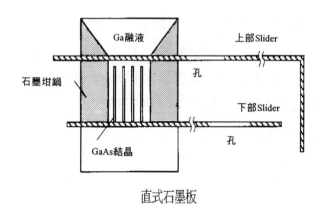

直式石墨板

圖4-83　LPE裝置的概略圖與直式石墨板構造

　　　　在LPE成長中，在低融點之金屬溶媒中溶解化合物至飽和濃度，再將其冷卻，使化合物因過飽和而基板上析出。一般比MBE或MOCVD法更能得到高品質之薄膜，但量產性，大面積之製作較不利。

　　　　圖4-83為太空用GaAs太陽電池量產上所開發之LPE裝置概略圖與直式構造石墨板(Graphite Board)。傳統上使用Slide Board形式，一次處理1片，故將基板排成直式，融液由上段往下落，使融液與基板接觸，將爐體之溫度徐徐冷卻進行單晶成長，最後融液掉入下面室中。

(2)　MOCVD(有機金屬氣相堆積)法

　　　　最近從大面積電池製作，精密控制性及量產性之觀點來看，在Ⅲ-Ⅴ族化合物電池製作上以MOCVD法為主。圖4-84為MOCVD之裝置概略圖。如基板上之化學反應為GaAs成長例時，以下式表之

$$(CH_3)_3Ga + AsH_3 \rightarrow GaAs + 3CH_4 \tag{4-41}$$

　　　　在MOCVD法中，Ⅴ族元素之原料即使不是氣體，Ⅲ族有機金屬氣體之分解發生後，Ⅲ族金屬即析出。在此條件下，成長速度由Ⅲ族有機原料之供給量來決定。與傳統氣相法不同，在反應管上方之不反應區域大量供給原料氣體，使具有量產性。此外，原料氣體或Doping Gas之on-off組成，也可能控制不純物分佈，故各種Device也可製備。

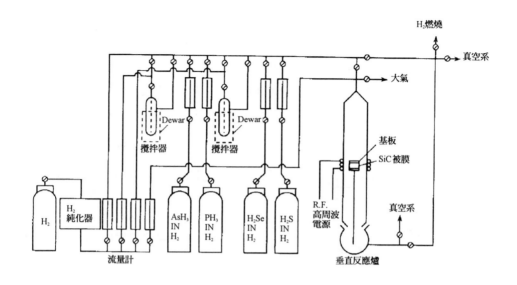

圖4-84　MOCVD裝置概略圖

(3)　MBE(分子束成長)法

在超高真空下，將進行方向有相當集中分子線束射到基板上，慢慢堆積單晶化合物膜。因此，雖然極薄之膜，但可將成分元素Doping不純物，在膜厚方向有急峻變化之情況。也可以運用在QW(量子井戶)構造電池之製作。

高效率太陽電池之接合形成技術，以Epitaxid成長法最佳。以此種成型法，在電池之構造上可以得較高收集效率，而且在太陽電池活性層之結晶性也佳。另外，在熱擴散法上，使用InP電池製作上為低成本化之技術。

2.　薄膜形成技術

表4-10所示，在CdS/CdTe電池之Ⅱ-Ⅵ族化合物電池可用screen印刷、燒結法，近接昇華法、電析法及spray法來製作。

⑴　screen印刷燒結法

　　　　screen印刷法不只用在CdS及CdTe，連電極材料都可用paste經screen印刷，熱處理等之重複製程來製作爲其特徵。圖4-85爲全印刷方式之CdS/CdTe太陽電池之製程。用此方法，最初將CdS/CdTe太陽電池作爲Ⅱ-Ⅵ族之量產。

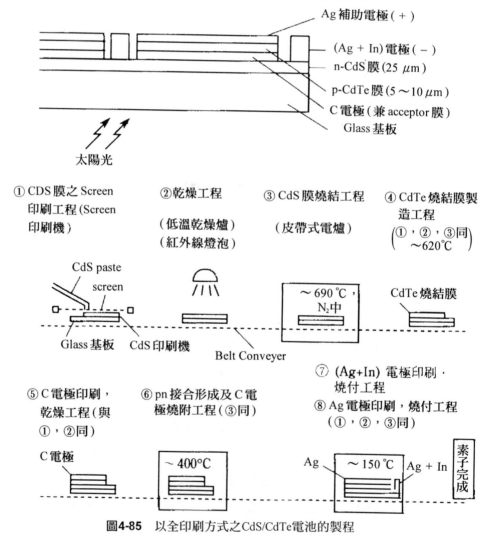

圖4-85　以全印刷方式之CdS/CdTe電池的製程

(2) spray法

　　用此方法若能控制膜之性質，則低成本及大面積薄膜太陽電池之製法最有用。如將$CdCl_2$與硫磺之有機化合物溶液，以吹霧原理，噴霧至加熱基板上，使其反應形成CdS。

(3) 電析法

　　薄膜之電解析出為單純，低成本之製程，可期待量產性，原料試藥也不浪費。通常，在溶解有化合物成分元素之電解質水溶液中插入二個電極，通電後在負極基板上可析出化合物膜。如$CdCl_2$與TeO_2，或Na_2TeO_2之LiCl-KCl共晶組成之熔融鹽中，可析出CdTe在石墨基板上，小面積但效率為13.1％之CdS/CdTe太陽電池可以得到。

(4) 近接昇華法

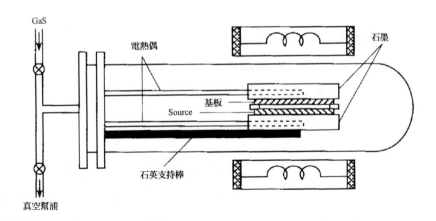

圖4-86　近接昇華法製備之CdTe概念圖

　　　　此法欠缺量產性,但如圖4-86可用簡單裝置,堆積結晶膜。這是將保持在高溫之化合物原料與低溫基板,面對面排在1cm以內。用此方法可以製造CdTe或CdS。如原料與基板之溫度在100℃,30Torr之He中,500℃之基板溫度下,CdTe之成長速度約0.6μm/min。此法可做出超過15％效率之CdS/CdTe太陽電池。

　　　　在Calcoperlite化合物電池上,以真空蒸鍍及濺鍍之薄膜成形技術做接合形成用,比較可以作出大面積之膜。

(5)　真空蒸鍍法

　　　　化合物一般在蒸發時會分解,故真空蒸鍍膜在化學量論組成上偏差較大。膜之導電與電阻隨組成之偏差而改變,故蒸發時最好控制各成分元素。$CuInSe_2$膜通常以此法製備,可得超過12％之效率。

(6)　濺鍍法

　　　　此法之特徵,為組成之控制與反應性濺鍍比較容易,但基板或膜易受高速粒子損傷。從In及 Cu之靶板上,在$Ar-H_2Se$氣體中,反應濺鍍至附有Mo膜之玻璃基板上,可得化學量論組成的$CuInSe_2$膜。但電池效率在10％以下,對於高效率化,尚需做基礎研究。

(7)　Se法

　　　　此法係將真空蒸鍍或濺鍍法所得之Cu/In層薄膜,在包含Se之氣氛下(如H_2Se)做熱處理,或將Cu/In/Se積層膜,在不活性氣體中熱處理,以得到$CuInSe_2$膜。易於大面積化,膜組成之控制性及量產性皆優,用此手法可得超越15％效率之太陽電池。

3. 電極形成技術

　　GaAs電池上之電極，p型電極有Ag-Zn，Au-Zn及In-Ag等。In-Ag因In為低融點金屬，故高溫作動之信賴性低，Au在半導體結晶中之擴散係數高，在300℃之處理上，接合Leak(漏洩)容易發生。另外，Ag-Zn對p型GaAs之接觸抵抗在$10^{-4}\Omega/cm^2$之低值，在400℃高溫處理下也安定，n型電極以Au-Ge-Ni，Ag-Ge-Ni，Ag-Pd為主。

　　Ⅱ-Ⅵ族化合物或CuInSe$_2$電池上，p型電極以C、Au、Ag、Mo為主，而n型電極以In$_2$O$_3$，ITO，Al，Ag-In，Ni等為主。

4. 反射防止膜

　　反射防止膜以Si$_3$N$_4$或Ta$_2$O$_5$之單層膜，Ta$_2$O$_5$/SiO$_2$，ZnS/SiO$_2$，ZnS/MgF$_2$之二層膜為主。為能利用寬波長範圍之光譜，多層膜最有效。在太空用，短波長區域內得到低反射率以Si$_3$N$_4$膜最佳。實用上，GaAs以Si$_3$N$_4$膜或ZnS/MgF$_2$膜，InP上以Si$_3$N$_4$膜或ZnS/SiO$_2$為主。

4-4-3　各種化合物半導體太陽電池

1. 高效率太陽電池

　　化合物半導體太陽電池之優點在於光電轉換效率高。太陽電池之高效率化手段有⑴使用高效率材料做單一接合電池；⑵集光型電池；⑶太陽光譜之寬帶域利用型電池等。

　　而在材料與製程之技術面上有：⑴擔體收集，由光吸收效率上來改良電池構造；⑵接合形成法；⑶除去再結合中心之不純物及缺陷。

　　理論上，GaAs及InP之高效率可以期待，以單一接合來製備。GaAs太陽電池之歷史可溯至1956年，GaAs之表面再結合速度在$10^6 \sim 10^7$cm/sec時相當大，且因為熱擴散之深層接合，故效率只在6.5％左右。為避免結晶表面擔體再結合，導致效率降低，使用以AlGaAs之窗效果的AlGaAs-GaAs不均一接面電池，由1972年IBM所提出，為能夠在太空上使用，三菱、Hughes及Varian等公司傾全力在研究。特別最近GaAs之高效率化，著實的進行，使人覺得高效率電池以Ⅲ-Ⅴ族電池最適合。

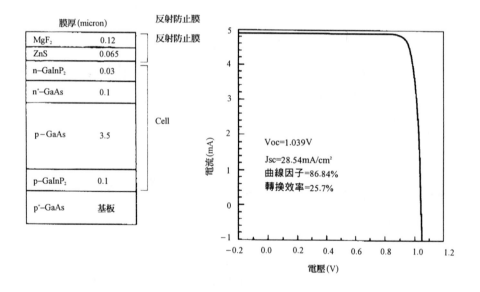

圖4-87　高效率InGaP/GaAs不均一面電池構造及特性

　　太陽電池之傳統製作上使用LPE法，最近開始檢討使用MOCVD以便能量產大面積型。GaAs太陽電池之太空用途逐漸實用化，ASEC在1989年在300μm厚基板上4×2cm^{2}之GaAs電池已至40kW以上。在日本三菱的GaAs電池，也已在CS-3通信衛星上使用。在研究開發上，Kopin及Spire公司，用MOCVD法所製AlGGaAs-GaAs之DH構造電池，AM-1.5之效率已達到25.1％。最近與AlGaAs窗層相比，更少氧氣污染，且與GaAs之格子整合更佳之GaInP層，也已在SERI被研究。MOCVD法所製GaInP-GaAs之DH構造太陽電池，其AM-1.5之效率可達25.7％，如圖4-87所示。

　　InP也在1958年即開始被製備，最初效率在2.5％。但與GaAs電池比較上InP之特徵較不明確，沒有進展。1984年發現Si或GaAs電池，更耐放射線，如圖4-88所示，開發便活潑化。InP之表面再結合速度只有10^3cm/sec，與GaAs相比較相當低，簡單之pn接合也應得到高效率。故使用熱擴散法、LPE法及MOCVD法來製備各種InP，NTT及Spire公司已達成AM-1.5，22％；AM-0，19.1％之效率。由於InP太陽電池適合放射線環境，故已使用在科學衛星MUSES-A上。

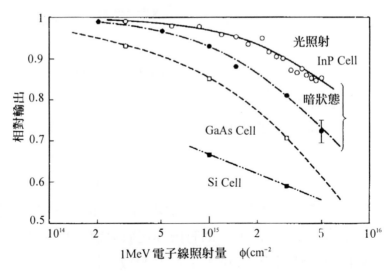

圖4-88　GaAs及InP太陽電池1Mev電子線照射效果

　　圖4-89顯示各種太陽電池光電轉換效率之逐年升高圖。Ⅲ-
Ⅴ族化合物半導體太陽電池,在1950年代後半,進行檢討後仍
無進展,但由於最近雷射之光電類技術進步,關連特別是單晶
成長技術,故其高性能化之進展逐漸顯目。

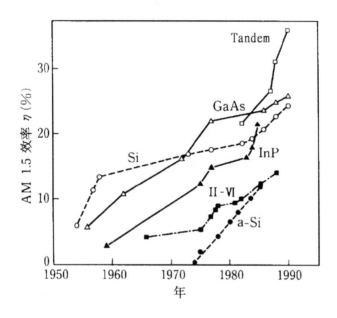

圖4-89　各類太陽電池效率年變遷圖

2.　耐放射性太陽電池

　　太陽電池的耐放射損傷特性,是太空用太陽電池重要特
性。

　　由於化合物半導體大多為直接遷移型,故比間接遷移型之
Si太陽電池,更不易發生放射線劣化。化合物電池上與Si相比其
缺陷多了2位數以上,則有同等之放射線劣化。再者,半導體材
料固有之性質上,InP比GaAs其耐放射性又更佳。一般,半導體
中之照射缺陷,為原子空孔與不純物所匯合之複合缺陷。故太

陽電池之放射線劣化，也與半導體中之不純物種及濃度有關，Si即為此例。此外，在InP中，主要之照射缺陷在室溫也容易移動，因光之照射，照射缺陷之熱處理會被促進，即使在100K之低溫，放射線劣化也會回復，故 InP太陽電池有優良之耐放射線損傷性質。

3. 薄膜太陽電池

　　化合物半導體太陽電池之薄膜化必須考慮降低成本，輕量化及高效率化。目前研發之重心在Si基板上之GaAs及InP薄膜太陽電池。

⑴　Si與Ge基板上的單晶薄膜太陽電池

　　在Si基板上之Ⅲ-Ⅴ族化合物的Hetero epitaxial成長技術，不只在薄膜型太陽電池，各種光Device、電子Device及其複合Device都有波及效果。Ⅲ-Ⅴ在Si之第一課題：為Si基板上，與Ⅲ-Ⅴ族化合物格子定數之不整合(GaAs在Si約為4％)所致。不均一界面之高密度不整轉位之發生，與熱膨脹係數之差，所誘起的熱應力誘起轉位。第二課題：為兩者熱膨脹係數之差所致Hetero Epitexial膜中之Crack發生。故必須要減低殘留應力。NTT以MOCVD法所製GaAs-on-Si　電池之效率18.3％(AM-0)，20％(AM-1.5)如圖4-90。熱循環Annealing及應變超格子層之導入，轉位密度可降低至$10^6 cm^{-2}$而有高效率化。考慮少數擔體對轉位之1次元輸送過程，由少數光譜擴散長度L與轉位密位N_d之關係式(4-22)表為

$$\frac{1}{L^2} = \frac{1}{L_O^2} + \frac{\pi^3}{4}N_d \tag{4-42}$$

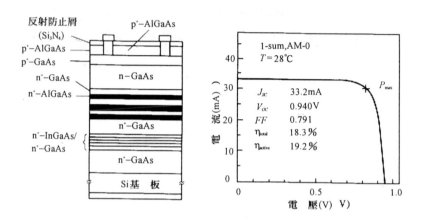

圖4-90　GaAs-on-Si太陽電池效率的構造及特性

L_o為轉位以外原因造成瓶頸反應之少數擔體擴散長。

再者，計算轉位對太陽電池特性之影響，如圖4-91。在Si基板上之Ⅲ-Ⅴ族化合物電池，為實現GaAs-on-GaAs或InP-on-InP之高效率化，轉位密度減低在$5 \times 10^5 cm^{-2}$以下。

歐美在Ge基板上之GaAs電池之研究相當盛行。Ge與GaAs之熱合很好，使結晶成長很容易。GaAs-on-Ge電池ASEC之效率在AM-0時有20％。ASEC在200μm厚之Ge基板上4×2 cm² MOCVD長晶之太空用GaAs電池上，有2000電池／週以上之生產能力，40 Lot之平均 AM-0效率為18.7 ± 0.5％。

其他以剝離單晶薄膜之方法，有機械剝離法CLEFT (Cleavage of Lateral Epitaxial filmsf Transter)，依MIT之提案，GaAs 電池，其效率可達22.2％(AM-1.5)。

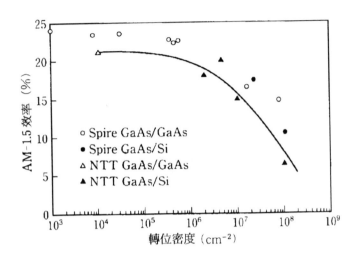

圖4-91 GaAs-on-Si太陽電池效率的轉位密度依存性(計算值與實驗值的比較)

(2)　CdTe及CIS等多晶薄膜太陽電池

　　　多結晶薄膜電池，有可能成爲低價格太陽電池。但Ⅲ-Ⅴ族化合物，多結晶粒徑最高不過10μm左右，如圖4-78之予測很難超過10％。

　　　Ⅱ-Ⅵ族化合物，容易製成大面積之薄膜，多結晶粒徑在數μm，仍有較佳之效率。20年前，CdS-Cu$_2$S太陽電池爲唯一之薄膜太陽電池，低成本化之觀點，受到相當期待。但經年之研究仍難突破。其後，以CdTe及CuInSe$_2$系代替Cu$_2$S之研究進行。在松下之CdS-CdTe太陽電池上，成功的實用化。研發階段，南Florida大學以近接昇華法之CdTe電池達到15.8％效率。今後之課題，在導入薄之寬禁制帶幅的窗材，透明電極之採用，低電阻電極材料或樣式電極之導入，氧氣之熱處理效果等。

　　　　CuInSe$_2$(CIS)有大之吸收係數，也受期待著。在Bell研究室以結晶型元件，0.8mm^{2}有12％之效率。經過10年沒有進展後，1985年美國之Arco Solar以CdS-CuInSe$_2$之薄膜電池有14.1％，a-Si/CIS之Tandem構造，如圖4-92有15.6％。最近Stuttgart大學達到16.9％。此外Kopin與Boeing公司共同之Ga-As-CLEFT/CIS的Tandem 電池得到23.1％。CIS與CdTe同樣，在空氣中熱處理可改善電池特性。

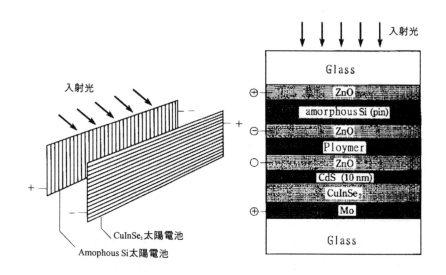

圖4-92　a-Si/CuInSe積層太陽電池構造

4. 集光型太陽電池

　　　　化合物半導體電池，高效率，且集光時之溫度上升之效率低減比Si電池較低，約有1000倍之高集光動作。現GaAs Heteroface 電池在AM-1.5，以205倍集光有29.2％之效率已在Varian公司被發現。

5. Tandem構造太陽電池

　　單一接合電池，效率限值在26～28％。爲更高效率化，只有增加波長感度帶域。以Filter Mirror將太陽光譜分割，用複數電池受光波長分割型與太陽電池本身爲Filter之作動，將多層之接合積層化的多接合型已在檢討，現在研究最爲盛行。

　　如圖2-23所示，在Tandem電池理論上可達36～39％之效率。多結合構造太陽電池之構想由來以久，1955年Jackson及1960年之Wolf已經提出。其構成例如⑴用Tunnel接合來連接複數電池之Monolithic Cascade型；⑵以金屬電極連接複數電池之Metal interconnect型；⑶以機械式貼合複數電池之Mechanical Stacked型。在Monolitic型，因採用Tunnel接合，故不能做低電阻連接。故大部分研究放在Mechanical Stacked型上。最近，Sandia國立研究所之GaAs/Si Tandem 電池之集光動作效率有31％，而Boeing公司之GaAs/GaSb有35.8％，故Tandem Cell受到注目。沒有高集光動作時，AlGaAs/GaAs之Mechmical interconnect型Tandem Cell已有27.6％效率(AM-1.5)。

　　此外，Monolithic型之Tunnel接合之不良，其原因爲對Epitaxial膜結晶性之依存性，改良膜之成長技術，低電阻之Tunnel接合已成功，如GaIn/GaAs之Tandem 電池效率已達29.5％。最近Monolithic 3端子n^+p InP/p^+n Ga$_{0.47}$In$_{0.53}$As的Tandem 電池(Metal interconnect型)，在50倍集光動作下已有31.8％之效率。

　　3接合電池中，VS公司之AlGaAs(1.93eV)/GaAs/InGaAsP(0.95eV)之二端子構成，已達AM-0，25.2％效率。以MOCVD法所製n-on-p AlGaAs/GaAs metal interconnect型之Tandem Cell及

InGaAsP Cell，用Mechnical Stacked者也有，效率尚低，但也有可能性。

4-4-4 化合物半導體太陽電池應用

1. 太空用太陽電池

太空用太陽電池，如1958年3月發射之Vanguard 1號以來，至Skylab，在各種衛星上已被使用做電力源。最初是使用Si，但最近幾乎已用GaAs或InP之化合物半導體。

(1) 性能要求

① 高效率化

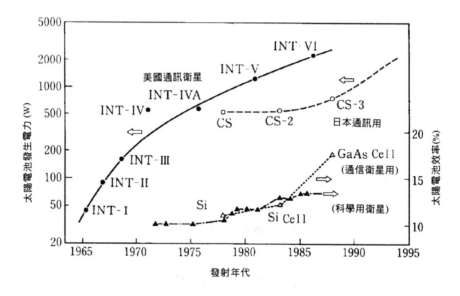

圖4-93 通訊衛星電力電池效率變遷圖

圖4-93為通信衛星之太陽電池發生電力與電池效率之逐年推移圖。通信衛星之各種大電力化，已使太陽電池從最初Vanguard 1號之200～300mW變成Skylab之10數kW。故

最初Vanguard 1號之200～300mW變成Skylab之10數kW。故高效率化有其必要性，特別是衛星之輕量化，可使發射上去之費用降低。

② 耐放射線損傷特性

范艾倫放射帶等，太空中之放射線環境是嚴酷的，半導體可能因高能之質子或電子之作用而產生格子缺陷，使太陽電池之出力降低。因此，宇宙用太陽電池特別要求耐放射線特性。此外，為防止低能質子之損傷，表面有Cover玻璃黏著。

③ 低成本化

不只高效率化，還要低成本化。目前太陽電池之陣列成本在500～1000$/Wp，希望降至30$/Wp，這是NASA之目標。

④ 輕量化

輕量化，也是太空用太陽電池要求之性能之一。

(2) 太空用Si太陽電池動向

從1958年以來，開始使用Si太陽電池。美國之Exprola 1號發現范艾倫輻射帶，而Exprola 6號之Si太陽電池出力，10天內降低了25％。故1965年起NASA即以Si太陽電池為中心做耐放射線實驗。

Si太陽電池之高效率化，因Si結晶高品質化，構造最佳化及不活性技術等之進步，已有20.8％效率。但這種高效率Si，如圖4-88所示，對放射線很弱。Si中之照射缺陷為原子空孔與不純物所組合之複合缺陷，故太陽電池之放射線劣化，也與Si中不純物種或不純物濃度有關。而太空用太陽電池，從效討，實用Si 電池之AM-0效率在12～14％。

1998年計畫之太空站Ⅰ號，預定用效率14.2％之8×8cm² Si太陽電池(10Ω cm p-Si base，200μm厚，BSF構造)，32800 枚所構成之太陽電池Array 8枚，使BOL出力達250kW。各Array 36×12m²重量約1噸，Array之重量比出力爲32W/kg。

(3)　太空用化合物半導體太陽電池動向

以Ⅲ-Ⅴ族化合物爲最有力之後補。如前所述，其能階構造爲直接遷移型，故太陽電池動作層之厚度與Si電池比較，可以薄10～20倍，故化合物電池不易受放射線影響。再者，InP本質上也具有強耐放射線。

此外，GaAs與InP，比Si更能期待高效率化。傳統上太空用太陽電池是採用Si。但GaAs與InP太陽電池已用於CS-3通信衛星及MUSES-A科學衛星。

美國也以NASA爲中心，Hughes公司與ASEC等針對GaAs太陽電池製造，實驗上進行研究，特別在太空用途。傳統上GaAs使用LPE法製造，最近在宇宙用GaAs電池之量產系統上，三菱及ASEC已導入，能處理40～48枚4～5cm晶圓之MOCVD(2×2cm²實用電池之AM-0有17.5％效率)。ASEC公司至1989年，已出貨40kW以上作爲太空用途，其使用300μm厚之GaAs基板，在上面成型4×2cm²之GaAs電池。從大面積化、薄層化及經濟化之觀點，200μm厚Ge基板之上4×2cm²太空用GaAs電池的MOCVD法，量產線上有2000電池／週之能力。40 Lot之平均AM-0效率爲18.7±0.5％。研究階段，spire公司在AM-0已有21.7％。

在耐放射線佳之InP太陽電池上，高效率化結果AM-0已有19.1％效率。日本鑛業，2吋晶圓50片可一次處理之擴散法InP太陽電池之量產系統，已被開發出來(2×1cm²實用電池之AM-0效率16～!7％)。

　　在將來性而言，具低成本，輕量化特點上，Si基板上之GaAs電池及InP電池，Si與化合物半導體之Tandem 電池較有希望。此外，a-Si及CIS等之薄膜也較有希望。Kopin公司之GaAs-CLEFT電池，AM-0效率20.6％，GaAs-CLEFT/CuInSe₂的Tandem電池在AM-0有23.1％效率。

　　GaAs及InP之單一接合電池效率在24～26％(AM-0)。為再提高效率，只有將其積層。AM-0可期待有34～36％效率。最近，Boeing公司GaAs/GaSb Tandem構造電池100倍集光動作已實現AM-0 32.2％效率。在太空用上面，除集光動作外，高效率化之同時，每單位出力之電池面積，也可減至10^{-2}～10^{-3}，可有效降低成本。

2.　其　他

　(1)　地上電力應用

　　　日本三菱、住友電工與關西電力之協力，進行實驗用GaAs 電池之1kW規模集光式太陽光發電系統。在美國，使用GaAs集光型電池之50kW發電系統之建設例也有。

　(2)　民生用

　　　AlGaAs-GaAs Hefero face 電池，作動電壓高，且效率高，已實用化為手錶用。

　　　松下以screen印刷方式生產之CdS-CdTe電池(30cm四方，效率8.7％)有寬之分光感度，已使用在屋外之太陽電池時鐘或電子計算器。1989年之生產量為440kWp。

4-4-5　結論及展望

　　GaAs及InP適合作為太空用太陽電池上，如圖4-94所示，也可能發現比InP更耐放射線損傷特性者，其基礎研究有其必要。此外，圖4-95所示，Ⅲ-Ⅴ族化合物半導體太陽電池之特性，特別在開放端電壓比理論特性要低，有包含檢討表面，端面不活化之必要，而為了要推廣應用範圍，Ⅲ-Ⅴ在Si之構造為當面研究重點。這是高效率之Ⅲ-Ⅴ族半導體太陽電池，與低價格Si太陽電池之積層，所可能導致大量生產化。目前，Ⅲ-Ⅴ族電池之生產規模在10kW／年以下。Si與Ⅲ-Ⅴ族電池之薄膜Tandem化，所致高效率可降低10倍以上之成本。本技術若能適用於地上電力，可隨生產規模擴大及集光動作降低成本。

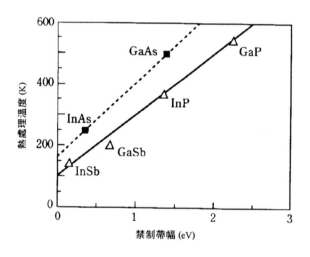

圖4-94　各種Ⅲ-Ⅴ族化合物半導體材料的禁制帶幅

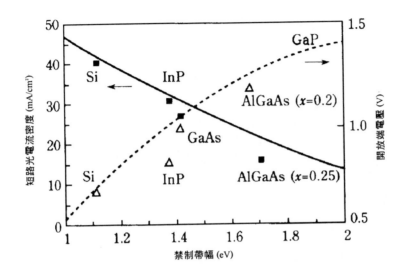

圖4-95 Ⅲ-Ⅴ族化合物半導體太陽電池(短路光電流密度開放端電壓＋
實驗值與理論值比較)

　　Ⅱ-Ⅵ族及Calcoperlite化合物電池，以薄膜太陽電池而言，希望能用到民生及地上發電。今後高效率化課題爲Wide　Gap窗層材料之導入，透明電極之採用，低電阻電極材料，及樣式(pattern)電極之導入之外，O_2環境之熱處理效果等，物性面處理問題仍多。此外$CuInSe_2$之禁制帶幅在1.0eV，從高效率而言可檢討，禁制帶幅大之$CuInGaSe_2$及$CuInS_2$如圖4-96所示，適用Tanden化材料之探討課題也多。化合物半導體與Si太陽電池相比較，有許多技術課題待解決。

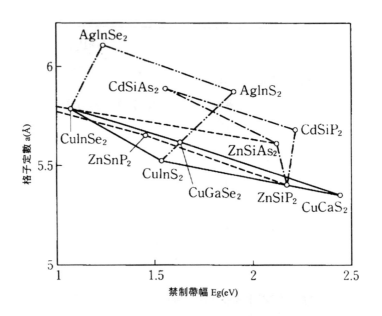

圖4-96 Ⅰ-Ⅲ-Ⅵ₂與Ⅱ-Ⅳ-Ⅴ₂族化合物半導體、導體材料禁制幅帶與格子定數

4-5　其他太陽電池

4-5-1　無機太陽電池

　　無機太陽電池(包含結晶矽、非晶矽及化合物太陽電池)，將在此節中說明。材料以較多被研究的Zn_3P_2系、Se系及Cu_2S系為主。

1. Zn_3P_2系太陽電池

　　　　磷化鋅太陽電池也是低成本，大面積之候補。其特徵為(1) 1.5eV之直接禁制帶；(2)大的吸收係數$10^5 cm^{-1}$；(3)構成元素之存量豐富，及(4)電子擴散長較大(> 6μm)；(5)容易形薄膜。

Zn_3P_2爲正方晶系，$a = 8.097\text{Å}$，$c = 11.45\text{Å}$。此外單斜晶系之Zn_3P_2也有存在，其Band Gap爲1.33eV，在此針對安定相Zn_3P_2來說明。

as-grown之Zn_3P_2，因有自我補償效果故呈現p型導電。正孔移動度在20～80cm²/V.s，但n型之報告也有。

單晶Zn_3P_2沒有商品化之基板，目前爲開孔Capsule式，或封管法之實驗品。但此類之單晶低價格且大面積不易形成，故在檢討薄膜成型法。薄膜成型法有蒸鍍，濺鍍法，但(1)不易形成化學量論比；(2)結晶性差；(3)再現性差。

爲了解決這些才有ICB法(Ionized Cluster Beam)，近接氣相輸送法，CVD法及MOCVD法。此外，Zn_3P_2熱膨脹係數比較大，故與其整合用基板之選擇就相當重要。現在，爲防止p之擴散，使用Fe + C塗覆之雲母或C、Si塗覆之矽鋼板。

Zn_3P_2太陽電池目前報告並不多，大約可分爲Schottky型與不均一型。表4-11列出此類系統。

表4-11　Zn_3P_2太陽電池之轉換效率

形狀	接　合	Zn_3P_2之種類	面積[cm²]	J_{sc} [mA・cm⁻²]	V_{oc}[V]	FF	η[%]	入射光
	Mg 擴散 np 接合	銀 Dope 多晶體	>0.5(有效)	13.20	0.540	0.46	3.76	AM-1.5
	nZnO-pZn₃P₂	銀 Dope 多晶體	0.022(有效) 0.071(全)	11	0.26	0.586	1.97	AM-1
Bulk	Mg-Zn₃P₂	銀 Dope 多晶體	0.7(全)	14.93	0.492	0.71	5.96	AM-1
	Mg-Zn₃P₂	單結晶	0.0025(全)	19	0.50	0.64	6.08	AM-1
	CdS-Mg-Zn₃P₂	單結晶	—	3~12	0.3~0.5	0.42~0.48	—	—
膜	Mg-Zn₃P₂	近接法成膜	1.0	16.8	0.43	0.53	4.3	AM-1

　　對Zn_3P_2有Schottky接合之金屬爲Mg、Al、Mn、Fe、In、Cr
等，但目前有報告者只有Mg/Zn_3P_2，使用單晶Zn_3P_2有6.08％之
效率。此外，多結晶系中，粒徑0.01～0.1cm，電阻20～50Ω cm
之Wafer，將Mg以80～100Å DC濺鍍可得5.96％效率。薄膜Zn_3P_3型太陽電池，由近接氣相輸送法製成Zn_3P_2膜後，將Mg濺鍍，
可得4.3％之變換效率。

　　不均一接合型Zn_3P_2太陽電池，因自己補償效果，故as-
grown Zn_3P_2爲p型傳導，可用做與n型材料之不均一接合。以濺
鍍法，將n型ZnO(1000Å)做爲窗層材料之不均一構造太陽電池，
有1.97％之效率。此外，CdS/Zn_3P_2太陽電池中，以In來Dope之
CdS用電子光束蒸1μm至Zn_3P_3之wafer報告也有。此時CdS爲低
效率約0.1Ω cm，C軸配向之膜，只有1.2％效率。使用n型ITO
透明電極之 ITO/Zn_3P_2太陽電池之製作，是將Zn_3P_2表面預先濺
鍍後，再濺鍍ITO，有2.1％之效率。Zn_3P_2太陽電池低效率原因
爲，它是Ⅱ-Ⅴ族化合物之變形，存在深的準位所致。由DLTS
對準位所做之解析，可以看到多數之正孔陷阱存在及Schottky金
屬之擴散。但物性面仍不明瞭，尚待研究。

2.　Se系太陽電池

　　Se系材料，自古即爲光電池之實用，這是因爲Se之能階間
爲1.77eV，製程容易大面積化，材料價格低所致。雖然如此受
到期待，但變換效率低，且高照度下，效率會降低，尚未實用
化。

　　近年隨著太陽電池周邊新材料開發及形成技術之進步，利
用Se太陽電池之效率化，目前已可達到5％效率。

　　Se薄膜可在室溫以蒸鍍法得到1～20μm，但它是非晶形態，將其在大氣中180～200℃熱處理，可得低電阻之結晶。此時，為了防止剝離及促進結晶化，將Te先蒸鍍數nm蒸著上去者較多。如此可以得到多結晶Se，其暗電阻為$5 \times 10^4 \Omega$ cm，明電阻$5 \times 10^3 \Omega$ cm。

　　傳統上Se光電池之構造，係在金屬基板上所形成，但最近，在玻璃基板上形成透明導電膜(ITO)，而然將其當做基板者可有較佳特性。表4-12列出各種太陽電池之特性。特性改善之主因在，採用高透過性之透明電極材料及將Se薄膜化以減少串聯電阻。最近，為增加開放電壓，也檢討將高電阻之CdSe或TiO₂極薄膜挾入光入射側之例。玻璃/ITO/TiO₂/Se/Au之構造，目前可以得到5％。圖4-97示出此構造太陽電池之出力特性，為比較ITO/Se太陽電池之特性，也在其中。ITO/TiO₂/Se構造之太陽電池比 ITO/Se者，V_{oc}大幅增加，這是因為暗電流與ITO/Se者比較，減少了20倍所致。FF也受到串聯電阻之影響變差，此部分應先改善。

表4-12　Se太陽電池之性能

Cell 構造	$V_{oc}(v)$	$J_{sc}(mA/cm^2)$	FF	$\eta(\%)$
CdO/CdSe/Se	0.74	8.0	0.49	3.05
SnO₂/CdSe/Se	0.70	12.0	0.46	4.2
ITO/Se	0.54	10.9	0.56	3.3
TiO₂/Se	0.88	10.8	0.53	5.01
CdO/Se	0.65	5.5	～	1.7
SnO₂/Se	0.64	13	～	4.0
ITO/Se	0.58	13	～	3.5

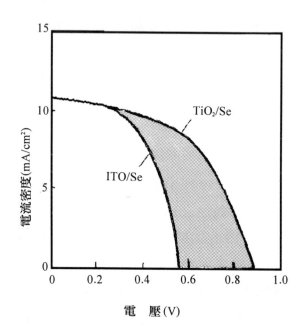

圖4-97 TiO₂/Se及ITO/Se太陽電池出力特性

3. Cu₂S系太陽電池

此系之光起電力效果在1954年已有報告，正好在Si之後。以Ⅱ-Ⅵ族系太陽電池而言歷史最久。

Cu₂S有1.2eV之禁制帶寬，且屬間接遷移型，但其吸收係數大，吸收端附近之斜率很大，是一優良之光吸收材料。此系之薄膜太陽電池，由CuS側將光入射。以Front Wall型之太陽電池而言，0.884cm²面積有9.15％之效率。

此太陽電池之實用化，因基板大時達不到高轉換效率，且Cu₂S中有組成稍偏之結晶存在，這些互相擴散所成性能不安定，尚有困難。但可以

⑴　在Cu_2S層與n型CdS層之間形成i型CdS層。

⑵　在Cu_2S層之表面附上p型Cu_2O層。

⑶　兩面採用玻璃的模組構成法。

　　等，使性能安定化。其電池之構造如圖4-98，量產實驗上42cm^{2}電池有8％之效率。對此系也用各種方法來製造薄膜電池，代表例如表4-13。除轉換效率外，尚要注意性能安定性。

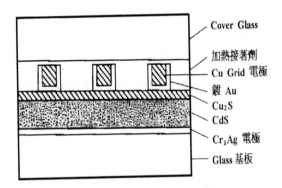

圖4-98　Stuttgart大學方式CdS/Cu_2S太陽電池構造

表4-13　Cu_2太陽電池性能

接合	製造法	Vsc [V]	Jocod [mA·cm^2]	FF [%]	η [%]	元件面積 [cm^2]	光源 [mW·cm^2]	研究機關
nCdS/pCu$_2$S	結晶/濕式置換	0.522	14.6	69	η15.3	0.16	100(Am-1)	Durham大(英)
	蒸著/濕式置換	0.516	21.8	71.4	η$_p$9.15	0.884	88	Delaware大(美)
	蒸著/濕式置換	0.525	19.5	67	η$_p$8	42	82	Stuttgart大(德)
	蒸著/濕式置換	(11.5)	(0.25A)	~65	η$_p$3.5	400	100(Am-1)	SES杜(美)
	Spray/濕式置換	0.45	23.7	70	η7.4	1	100(Am-1)	Languedoe大(法)
	Spray/濕式置換	(21.6)	(0.54A)	52	η$_{ni}$2.6	3096		Photon Power(美)
	印刷·燒成/電氣化學	0.46	14.4	67	η$_p$8.9	0.9	50	松下電器
	蒸著/固體反應	0.537	18	56	4.5	3.0	106	Gent大(比)
	蒸著/蒸著	0.47	19.4	68	η$_p$6.2	1	100	McMaster大(加)
	電氣化學/濕式置換	0.33	29		η$_p$3.5	1	100	Thorn EMI(英)
nZnCdS/pCu$_2$S	蒸著/濕式置換	0.6	18.5	75	η$_p$10.2	0.98	81.2(SN)	Delaware大(美)

4. 球狀Si系太陽電池

　　新的低成本太陽電池之方式，在TI(德儀公司)以高純度金屬矽，直接製造半導體的結晶粒子，將此粒子貼到基板上，以尋求低成本化。

　　此太陽電池之形狀如圖4-99。Si球之大小在直徑1mm以下，1cm四方有170個。p型的原料Si球在形成時，表面積比體積大，故不純物容易被押出得到高純度，故可得到C及O化物少之單晶。在其上擴散n型之不純物，埋入開孔之Al Foil，再從裏面蝕刻開孔部分之n層絕緣處理後，除去一部分形成由p型之取出電極。基本原料較便宜，製程也不複雜，目前效率在8～10％。

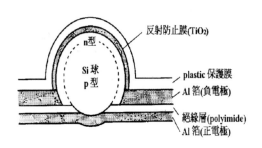

圖4-99　球狀Si太陽電池概念圖

4-5-2　有機太陽電池

　　使用有機半導體之太陽電池，其效率只有1％，並不受到注目。但因有機薄膜容易製作，生產成本低可以大面積化，故仍繼續研究。

　　太陽電池效率低之理由為擔體之捕獲密大，無法有效取出之故，但有機半導體與無機半導體不同，經由勵起子界面發生電子-正孔對之故，其效率之增加正在檢討中。

1.　**有機半導體種類及製法**

　　太陽電池用有機半導體有 Anthracene，Tetracene，phthalocyanine，MeRocyanine，Hydroxime，squalene，polyvinyl carbazole-trinitrofluorenone (PVK-TNF)等。其中比較大轉換效率為MeRocyanine，phthalocyanine及PVK-TNF。

　　圖4-100表示這些材料之吸收係數。Melocyanine之吸收波長帶在400～650nm，500nm之最大值為3×10^5cm^{-1}。phthalocyanine在500～900nm有寬之吸收帶，吸收係數在700nm有最大值2×10^5cm^{-1}。Hydroxime, Squalene之吸收帶在400～850nm，幾乎可以吸收大部分之太陽光，吸收係數之最大值在500nm為2.5×10^5cm^{-1}。

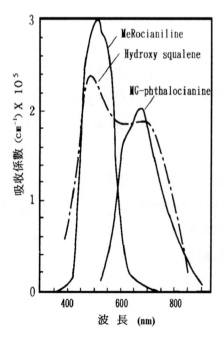

圖4-100　有機半導體太陽電池材料之吸收係數光譜

此外，控制Melocyamine之分子構造，可以變化感度之波長範圍，組合幾種色素，可形成最佳陽光吸收層。對於有機半導體之製作，原理上有機物質薄膜之形成法都可適用。太陽電池製作上，以昇華蒸著法較適用。這是在$10^2 \sim 10^6$Pa之真空中，將有機半導體保持在$100 \sim 200℃$，而後蒸發堆積於基板上，其他用spin coating法，Dip法、塗佈法及電著法也有。

2. 有機半導體太陽電池構造與原理

初期有機薄膜太陽電池幾乎是Schottky型。這是因爲組合已知作功函數之金屬電極與有機化合物，此兩種有機化合物之組合要易理解所致。但此類Schottky型太陽電池，其曲線因子FF較小，幾乎低於0.3，可能是構造本身問題所致。

有機物太陽電池之光電轉換過程，可用有機物質中的(1)光吸收。(2)勵起子之生成過程。(3)至勵起子之擴散。(4)勵起子在界面因電荷分離過程產生擔體。(5)因內部電場而使擔體分離。(6)經過擔體之移動。(7)供給至外部回路等來說明。勵起子之擴散距離大約爲$50 \sim 200$Å，唯有到達電子與正孔生成之界面者才有可能發電。因此有機物質之厚度，由勵起子之擴散距離來決定，擔體發生之界面，使用Schottky接合時，在界面之勵起子中比Schottky障壁之能量高者，才對擔體之分離有貢獻。但此時，勵起子可能與Schottky金屬有能量移動，而失去活性或通過金屬電極光照射的損失等發生。

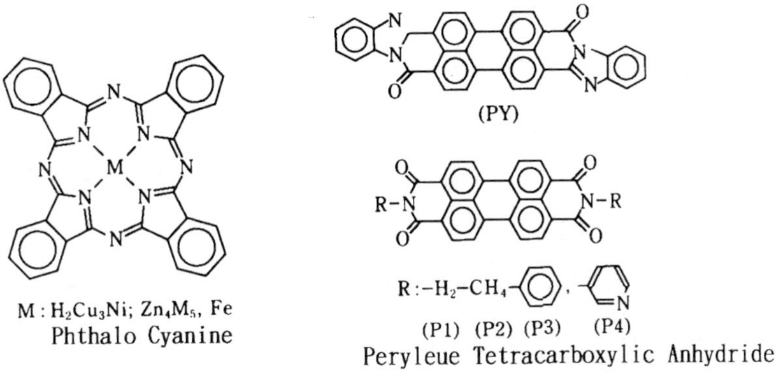

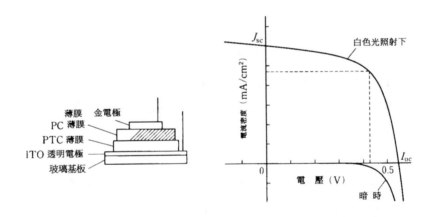

M：H₂Cu₃Ni；Zn₄M₅, Fe
Phthalo Cyanine

(PY)

R—N ... N—R

R：—H₂-CH₄ ⬡ ， ⬡N

(P1) (P2) (P3)　(P4)
Peryleue Tetracarboxylic Anhydride

圖4-101 Phthalo Cyanine(PC)與Peryleue Tetracarboxylic Anhydride(PTC)之
化學構造

薄膜　金電極
PC 薄膜
PTC 薄膜
ITO 透明電極
玻璃基板

J_{sc}

白色光照射下

電流密度 (mA/cm²)

I_{OC}

0　　　　　　　0.5

電　壓 (V)

暗　時

圖4-102　Hetro接合型太陽電池構造與CuPc/Pv元件之電流-電壓特性

　　相對於此，Hetero接合型之太陽電池，以有機層／ZnO，有
機層／TiO₂，有機層／CdS等有機化合物與無機半導體之不均一
接合系之研究而使FF有若干之改良。再者 Tang等用有機色素2
層積層之不均一系接合出現，使有機不均一接合系之希望變

高,*FF*可改善至0.56。以phthalcyanine與perylene tetra arboxylic酸誘導體之不均一接合太陽電池,*FF*到達0.65,也容易超過0.5之FF值。此*FF*改善原因不明確,可能是有機層間之界面良好,或上述電極上勵起子之消滅被防止所致。圖4-101所示爲phthalocyanine (PC)類與perylene tetracarboxylic酸誘導體(PTC)調查色素之化學構造與不均一接合太陽電池之性能關係。而圖4-102則顯示元件構造與光照射下之電流-電壓曲線。

4-5-3　濕式太陽電池

濕式太陽電池由電解質溶液與二個電極來構成,並以之吸收光且發電。這可分爲二類,⑴任一電極可以吸收光且發生起電力⑵溶液中或電極表面上附著之物質,與其他物質發生光化學反應,由此發生起電力,目前之研究大部分在前者,故以前者爲中心說明。

吸收光之濕式太陽電池電極,大部分爲半導體,有下述特徵:⑴半導體浸電解液中即形成接合;⑵即使多晶材料也可期待高效率;⑶濕式基板與固體太陽電池比較,安定性較差;⑷使用電解液,故需要封止技術;⑸可直接轉換爲有用之化學物質。

1. 發電原理

光電轉換用之濕式光電池由*n*型或*p*型半導體電極與對極(如白金)及電解液來組成,如圖4-103。在液中加入可逆的氧化還原反應用之Redox試藥R/Ox。在液中放入,如白金之安定金屬電極,液中之R即放出電子與電極(氧化)變成Ox,而Ox得到電子(還原)變成R。當液體與電極達到平衡狀態時,金屬電極對液體有一定之電位。此稱爲Redox系之氧化還原電位,此作爲參照電極之基準,相當於電子之費米準位。R與Ox之活性量(activity)爲

1時，稱為標準氧化還原電位，此為R與Ox種類之固有量，這個負值越大，R即越容易放出電子；相反的，Ox之負值越大，越容易得到電子。

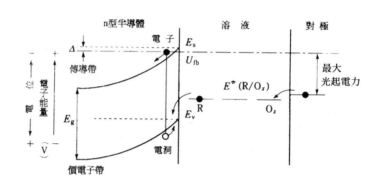

圖4-103　半導體濕式光電池原理圖

　　在此液中插入n型半導體之電極，因為一般n型半導體之費米準位比液體的要高，故電子由n型半導體流入液中。換言之，液中之負離子過剩，而半導體上誘起正的空間電荷層。因此，半導體之界面上n型半導體與金屬間產生與Schottky同樣之接合，半導體之傳導帶中，由表面向內部產生電位梯度。n型半導體若有圖4-103所示電位梯度，則因光而從價電子帶向傳導帶勵起(激發)之電子，即沿此電位梯度流動，經過外部回路流向對極。

2.　轉換效率與構造

　　表4-14列出所有報告過之濕式太陽電池，大部分場合可達10％以上效率。

表4-14　光學轉換型濕式太陽電池之例

半導體	氧化還原系(溶媒)	效率(%)
n-Si/Pt in SiO$_2$	Dimethylferrocene（甲醇）	14.9
n-Si(s)		14.0
n-Si(poly)	〃	9.6
Pt/oxide/n-Si(s)	Br$^-$Br$_3^-$（水）	12.0
n-CdSe$_{0.65}$Te$_{0.35}$(s)	S^{2-}/S$_n^{2-}$(Alkali水溶液)	12.7
〃　(poly)	〃	8.0
n-GaAs(s)	Se^{2-}/Se$_n^{2-}$(Alkali水溶液)	12.0
n-GaAs(poly)	〃	7.8
n-WSe$_2$(s)	I$^-$/I$_3^-$（水）	10.2
n-FeS$_2$(s)	〃	～1

S：單結晶，poly：多結晶

　　最近，在溶液／半導體界面上以極微細之金屬島與薄氧化膜之被覆，可使效率增加。在 n^+ Si 上所形成之半導體電極的濕式太陽電池，最高可得14.9％效率。

　　濕式光電池與固體光電池比較，構造複雜難處理，需要一些設計。如圖4-104所示之形狀。表面為像玻璃之透明導電材料，電解濕液層之厚度為mm以下，也可以含浸透明膜。周圍再用適當之樹脂密封。但電極與溶液安定性之改善等問題仍多。

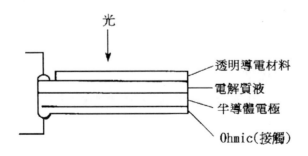

圖4-104　濕式光電池模組構造

3.　增感型濕式太陽電池

　　以TiO₂以低成本，也有高效率之濕式太陽電池報告。

　　此太陽電池使用TiO₂粒子(數nm)之透明膜(厚度10μm)上塗覆有色素(Ru化合物)之半導體層與電解液(碘系Redox溶液)，電極(白金膜)，透明導電膜等構成之濕式電池如圖4-105，效率在自然光為12％，模擬光(AM-1.5)為7.1～7.9％，劣化率在連續使用2個月後，變成10％以下。以附著在TiO₂半導體上之色素進行光吸收，把電子注入進半導體。這種濕式太陽電池可得高效率，受到相當注目。若要實用化，對色素及電極劣化之解明尚需加強。

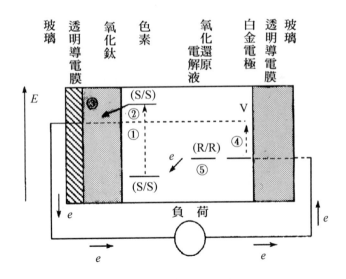

圖4-105　增感型濕式太陽電池原理

第五章
模組化技術

太陽電池需要在屋外環境下，做長時間，一定電壓或電流之作動。因此，實際使用之太陽電池，係將複數個太陽電池元件以串聯或並聯組合，以得到所定電壓電流之外，也需用能耐周圍環境之支持板、充填劑及塗覆劑等來保護。此製程稱爲模組化，因應各種目的、規模和太陽電池之種類，而有不同之構造與製程。本章針對代表例說明。

5-1　民生用模組化

5-1-1　構造以及形成法

計算機、手錶、Radio、錄音機、電視及充電器等，爲驅動這些民生用機器，一般要1.5V至數十V之電壓。而一個太陽電池之所生電壓不過0.5～0.6左右。故爲驅動這些民生機器，需要將太陽電池元件做串聯。

圖5-1爲使用結晶矽太陽電池之民生用模組構造例。結晶矽太陽電池等Bulk型太陽電池之場合，通常將太陽電池元件切成小片，再串聯成模組。如此一來，才可得到驅動民生用機器之高電壓。但此方法，組立成本高，且從信賴性觀點來看，接點太多也是問題。因此，民生用方面，簡單可以得到高電壓者，如下所述以a-Si太陽電池爲主。

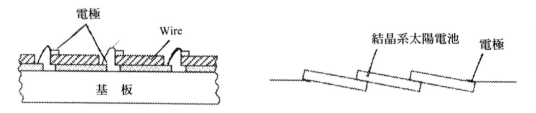

圖5-1　結晶矽太陽電池模組構造

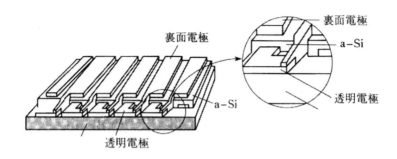

（a）積層型Type I

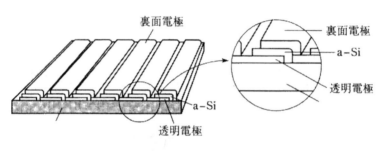

（b）積層型Type II

圖5-2　民生用a-Si太陽電池模組構造

　　a-Si膜以氣體反應得到，且薄膜是其特徵。活用此特徵，在一枚之基板上串聯多數電池，以取出高電壓之積層型a-Si太陽電池，已被開發，其構造如圖5-2(a)、(b)所示。在1枚之絕緣性基板上所形成之各個電池，如圖5-3所示以適當樣式化，將透明電極與裏面電極接通，使鄰接之電池排成串聯，得到高電壓。開發之初，使用Metal　Mask方式或Photolithography方式之樣式化，但目前爲了太陽電池之大面積化，及增大有效面積，以雷射樣式化爲主。圖5-2(a)之type I中，是以絕緣性基板端面部分將各電池連成串聯，故a-Si膜除端面部分，全面形成即可，容易樣式化。圖5-2(b)所示type Ⅱ爲在鄰接各電池之邊界部分做串聯而成，有減低透明電極電阻所生之電力損失之優點。因此，在以螢光燈爲使用主力之計算機，積層型太陽電池以type Ⅰ爲主。而需在太陽下使用之手錶、收音機及充電器等中電功率之用品，則以能減少透明電極所生電阻之電力損失之tpye Ⅱ積層型太陽電池，如圖5-3所示。此外，以screen印刷法，所形成之CdTe薄膜太陽電池如圖5-4所示，與a-Si同樣之積層型構造。

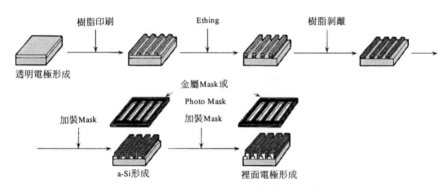

（a）Metal Mask方式或Photo lithography 方式

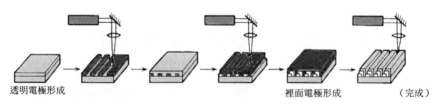

（b）Laser Patterhing 方式

圖5-3　積層型a-Si太陽電池形成過程

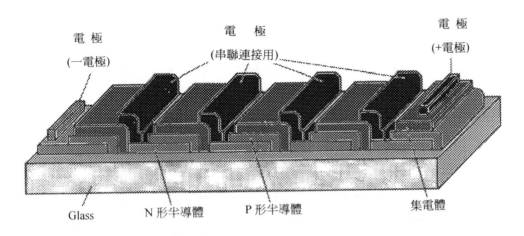

電 極
(一電極)

電 極
(串聯連接用)

電 極
(+電極)

Glass

N 形半導體

P 形半導體

集電體

圖5-4 CdTe薄膜太陽電池之積層型

　　中電功率用之積層型a-Si太陽電池構造,可以有任何形狀。而在一枚之基板上形成複數個電池者,也稱為次模組(sub module)。民生用模組一般為小電力,以一枚次模組來模組化即可。電力用模組化,則需將次模組依其應用而做複數枚使用。

5-1-2 作動特性

　　表5-1列出計算機、手錶、收音機用及充電器用積層型太陽電池模組之作動特性。計算機為螢光燈200Lux下,手錶用為鎢絲燈1000Lux下,收音機及充電器用模組為AM-1.5 100mW/cm^{2}下之特性。不管那一樣都可以看出,以一枚之玻璃基板可得到必要高電壓。

　　計算機之照度依存性,如後述之電力用模組一樣,通常作動電流(I_{ope})短路電流(I_{sc})對照度而言,在低照度領域幾乎有比例關係。另外,開放電壓(V_{oc})即使照度降低,在一定程度上,並未降低多大。

表5-1　各種民生用積層a-Si型太陽電池模組動作特性

		標準動作 電　　壓	標準動作 電　　流	光　　　源
a-Si 太陽電池	計算機用	1.5 V	23.5 μA	螢光燈用 200lux
	計算機用	3.0 V	15.5 μA	螢光燈用 200lux
	手錶用	1.9 V	7　μA	(　鎢燈泡用
	收音機用	3.5 V	45　mA	1000lux AM-1.5
	充電器用	7.0 V	50　mA	100 mW/cm^2
CdTe 太陽電池	計算機用	1.3 V	20　μA	螢光燈用 200lux
	充電器用	16　V	35　mA	AM-1.5 100 mW/cm^2

5-2　電力用模組

　　電力用模組與民生用模組不同，一般設置在屋外，故雨、風、灰塵及溫度變化，甚至於冰雪等都有可能，因此，必須用適當之支持板或樹脂來保護。此種電力用模組之構造，以下將針對其各別構造做說明。

5-2-1　構造及形成法

1. 結晶系太陽電池模組

　　　　模組依使用用途而有不同構造。圖5-5(a)為Substrate方式，在太陽電池之裏側放置下部基板做為模組支持板，其上以透明樹脂封入太陽電池。支持板以FRP強化塑膠等為主。其構造上雖然輕量，但因含紫外線之陽光直射透明樹脂，故未有耐光性之透明樹脂被開發前，信賴性尚缺。現在最常用的為圖5-5(b)所示，Super straight化方式，在太陽電池之受光面側放置透明基板做爲支持板，在其下用透明之填充材料及裏面塗佈材封入太陽電池。透明基板以玻璃最佳，特別是光透過率及耐衝擊強度來看，以熱強化白板玻璃最常用。充填材料，以紫外光之光透過率不降低之PVB(poly vinyl butyrol)或耐濕性佳之EVA(ethylene vinyl acetate)爲主。此外，爲更防止濕氣侵入，通常在透明接著樹脂上再貼一層有機Sheet。此有機Sheet以PVF$_2$最佳。而能將濕氣隔離者係使用Al箔與PVF$_2$(polyvinyridene fluoride)貼合者最佳。此Super straight方式因爲使用強化玻璃，故重量約在6kg。此外，在要求高信賴性之用途上，以圖5-5(c)所示，在二枚玻璃間之樹脂層　封入太陽電池者也有。圖5-7(a)、(b)爲結晶系Si太陽電池之模組。

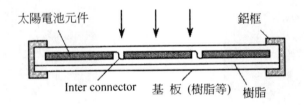

(a) Sub straight 方式

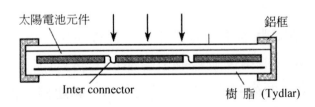

(b) Super straight 方式

圖5-5　結晶矽太陽電池之各種電力用模組構造

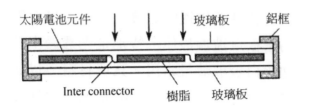

(c) Glass package 方式

圖5-5 (續)

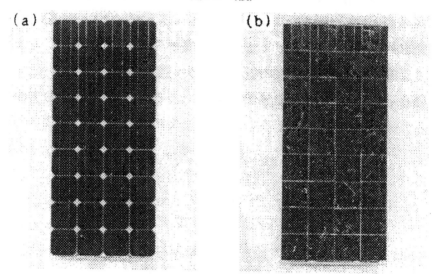

圖5-6 電力用太陽電池模組

Super Straighe化之製程,首先檢查過一定程度之太陽電池模性,並排後以Lead將其串聯。太陽電池以串聯連接者稱為Cell string。在此狀態下若有必要,再檢查一次。再來,將Cell string依用途數支並排,並聯或串聯都可。圖5-6所示模組,是以9枚Cell串聯,而後4列之Cell string全部串聯連接。而後在強化玻璃上依 EVA片、Cell string、EVA片及PVF_2(含Al箔)之順序重置貼合。貼合裝置採用內部能真空排氣,且加熱之裝置,當EVA片加熱熔解，即可將太陽電池Cell貼至玻璃基板上。EVA片上有印花以便脫氣用，此印花面與太陽電池Cell之相接需要設計。印花面在EVA之一面或二面都可。

如此所得到的玻璃／透明樹脂／太陽電池Cell／透明樹脂／防濕片之周圍再裝框。裝框之目的在使太陽電池在屋外使用時能做機械補強，通常框座以Alumile處理過之Al為主。

再來，裝上端子箱(box)。其材料為PC或高濕用PVC為主，但最重要者為電極Lead外部取出點之封裝。此部分通常以Silicone來封止。以上即完成模組化，檢查後出貨。

結晶矽太陽電池上之實用電壓取得，係以前述之數十枚Cell串聯而成。因此，若Cell特性不均一所致模組特性之低下，損失會發生。此損失可依使用Cell而不同，很難定量。但此低減之方向性已有報告。Cell之特性的不均一所致損失率為ΔP，以下式表示。

$$\Delta P = \frac{P_{\max} - P_{mp}}{I_{mp} \, V_{mp} \, N} \tag{5-1}$$

N：模組用的Cell枚數

I_{mp}：Cell之最佳作動電流平均值

V_{mp}：Cell之最佳作動電壓平均值

$P_{\max}$：Cell的最大出力合計

P_{mp}：模組出力

2. 非晶系太陽電池模組

最近開發進行之a-Si太陽電池，與如圖5-5所示之結晶Si太陽電池有同樣模組構造外，因為可以使用積層型太陽電池之玻璃基板做為受光面保護板，故如圖5-7所示基板一體型模組也可能。此模組30×30cm～40×120cm之積層型已被試做，因為不用Lead線連接各個Cell，故組立工程可更簡單，降低模組成本。

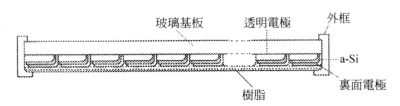

圖5-7　a-Si太陽電池基板一體型模組構造

其他也有活用a-Si膜特徵之模組出現。因a-Si膜為薄膜，故也有在其上挖一小洞，讓太陽電池在發電同時，也讓光線通過。圖5-8為See throuhg之a-Si太陽電池。此太陽電池用在窗戶或車子天窗場合，是以EVA等透明接受劑貼合在屋頂玻璃上。

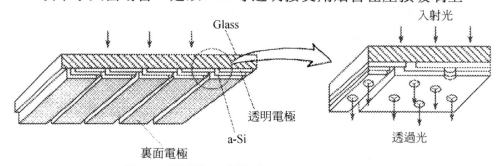

圖5-8　積層型a-Si太陽電池Sub module構造

另外，利用a-Si膜可在低溫形成之特性，在塑膠膜上形成輕量且Flexible之a-Si太陽電池也被開發。圖5-9為超輕量Flexible a-Si太陽電池模組。

利用a-Si膜可用Glow放電以氣體分解形成之特徵，如圖5-10所示曲面玻璃瓦上，直接形成a-Si系太陽電池和瓦，也被開發。此外，如圖5-11所示，Slate式太陽電池瓦也有。這些建材一體型之太陽電池不需架台，故可降低太陽電池系統之總成本。

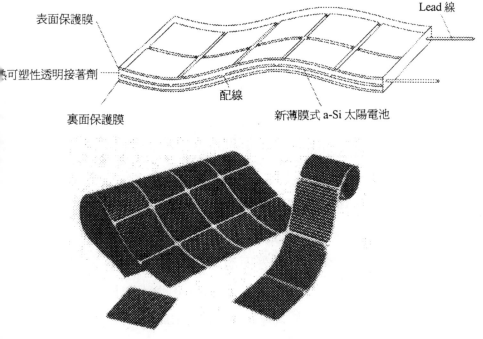

表面保護膜

Lead 線

熱可塑性透明接著劑

裏面保護膜

配線

新薄膜式 a-Si 太陽電池

圖5-9　超輕量Flexible a-Si太陽電池模組之構造與外觀

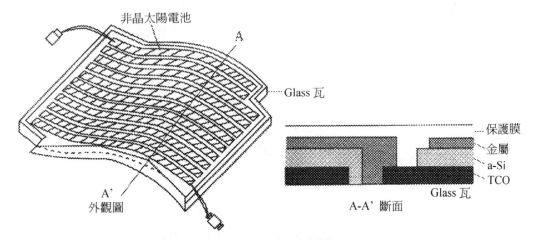

非晶太陽電池

A

Glass 瓦

A'
外觀圖

保護膜
金屬
a-Si
TCO
Glass 瓦

A-A' 斷面

圖5-10　a-Si太陽電池瓦模組構造

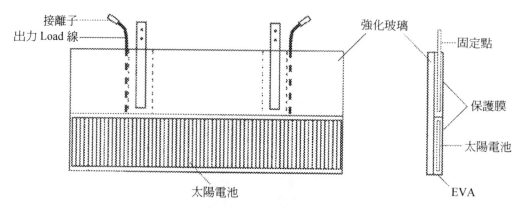

圖5-11 Slate式太陽電池瓦之模組構造

　　以上a-Si太陽電池模組之製程，因Cell配線數，配列數及光入射側之材料爲玻璃，樹脂等而有不同，但與結晶系之製程本質上無大差別。但以上大面積層型太陽電池或在曲面上形成太陽電池之樣式化，以系統之圖5-3(a)所示金屬mask方式、濕式蝕刻或乾式蝕刻皆困難。故只有圖5-3(b)Laser　Patterning法較有效。特別是用此方法從透明電極至模組組立，可使積層型a-Si太陽電池模組化成爲一貫作業，在a-Si太陽電池工業上有其意義。

5-2-2　各種特性

1. 光發電特性

　　表5-2爲市售之a-Si、單晶Si及多晶Si之各種電力用太陽電池模組之光發電特性、Cell配列方法與模組大小一覽。實用上，重要特性的最佳作動電壓，以Cell配線數及配列方法之設計，有不同值。Cell每枚之出力電壓小的結晶系例中，對各模組中之Cell全部串聯。而在處理方便上，以(30～50cm)×(90～120cm)左右之模組較多。

太陽電池的種類	特　　性						尺　寸　[mm]			重量[kg]
	最大輸出[W]	最佳動作電壓[V]	最佳動作電流[A]	開路電壓[V]	短路電流[A]	模組排列	長度	寬度	高度	
三洋										
AMP-D10E　非晶矽	1.1	7.0	0.15	11.2	0.19	單體	189	174	13	0.3
AMP-01 S1　〃	4.5	15.0	0.3	22	0.36	〃	325	375	9	1.7
AMP-02 S1　〃	9.0	15.0	0.6	22	0.72	2枚並列	625	375	9	2.9
AMP-04 S1　〃	18.0	15.0	1.2	22	1.4	4枚並列	1,225	375	9	6.4
AMP-04 S2　〃	18.0	30.0	0.6	44	0.72	2並列·2直列	1,225	375	9	6.4
CSP-4516　多晶矽	45	16.8	2.68	21.2	2.9	36枚直列	985	445	35	6.1
CSP-5017　〃	50	17.0	2.94	21.3	3.15	36枚直列	985	445	35	6.1
Kaneka MF										
MF-21 N　非晶矽	3.5	—	—	32	0.2	—	347	265	9	0.9
MF-22 N　〃	7	—	—	32	0.4	—	492	340	10	1.5
Kyocera LD										
LD 361 C 24　多晶矽	24	16.7	1.44	20.7	1.55	36枚直列	535	445	36	3.2
LA 361 J 48　〃	48	16.7	2.88	20.7	3.1	36枚直列	985	445	36	5.9
LA 361 K 51　〃	51	16.9	3.02	21.2	3.25	36枚直列	985	445	36	5.9
LA 441 J 63　〃	62.7	20.7	3.03	—	—	44枚直列	1,195	445	36	7.3
Sharp NT										
NT 124　單晶矽	5.1	16.2	0.31	20.2	0.33	34枚直列	400	188	25	1.1
NT 121　〃	19.8	16.2	1.22	20.2	1.32	34枚直列	527	400	25	2.7
NT 131　〃	46.3	17.3	2.68	21.4	2.89	36枚直列	970	390	35	5.2
NT 181　〃	55.5	17.4	3.19	22.0	3.60	36枚直列	970	430	35	5.5
Hokusan										
H-4810　單晶矽	48	17.0	2.82	21.5	3.3	36枚直列	945	422	30	6.1
H-5510　〃	55	17.2	3.2	—	—	36枚直列	984	444	30	6.1
昭和 Shell 石油										
GL 434　單晶矽	12	16.2	0.75	20.6	0.85	34枚直列	360	330	35	1.8
GL 130　〃	43	14.5	2.96	18.0	3.3	30枚直列	1,081	328.5	35	5.3
GL 136 N　〃	54	17.4	3.10	21.7	3.4	36枚直列	977	430	35	6.1
GL 148 N　〃	70	23.0	3.05	29.0	3.4	48枚直列	1,290	430	35	7.5
G 100　非晶矽	5.0	14.5	0.35	20.8	0.435	單體	347	333	13	1.4
Solar Lex										
MSX-53　多晶矽	53	17.5	3.0	21.0	3.3	36枚直列	110.9	50.2	5.41	7.2
MSX-60　〃	60	17.8	3.37	21.3	3.65	36枚直列	110.9	50.2	5.41	7.2

表5-2　電力用太陽電池模組的尺寸

2. 溫度特性

　　因太陽電池之模組使用在各種不同環境下，故對於溫度依存性之了解在設計上相當重要。通常晴天時，模組之溫度比大氣溫度高20～30℃。圖5-12(a)，(b)，(c)表示a-Si、單晶Si及多晶Si太陽電池模組之各種特性的溫度依存性。太陽電池不管材料為何，溫度上升時開放電壓，最大出力都減少，而短路電流則增大。但a-Si太陽電池比較結晶Si者其溫度依存性只有1/2而已。

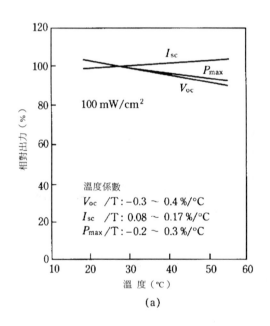

(a)

圖5-12　電力用太陽電池模組溫度特性

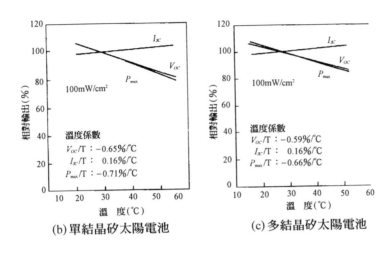

圖5-12　（續）

3. 照度特性

　　所謂照度特性，即因照度而使太陽電池出力特性有所變化，圖5-13(a)、(b)、(c)為a-Si、結晶Si及多晶Si太陽電池模組照度特性。在屋外使用時，入射光之強度依天候和時間而會有所改變，因此要考慮日射條件。圖5-13所示，太陽電池模組之最大出力，短路電流與入射照度也有比例傾向。

4. 信賴性

　　電力用太陽電池模組在屋外嚴荷之環境下，長期要能維持一定性能，故耐環境性和機械強度等各種信賴性試驗要做。表5-3為JIS所定結晶系太陽電池模組之信賴性試驗項目、試驗條件及判定基準。

　　設定晝夜溫差之溫度循環試驗、設定海岸附近之鹽霧試驗及冰雪路下試驗等機械強度都有規定。最近高信賴性化技術之

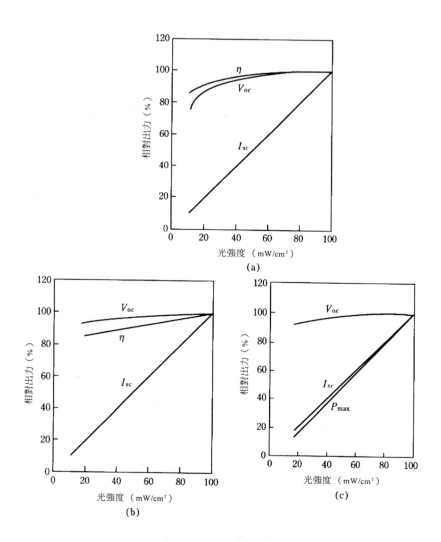

（a）a-Si太陽電池
（b）單結晶Si太陽電池
（c）多結晶Si太陽電池

圖5-13   電力用太陽電池模組照度特性

表5-3 結晶矽太陽電池模組的各種試驗項目(JIS C8918)

	試 驗 項 目	試 驗 條 件	判 定 基 準
耐 環 境 性	溫度循環試驗	200 cycle 	·出力為試驗前的95%以上 ·端子與框之間絕緣阻抗 100MΩ 以上 ·沒有剝離,變色等外觀異常
	溫濕度循環試驗	10 cycle 	
	高溫試驗	85 °C, 1000 h	
	恒溫恒濕試驗	85 °C, 90～93 %, 1000 h	
	光照射試驗	太 陽 光 直 射　　500 h 照射	
	鹽水噴霧試驗	鹽水噴霧 (2 h) 43°C, 93% (7日) 4 cycle	
機 械 強 度	降落試驗 (鋼球落下)	重227g,直徑38mm的鋼球由1m的高度落下	不可有破損
	扭曲試驗	將四周固定,以一對角線為1000mm矩形,21mm的比率變形	
	端子強度試驗	端子的拉出軸加上規定的拉力保持10秒	

對於a-Si太陽電池模組之JIS規格,目前已在進行。表5-3中所示各種規定皆可滿足。因a-Si比結晶Si能在低溫形成,故可能有耐熱性之問題。比表5-3試驗條件嚴苛之90℃與2000小時之實驗中,並未看到出力之降低。

5-3　其他之模組

5-3-1　集光型模組

前節中說到太陽電池之出力與入射照度成比例,利用此原理針對高成本之單晶矽或GaAs之太陽電池,在美國也有在集光下作動太陽電池之集光式發電系統。有使用反射鏡方式與凸透鏡方式二種。

在集光上需要大面積之凸透鏡;以連接分割後凸透鏡之曲線的Frenel Lens為主。形狀上有圓型Frenel Lens及線型Frenel Lens二種,星點狀或線狀配置之太陽電池上收集太陽光。使用線型Frenel Lens者如圖5-14(a)。

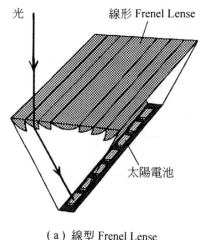
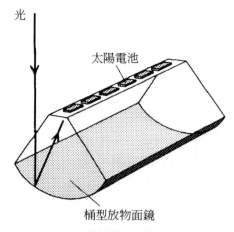

（a）線型 Frenel Lense　　　　　（b）桶型放物面鏡

圖5-14　各種集光方式

反射鏡方式爲使用拋物面鏡在其焦點放置太陽電池，或在底面放置太陽電池，其側面放反射鏡兩種方式，圖5-14(b)爲使用，橢型拋物面鏡，比較常用。在這些集光型模組中重要的點，在於防止溫度上升，所致效率降低，故要考慮如何冷卻元件。太陽電池中、單晶Si太陽電池外，效率高之GaAs太陽電池也常用。現在，使用單晶Si太陽電池及GaAs太陽電池之Tandem型太陽電池，集光比50倍時有34％之轉換效率。

5-3-2　Hybrid型模組

前節中已知太陽電池之效率隨溫度上升而低下。對於冷卻對策也考慮，將太陽光分爲電能及熱能取出，以使能源有效利用者，爲光熱Hybrid元件(混血)。此Hybrid元件有集光型光熱元件，與集熱器型光熱Hybrid元件。集光型光熱Hybrid元件爲，在集光型太陽電池之裏面通熱媒體以集熱。在日本NEDO所進行研究中已有電力5kW，熱出力25kW之結果。

集熱器型光熱Hybrid元件，爲在集熱器的集熱板上連接太陽電池，以取出電能與熱能。圖5-15爲真空玻璃管型集熱器之集熱板上形成a-Si太陽電池之Hybrid元件。a-Si太陽電池如圖5-16所示，在可見光域中吸收係數大，紅外區域反射係數大，故爲優秀的選擇吸收膜。又因a-Si封存在真空管內故不用披覆(passivation)，太陽能總轉換效率達58％(電能5％、熱能53％)，低成本化有可能。

以上各種太陽電池模組構造、製程與特性皆說明過，太陽電池模組之形狀或樣式，依其用途、目的及種類大小、特性而有不同。因此，今後太陽電池之新應用越寬，會有新的模組出現。

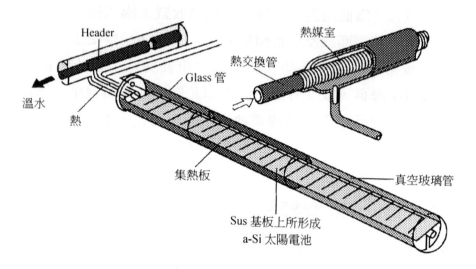

圖5-15　光熱共生(Hybrid)元件之使用例

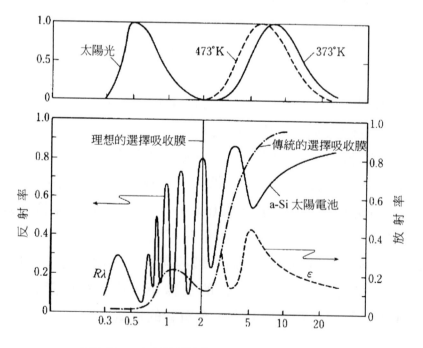

圖5-16　a-Si太陽電池做為選擇吸收膜之特性

第六章
太陽電池
系統與應用

我們已針對太陽電池種類、構造、製造方法及各類特性作過介紹。太陽電池之被大量使用，是因為使用在計算機以及電子製品所致。其後有太陽能空調電力用系統之開發。本章，首先針對電子製品來說明，而後再論及電力用系統。

6-1　太陽電池在電子製品之應用

本節針對電子製品上實際應用太陽電池之回路設計，如太陽電池之動作點、基本回路、各種控制回路及模組設計來說明。

6-1-1　太陽電池之動作點

為設計太陽電池之應用回路，有必要了解太陽電池之動作點。

太陽電池之動作點由負荷之Inpedance，二次電池之電壓來決定。如圖6-1(a)所示之 I - V 特性的負荷時，以太陽電池之 I - V 特性與其交點來動作。而二次電池之場合，如圖6-1(b)所示二次電池之充電電壓來動作。此○印之電壓稱為動作電壓，電流稱為動作電流。

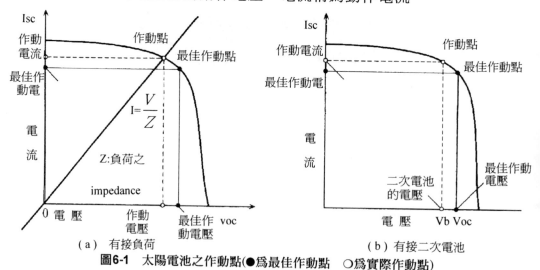

（a）有接負荷　　　　　　　　　（b）有接二次電池
圖6-1　太陽電池之作動點(●為最佳作動點　○為實際作動點)

　　以太陽電池直接驅動負荷時，或對電瓶充電時，太陽電池之最適動作電壓、最適動作電流與動作電壓、動作電流不一定一致。

　　此外，太陽電池之 I - V 特性，因照度、溫度而有變化，故估計太陽電池之出力時，使用太陽之環境，如光源、照度範圍必需設定。表6-1列出電子用品上之設定使用條件。

表6-1　有裝置太陽電池之使用條件設定例

入射條件　　　　　　使用機器	光源種類	光量範圍
計　算　機	主要為螢光燈或白熱燈等室內燈	最低：50~100 lux 標準：200~800 lux 最高：約 12 萬 lux
手　　　錶	室內光及太陽光	標準：3000~10 萬 lux 最高：約 12 萬 lux
收　音　機	室內光及太陽光	標準：3000~10 萬 lux 最高：約 12 萬 lux
充　電　器	太陽光	標準：1 萬~10 萬 lux 最高：約 12 萬 lux

6-1-2　基本回路

電子製品上使用太陽電池電源有二個方式：

(1)　只用太陽電池電源。

(2)　併用二次電池。

(1)之方式為計算機等一直處於明亮狀態使用機器。但如手錶等可能在無陽光照射下使用時，必需要用(2)之方式。以下爲其基本回路。

1. 只用太陽電池電源

其基本回路如圖6-2，已知太陽電池之出力電壓依存於照度。如計算機上有LSI負荷時，即使照度有變化，爲安定太陽電池之出力電壓，會設置如圖6-2所示，電壓控制二極體及電壓安定化電容器。在此回路上，使用稽納二極體之電壓控制用二極體，以控制電壓不超過一定值。結合這個與讓螢光燈起伏等，入射光短期變化能平滑之電壓安定用電容器，可使其在實用範圍之照度變化上，將電壓變化抑制在±10%以內。

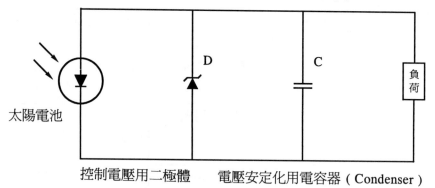

太陽電池

D　　C　　負荷

控制電壓用二極體　　電壓安定化用電容器（Condenser）

圖6-2　只有用太陽電池爲電源時基本回路

2. 付加二次電池之場合

並聯二次電池使用太陽電池之回路，是由圖6-3所示之逆流防止二極體與限制電流電阻(或電壓控制回路)及二次電所構成。各回路之構成部分功用將如後所述。

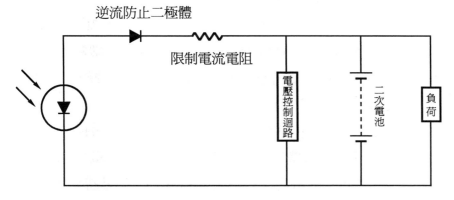

逆流防止二極體

限制電流電阻

電壓控制迴路

二次電池

負荷

圖6-3　充電用基本迴路

6-1-3　電子製品使用之控制回路

1.　電壓控制二極體

　　　　只有太陽電池電源時，對於電子機器之電壓控制方法有：

(1)　將稽納二極體用逆方向連接至太陽電池。

(2)　太陽電池與二極體用順方向連接。

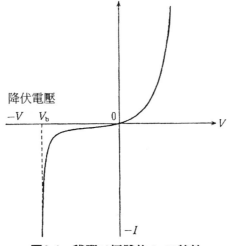

降伏電壓

$-V$　V_b　　　　0

V

$-I$

圖6-4　稽那二極體的 I-V 特性

　　　上述(1)項中，如圖6-4所示，印加一逆方向電壓至一稽納二極體時，以一定之電壓發生降伏電壓，這個電壓以上之電壓並不被印加。以稽納二極體而言，從1.5V左右之低電壓至100數V之商品皆有，選擇適當電壓即可。此外，溫度對降伏電壓之變化影響不大。

　　　而在(2)項中，爲對1.5V或3V等低電壓使用機器上之電壓控制方法，是利用二極體之順方向特性。比如作動定格1.5V系之LSI時，使用圖6-5所示之 I - V 特性的GaP LED(發光二極體)1個當做電壓控制用二極體。LED即使對微小電流，也在順方向電流上，有很大的上升斜率出現，是一優良的電壓Dropper。利用這個可以將強光照射太陽電池時所生之過剩電力消耗掉。對於機器本身不會印加1.8V以上之過剩電壓，故可保護LSI。

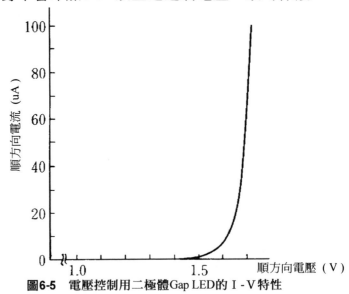

圖6-5　電壓控制用二極體Gap LED的 I - V 特性

2.　逆流防止二極體

　　　　付有太陽電池之製品放置在暗中夜晚或太陽電池沒有足夠亮光時，出力電壓將低於二次電池之電壓，此時，電流將從二次電池倒流入太陽電池。為防止此發生，必須串聯二極體。

　　　　此逆流防止二極體，希望其逆方向電流(即Leak電流)小，以及從太陽電池往二次電池充電時，電壓Dropp之順方向電壓也要小。目前市售二極體之方向電壓，如圖6-6所示，矽二極體為為0.6〜0.7V，Schottky二極體為0.2〜03V，Ge二極體為0.1〜0.3V。以Ge二極體而言，雖然電壓Drop很少，但逆方向電流大，實際上很少實用。因此充電電壓高時，用低成本之矽二極體，而充電電壓低時，以成本稍高且壓降小之Schottky二極體最好用。

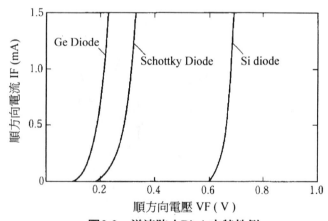

圖6-6　逆流防止Diode之特性例

3.　電流控制回路

　　　　充電電流一般可用限制電流電阻來控制。充電電流只要能滿足下式即可。

(充電電流)×(充電時間)×(充電效率)≅(放電電流)×(放電時間)

滿足上式時，電力可連續被取出，但電子製品中，因太陽電池
之放置環境不一，很難預測正確之充電時間。因此，爲防止二
次電池之過充電，多少右邊稍大之充電電流設定較佳。

限制電流之電阻R_c，可依圖6-7所示方法求得。最大光強度
太陽電池之出力特性曲線爲A，而放入逆流防止二極體之出力特
性爲B。此時，電壓V_b之二次電池上，有i_{out}之充電電流流過。將
此電流值控制至限制電流值I_{max}以下之電阻R_c放入時之特性曲線
爲C。電阻值$R_c = \Delta V / I_{max}$表示。

依此方式，需要推測充電電流、放電電流、充電時間及放
電時間，故使用對過充電極敏感之氧化銀電池時要注意。

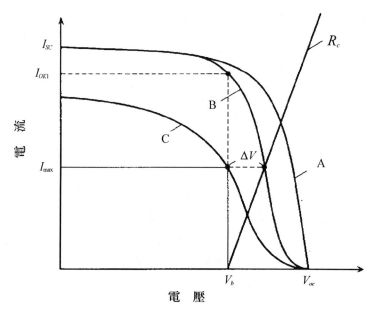

(A)本來之太陽電池的V - I曲線
(B)連接逆流防止Diode之V - I曲線
(C)連接限制電流電阻時之V - I曲線

圖6-7　限制電流電阻R_c之求法

4. 電壓控制回路

　　由太陽電池對二次電池無限制充電時，因過充電而使二次電池被破壞。為防止此事發生，必需以電壓控制回路將太陽電池從回路上切離，讓其短路，以防止過充電。

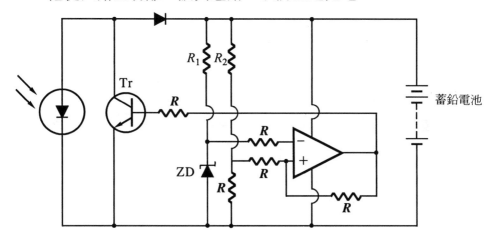

圖6-8　鉛蓄電池之過充電防止圖例

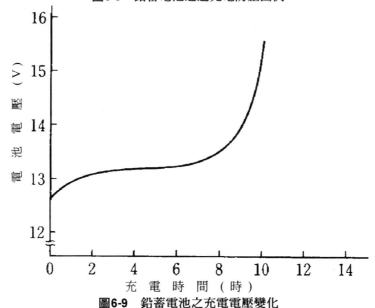

圖6-9　鉛蓄電池之充電電壓變化

圖6-8為以數W左右太陽電池充電鉛蓄電池時之過充電防止回路。在此例中,當鉛蓄電池之電壓,在某一規定電壓以上時,太陽電池即短路,停止充電電流。這是因為鉛蓄電池之充電特性如圖6-9所示,充電電壓對充電時間而言,有急劇變化特性。

6-1-4 模組設計

1. 由太陽電池來看設計重點

設計太陽電池模組時,其出力特性成為問題。太陽電池在某一光強度、光源下,因太陽電池之種類而可決定其每單位面上能取出多少電力。亦即使用太陽電池種類若定案時,有效面積越大,太陽電池出力就越大。此外,太陽電池有照度特性、分光感度特性與溫度特性,故其出力,也因光源種類、強度和使用溫度而不同。因此,設計太陽電池模組時必需考慮。

(1) 太陽電池之種類。

(2) 太陽電池使用場所之光強度、光源種類、每單位面積之發電電流與出力電壓。

在室內使用之電子製品,因螢光燈之放射光譜與a-Si之分光感度特性一致(參照2-4節),其出力之順度為a-Si ≈ GaAs>C-Si,a-Si最適合。加之a-Si為可用一枚基板得到,使用機器之適當的電壓的積層型構造,所以更有利。

2. 串聯數目與元件大小

設計模組,就是決定太陽電池之串聯數與元件大小。以下詳細說明。

⑴　串聯數目

太陽電池1枚Cell可以發生之電壓，因材料種類及光強度而不同。100Lux至10萬Lux下之C-Si、a-Si及GaAs之最佳作動電壓列表於表6-2。通常，電子製品之出力電壓及二次電池，都在1.5V以上，故必需串聯複數個太陽電池。太陽電池之串聯數可以由下式來決定。

以太陽電池爲直接電源時：

$$串聯數目 > \frac{出力電壓}{爲得到出力電流必要的太陽電池1個Cell之最佳作動電壓} \quad (6\text{-}1)$$

而要充電二次電池時

$$串聯數目 > \frac{充電電壓 + 逆流防止二極體所生電壓壓降}{爲得到充電電流所需之太陽電池1個之最佳作動電壓} \quad (6\text{-}2)$$

表6-2　太陽電池材料之最佳動作電壓

材料種類	c-Si	a-Si	GaAs
最　佳 動作電壓	0.3～0.4	0.4～0.6	0.6～0.8

⑵　元件大小

太陽電池之大小，基本上可由使用環境、機器的出力電流及二次電池之容量來決定。

只有用太陽電池當電源時，作動機器所需元件之大小，可用下式來求。爲得到所要出力電流必要之太陽電池模組之最佳作動電流，以電壓-電流曲線之最佳作動點來求得。通常，作動點設定爲機器出力之最大點。

　　　　對於作動機器之環境照度，在設定太陽電池發生每單位面積之最佳作動電流為I_{opo}時，得到最佳作動電流所需之受光面積S為

$$S = \frac{1}{m} \cdot \frac{I_{op}}{I_{opo}}$$

係數m依太陽電池之材料與光源種類而不同。由受光面積S來決定元件大小。由太陽電池充電二次電池，二次電池做為機器電源之場合，元件大小以下項來求。

6-1-5　太陽電池與二次電池之Matching

　　以太陽電池充電二次電池之特徵為

1.　與使用一般直流定電壓電源及定電流電源來充電時相同，充電入力不安定，不斷的變動。

2.　依每日之日照循環，在夜間即自動停止充電。

　　特別是在夜間因太陽電池沒有出力，故以太陽電池能充電二次電池之時間，以太陽光之最大照射(10～20萬Lux)來換算，最長不過5～7小時。因此，二次電池之容量決定及過充電之對策也都用此特徵來進行。

　　因此所謂蓄電池容量，是以蓄電池完全充電後，以一定之電流至所定之放電最終電壓，進行放電之放電量。其單位為安培時容量與瓦特時容量。一般以安培時容量(Ah)較常用。此Ah所表示之定格容量以C表示。如100mAh容量之電池以0.1C之電流充電時，表示以10mA之電流來充電。放電時也一樣。

　　做為以太陽電池來作動之電氣製品Back-up電源之蓄電池種類列表於6-3。有Ni-Cd電池，充電式氧化銀電池及鉛蓄電池。這些二次電池

充電時標準電流為Ni-Cd～0.1C，氧化銀電池～0.001C，鉛蓄電池0.1C ～1C。

二次電池種類	充電效率	標準充電電流
Ni-Cd　電池	0.8～0.9	～0.1 C (通常 Type) ～0.3 C (急速充電 Type)
充電式氧化銀電池	0.9～1.0	～0.001 C
鉛　蓄　電　池	0.85～0.95	0.5 C～1 C
Ni - Hz　電　池	0.7～0.9	～0.1 C

表6-3　二次電池之標準充電電流

如收音機上使用之Ni-Cd電池，在0.1C以下時，長時間充電也不產生過充電。因此，不用特別之控制回路以一般電源來充電時，0.1C以下之電流要充電10小時以上。但以太陽電池充電時，太陽一天所照之時間，在晴天最大日射量狀態平均3～4小時，考慮前後之日射量，充電時間最長不過7小時，故以最大日射時，0.2～0.4C來充電之設計為主。

此外，手錶上常用之氧化銀電池，小型但單位體積之容量大，與其他二次電池比較，若進行深的充放電循環，則特性會劣化。因此，標準之充電電流也必需控制在0.001C。因此電池之手錶，在太陽光之強光下充電時間較短，而且手錶本質上是以一定微小，消費電力來走動，故屬於極淺之充放電。這一點相當適合氧化銀電池。

6-1-6　太陽電池模組設計流程

從以上說明來看，太陽電池模組設計之順序為

1. 太陽電池使用環境。
2. 太陽電池種類。

3. 負荷規格。

4. 是否要二次電池,以前述之順序來決定條件。

5. 最後決定Cell段數之電池面積。

但一般,各公司有各種市售太陽電池模組,故在圖6-10之流程的A點, 選擇一最佳太陽電池模組即可。

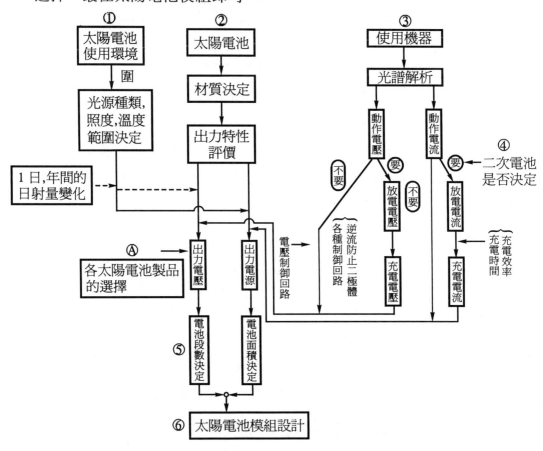

圖6-10 太陽電池模組設計流程

6-2　電子製品上應用例

6-2-1　計算機及手錶之應用

　　太陽電池型計算機，其電源只用太陽電池。這是因爲液晶表示之計算機，消費電力低，且只用在明亮環境下。目前太陽電池型計算機上使用之太陽電池90％以上爲a-Si。

　　圖6-11內藏a-Si太陽電池之計算機及手錶等民生用機器顯示於此。其回路構成，可考慮成將通常的計算機用電源部改成太陽電池即可。特別在LCD表示之計算機，不用在陰暗的地方，故不需二次電池，因此，可用逆流防止二極體。但如前節所述，當入射光量大時必需有控制出力電壓，保護IC之電壓控制用二極體及安定電壓之電容器並聯連接。

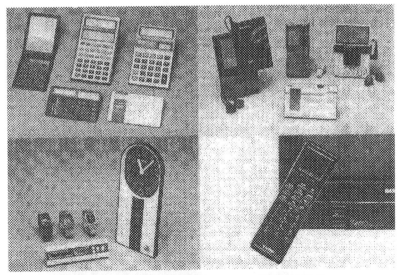

圖6-11　裝有積層型非晶太陽電池的民生機器

　　手錶之薄型化，其內藏化學電池尺寸，也隨之變小，但如此一來，其容量也變小，故化學電池常在短期間即需交換。如果以電氣二重層電容器或充電式化學電池，如氧化銀電池等以太陽電池來充電時，可以延長化學電池之壽命。

　　太陽電池型手錶如圖6-11，而其回路構成如圖6-3所示。手錶即使在陰暗之場所也要作動，故需要備用之二次電池。此外，也要用逆流防止二極體，來防止電流從二次電池流入太陽電池，a-Si太陽電池可從1枚之基板來得到高電壓，故外觀上也可做的漂亮。

6-2-2 充電器之應用

　　以積層型a-Si太陽電池與充電式Ni-Cd電池之組合之a-Si太陽電池充電器已經實用化如圖6-12。此充電器，晴天放在直射日光下約4小時，可將Ni-Cd充電至飽和。此外出力端子上，使用專用之Cord，可做為其它機器之電源，充電中之Ni-Cd電池也可做為備用電源。

　　此a-Si太陽電池充電器之構成為，積層型a-Si太陽電池與背面上裝有Ni-Cd電池裝置用Case來構成。一般周圍溫高時，Ni-Cd電池之容量會變少，故背面設置Ni-Cd電池構造在避免陽光之直射。

圖6-12　非晶太陽電池充電器

其回路構成，基本上如圖6-2所示，積層型太陽電池以逆流防止用二極體連接至Ni-Cd電池。

6-2-2-1　充電指示器

在今日，有充電電池模組的指示是有幫助，且比較保險。一個簡易快速的檢查方法為觸摸blocking diode，因為當blocking diode有電流時摸起來會熱。內建有blocking diode的控制器，有紅色發光二極體，脈衝和二重電壓的充電調節器，也有紅色的LED用來指示，當它們在充電模式下。

用一個展開的刻度伏特計，來表示電壓在12.5V和12.5V以上之充電。為了瞭解關於充電情況的更多資訊，電流計可以串聯在模組與電池之間。當在一個大的太陽能系統，使用電流計來讀取數值，來檢查充電的方式是值得的。

6-2-2-2　自動開關

因為使用的發光電路是自動的，所以它們在黃昏時，能夠自動打開，這是使用一個模組光計量器和當模組電壓消耗在10伏以下時，會自動結束的關閉電路。一個電子時鐘或者計時電路是必須的，使用一些控制器是有效的。

6-2-3　低功率電器

小功率電池的電器通常需要低於直流12V以下，為了要能在太陽能系統下使用，必須利用下述方法將系統12V或24V的電壓降低。

1. 切離12V電瓶電池之間的連接。

2. 將12V的電瓶分成分段的電池。

3. 封裝型鎳鎘電池

　　　　封裝鎳鎘電池被使用在低電壓裝置，是一種良好方式。它們不需要保養，而且電源供應裝置平衡電源區間，對一個輸電池而言鎳鎘電池電壓是低於0.25V，一般裝備經常容許較低操作電壓，我們可以使用相同數量的電池來操作裝備。一種未來的鎳鎘電池電壓在放電時幾乎維持固定電壓，比較而言，一般乾電池電壓會逐漸下降在電池壽命快結束時，像手電筒光線減弱，收音機聲音變小，而鎳鎘電池不會，所以鎳鎘電池幾乎沒有警訊，可能解決這種缺點，包括充電電池，或許需要備用電池。使用這些電池的問題，電池如何充電，這些充電元件主要是從交流工作，一個調整器需要維持固定充電電流，電池由一個12V所提供，一個d.c電源供應裝置電流調整的建立，並非困難。

4.　低電壓轉接器

　　　　一個低電壓轉接器，是一種步階調降電壓的電子元件，轉換時會損失額外電壓產生熱。電壓轉接器被使用在汽車和被設計成香煙打火機插座的插頭，這輸出線在端點上有多方向的插頭去配合多範圍的d.c輸入插座，這電壓轉接器有一個開關，可以依據裝備所使用的電池數，去選擇輸出電壓大小。在插頭聯接的兩極有其它開關設定。當一個太陽能系統使用電壓轉接器，插頭端必需能連接，打開盒子連接電纜到焊接端接觸點，一端是正一端是負。電壓轉接器製造並不困難，它們調整是由非常簡單電路使用一些二極體，就可充分調整電壓。

5.　d.c.-d.c.轉換器

　　　　一個d.c.-d.c.轉換器是可以步階電壓上下的電子元件，它們是比電壓轉接器更複雜的，經由脈寬調變在工作，對一個d.c.-

d.c.轉換器的輸入，是非常快速的on/off開關，而on/off時間的相對長度是可被調整，因此我們可以容易獲得一個d.c.輸出電壓。對一個好的d.c.-d.c.轉換器設備系統操作在24V，然而對一些設備而言，這轉換器能夠降低電壓到12V，一般相對於電壓轉接器，d.c.-d.c.轉換器是比較昂貴，但是效率是較高的。一個以一半電力作相同工作的電壓轉接器而言，典型的d.c.-d.c.轉換器效率是85％，而轉接器效率則是無法超過50％。

6-2-3-1　低壓電池組特性

1. 一個12V的鉛酸電瓶由6個2V的電池組合成。這些電池間做金屬連接便可切換電壓2，4，6，8及10V。在連接處應塗上潤滑油，以防止硫酸霧的腐蝕。

2. 低電壓切換型，不應被製成密封型鉛酸瓶。任何損壞外殼或破壞封裝時，將會由於內部電解液乾透，而降低電瓶壽命。

3. 注意當電瓶有分段點，電池組以不同電量放電時，電池電量會逐漸變得不平衡。這是由於介於正極與分段點間的電池，不被低電壓電器使用，而常會造成過充電。這表示未時常使用的電池組需要多加蒸餾水的量，常要超過其他電池組。另外，需要注意防止這些常被低電壓電器使用的電池組，所產生的過放電現象發生。

6-2-3-2　分離電池組(Separate Cells)

交替切換12V電瓶，是使用低電壓電瓶或分離電池。它們串聯連接著充電，然後分段地提供低電壓。例如2個6V的摩托車電瓶，6個單獨的鉛酸電池，10個通風孔的鎳鎘電池。重要的是6V電瓶或單獨的電池組充電時，要有相同的安培小時容量，儘量是串聯時以確保能充電。使用分離電池組，可方便地用在專門用途，例如在學校實驗內。

6-2-4　其他應用

其他之應用，如收音機與電子遊樂器。使用在收音機時，以太陽電池充電收音機電源之二次電池，使其能長期使用。二次電池以Ni-Cd電池爲主。此太陽電池型收音機、設計爲本體可放在胸前口袋內，而太陽電池部可放在外面進行充電。

6-3　電力上應用

6-3-1　電力上發電系統基本設計

傳統上，太陽電池之應用，除衛星用外，大都用在計算機等民生用機器上。近年因成本降低之故，在換氣系統上等小電力應用也開始。再者，地球環境問題之背景上，也應用於電力上。本節針對電力用發電來說明。

1. 電力用發電系統

   可分成與商用電力系統連接的連接型與不連接的獨立型兩者。連接型也有因是否一直連接而有切換型與並列連接型。

(1) 獨立型且有蓄電池

   此爲太陽電池在街、路燈或燈塔等負荷之消費電力，在夜間場合所構成者。白天以太陽電池來充電蓄電池，夜間則放電如圖6-13。以負荷之消費電流與作動時間爲基礎，考慮不日照補償時間及蓄電池之放電深度，決定太陽電池與蓄電池之容量。蓄電池以容量對價格比高的鉛蓄電池最常被使用。由太陽電池之發電特性看來，因通常在蓄電池之充電上，常用定電壓法很難在此利用，故對蓄電池而言，條件較嚴苛。蓄電池之壽命及保養上要注意。

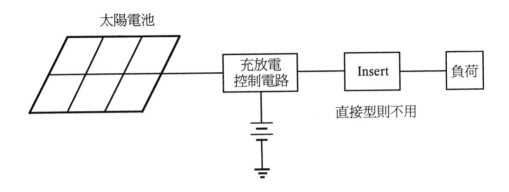

太陽電池

充放電控制電路

Insert

負荷

直接型則不用

圖6-13　獨立型有蓄電池之系統構成

(2)　獨立型無蓄電池

　　這是屬於在日射量充足時運轉即可之場合，如灌溉用馬達。構造較簡單，可以省下蓄電池成本。保養也較簡單適合配電線不完全之開發中國家。

　　馬達系統有使用直流電動機之直結構成，及使用交流電動機與VVVF(可變電壓，可變頻)Inverter。前者固定碳刷之故適用小容量系統。

(3)　商用電源切換型

　　這是在太陽電池之出力不足時，切換成商用電源之構成。可分為有無蓄電池，大部分以有蓄電池，在蓄電能不足時切換成商用電源者較多。

　　因為與商用電源同品質之交流來供給電力機器，比較複雜。但大量製造，被販賣之電氣用品，可原封使用，且日射量不足時可切換至商用電源,故信賴性較高。

　　商用電源與太陽光發電之切換有手動型(如三方向開關)及自動型無瞬時斷開關。前者為省掉控制機器之成本者,可用於實踐家之個人住宅。但無瞬斷開關可不用知道開關知識,而可自動進行,且在敏感之電腦上也幾乎沒有問題,如圖6-14所示。

　　傳統上,與系統連接上,因控制機器及法規上之問題,此切換並沒有被採用。但最近日本因促進分散型電源之想法,由法規面之立法,目前已可與常時系統並存。

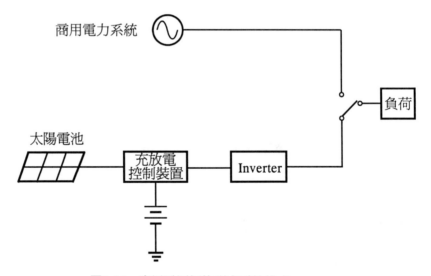

圖6-14 商用電源切換型之系統構成

(4)　並列連接型(沒有逆流)

　　切換型之考慮在於以太陽光發電之能源為主要使用。商用電源為蓄電池能源不足之補助用。

　　容量大之系統上,因蓄電池容量與成本考量,通常省略蓄電池,由常時商用電力系統來補足不足之電力。太陽光發電系統之出力與常時系統並聯在一起，當太陽光發電側之電力有過剩時，由逆流防止裝置來防止送電至系統上，如圖6-15。所示，工廠用系統上可連成高壓。因省略蓄電池可節省成本與空間，此外併用常時商用電源，故系統安定性高。

　　但有設置系統連接保護裝置必要，特別在日本，使用系統連接Guide Line與大規模發電設施同等保護裝置之設立為法定義務。故此裝置成本仍高。有開發小型低成本連接保護裝置之必要。

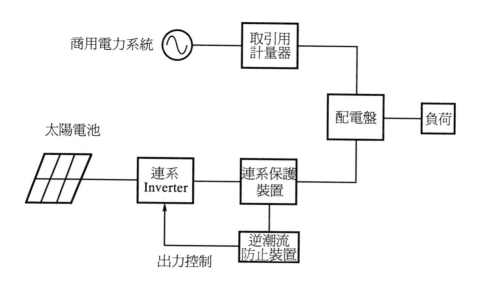

圖6-15　並聯連系型有逆潮流系統構成

(5)　並聯連接(有逆流)

　　前面之無逆流系統上，太陽光發電側有過剩電力時，也不能送電至系統。有逆流系統是將寶貴能源完全使用，使電力也可供應至系統上。在太陽光發電之先進國家，此系統已成為主流。因Inverter等機器小型化被研究之故，在真正太陽光電時代,這才是主流。

連接保護裝置,基本上與無逆流場合一樣,只是拿掉逆流防止裝置而已。日本在1993年春,已訂定高低壓一般配電線上,有逆流系統連接Guide line。

在此系統中為確保配電工之安全,系統停電時,必需要有迅速將太陽光發電系統解列之單獨運轉防止機能。但對此機能而言,目前仍留在檢討階段。

若是每一家庭都有太陽電池時,每家都用Inrerter與保護裝置連接,不如由電力公司將各太陽電池直流集電後,以Inverter來集中控制,較有效率,也較安全。

(6)　直流連接型(電氣用品)

此系統以通常家電用品為母體,內部的直流部分與太陽電池出力,透過控制裝置來並聯。太陽電池出力大時,優先使用,不足的由商用電源來補足,基本上與並聯連接型(無逆流)一樣。但不同點在於太陽電池之出力不送出電器外部。

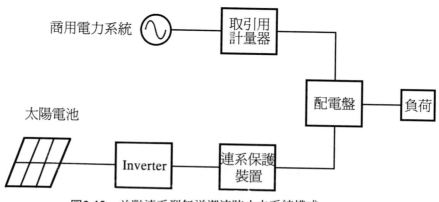

圖6-16　並聯連系型無逆潮流防止之系統構成

　　近年，日本因電氣用品取締法令之改正，此系統也可用在電氣用品，如太陽能空調。這與使用者買進電氣用品一樣，沒有麻煩之手續。

2. 系統設計

　(1)　設計流程

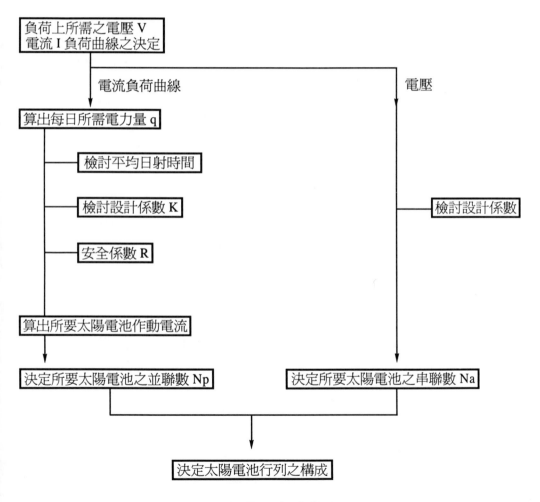

圖6-17　系統設計流程

　　　　在此說明太陽光發電系統獨立型有蓄電池者。圖6-17為其設計之流程。其他系統也可參考此圖。首先最重要的為負荷檢討。一般為了要提高發電系統效率，希望維持高電壓，但太高電壓反而使直流用機器之購置及太陽電池之模組的耐電壓有問題。考慮作業上安全性，並聯連接型之電壓大抵設在200V。大規模之系統，則設定在400V。

　　　　此外負荷曲線之設計也是基本且重要的，在不用蓄電池之系統上，充分抓住負荷之特性尤其重要。太陽電池之性向是否良好，可決定系統是否成功。

⑵　太陽電池模組之入射能量

　　　　為了算出入射能量，需要下面之基礎數據，包含

　　　　(a)地理數據(經度、緯度、標高)

　　　　(b)氣象數據(日射量、氣溫)

①　HASP標準氣象數據之利用

　　　　水平面全天日射I_H，由法線面直達日射成分I_{HD}及水平面散亂日射成分I_{HS}來決定。對水平面而言，在傾斜角θ上設置之太陽電池模組上之傾斜面日射量I_t為

$$I_t \cong I_{HD}\{\cos\theta + \sin\theta \cdot \cosh_0 \cdot \cos(\psi - \theta)\} + I_{HS}\frac{1 + \cos\theta}{2}$$

$$+ \rho I_H \frac{1 - \cos\theta}{2} \tag{6-3}$$

h_0：太陽高度

ψ：太陽方位角

ρ：地面反射率

I_H、I_{HD}及I_{HS}之具體數據，在表6-4上有記載。式(6-3)為評估傾斜面日射量之詳細式子。

表6-4　日本HASP標準氣象數據之月平均傾斜面全日射量例

(a)　東京(35.68 N)　　　　　　　　　　　　　　(單位：kcal/m²·日)

方位角	傾斜角	1月	2月	3月	4月	5月	6月	7月	8月	9月	10月	11月	12月	年平均
水　平　面		2122	2299	3139	3019	3364	3127	3123	3227	2335	2057	1884	1724	2618
0°	30°	3052	2955	3613	3082	3215	2931	2956	3196	2501	2439	2544	2497	2915
	45°	3256	3033	3539	2854	2871	2591	2629	2915	2380	2431	2662	2675	2820
	60°	3264	2935	3260	2469	2376	2117	2166	2477	2132	2287	2624	2696	2567
	90°	2703	2245	2172	1346	1073	905	964	1261	1326	1644	2105	2267	1668
E 15°	30°	3012	2924	3585	3068	3208	2926	2951	3186	2487	2418	2514	2464	2895
	45°	3200	2990	3500	2835	2861	2584	2621	2899	2360	2402	2620	2629	2792
	60°	3196	2881	3211	2446	2363	2109	2156	2458	2107	2252	2574	2639	2533
W 15°	30°	3074	2985	3693	3134	3278	2988	3020	3261	2533	2471	2561	2505	2959
	45°	3287	3076	3652	2927	2961	2672	2720	3006	2426	2477	2686	2688	2882
	60°	3302	2987	3398	2560	2486	2217	2277	2588	2188	2344	2655	2711	2643
E 30°	30°	2896	2833	3503	3029	3186	2912	2934	3154	2446	2359	2428	2369	2837
	45°	3036	2862	3383	2779	2831	2564	2598	2854	2302	2317	2499	2494	2710
	60°	2994	2725	3068	2378	2326	2085	2127	2403	2036	2149	2425	2474	2433
W 30°	30°	3014	2952	3711	3156	3323	3032	3068	3299	2536	2461	2518	2448	2960
	45°	3203	3029	3678	2958	3024	2735	2788	3060	2429	2462	2626	2607	2883
	60°	3199	2929	3429	2597	2563	2293	2360	2655	2192	2326	2581	2612	2645

(b)　鹿兒島(32.57 N)　　　　　　　　　　　　　(單位：kcal/m²·日)

方位角	傾斜角	1月	2月	3月	4月	5月	6月	7月	8月	9月	10月	11月	12月	年平均
水　平　面		2544	2777	3871	3595	4668	3925	3849	3678	3900	3504	2683	2178	3431
0°	30°	3592	3496	4386	3625	4383	3587	3563	3561	4176	4268	3633	3112	3782
	45°	3801	3554	4251	3318	3845	3102	3115	3196	3943	4274	3792	3311	3625
	60°	3777	3401	3862	2821	3087	2446	2501	2654	3479	4022	3720	3309	3257
	90°	3050	2516	2441	1397	1126	809	948	1200	1997	2831	2922	2716	1996
E 15°	30°	3546	3461	4353	3610	4374	3583	3558	3551	4151	4229	3590	3072	3757
	45°	3737	3504	4205	3297	3833	3097	3108	3181	3908	4217	3732	3254	3589
	60°	3698	3340	3805	2794	3071	2440	2493	2637	3436	3953	3646	3240	3213
W 15°	30°	3666	3588	4494	3745	4544	3712	3674	3673	4324	4401	3725	3165	3893
	45°	3906	3684	4404	3489	4073	3278	3273	3354	4153	4462	3922	3385	3782
	60°	3905	3559	4050	3029	3366	2662	2694	2848	3736	4252	3880	3400	3448
E 30°	30°	3412	3358	4256	3565	4349	3572	3544	3522	4079	4112	3465	2955	2682
	45°	3548	3359	4069	3234	3796	3082	3089	3140	3806	4053	3554	3088	3485
	60°	3466	3162	3638	2718	3026	2421	2463	2586	3311	3751	3430	3036	3084
W 30°	30°	3643	3603	4529	3827	4677	3820	3769	3758	4413	4446	3726	3133	3945
	45°	3874	3705	4454	3605	4261	3433	3406	3474	4279	4525	3923	3341	3857
	60°	3866	3586	4111	3172	3595	2851	2858	2995	3890	4329	3881	3346	3540

② 日射量基礎調查利用

　　　Sunshine計畫中，有一個是日本氣象協會所完成的[日射量基礎調查]。這是以收集到的觀測值，加以電腦模擬，求得傾斜角，方位角之個別日射量，而各年間季節之最佳傾斜角也可求得。

　　　表6-5(a)爲東京與表6-5(b)爲台北市所作之七、八月日出、日落時間表調查值，相當好用。從予定設置排列面之傾斜角及方位角最靠近角度之值，可以求得每一尺之平均傾斜面日射量。當然實際排列的設置場所，也要考慮周圍建築物之陰影影響，進行補正。此外此表反推，可以知道在最佳設置角上之年間平均日射量與5％之差範圍內之設置角。

(a)換算平均日射時間

　　　將前述方法中，所求得之每日平均傾斜面日射量Q_m換算成kWh/m²日，再除以1kW/m²，可定義平均日射時間T_s。

$$T_s(h/日) = \frac{Q_m(\text{kWh/m}^2日)}{1\,[\text{kW/m}^2]} \tag{6-4}$$

T_s爲相當於標準日射強度1kW/m²(可得最大日射強度)之相當時間，與氣象用語之日照時間不同意義。

　　　在有蓄電池系統上，在求1日中可得之電力計算上相當方便，本項以T_s來說明。

表6-5　日射量基礎調查之月平均傾斜面全日射量

地名 東京（緯度—35°41.2° 經度—139°45.9° 標高—6m）

方位角	傾斜角	1月	2月	3月	4月	5月	6月	7月	8月	9月	10月	11月	12月	年 1-12月	冬 12-2月	春 3-5月	夏 6-8月	秋 9-11月
水平面(C)		2.53	3.00	3.67	4.17	4.81	4.11	4.28	4.50	3.31	2.75	2.39	2.22	3.48	2.58	4.21	4.30	2.81
0°	10°	3.07	3.41	3.94	4.29	4.83	4.09	4.27	4.58	3.44	2.99	2.79	2.72	3.70	3.07	4.36	4.31	3.08
	20°	3.55	3.74	4.13	4.32	4.76	4.00	4.18	4.56	3.51	3.17	3.13	3.16	3.85	3.48	4.40	4.25	3.27
	30°	3.93	3.98	4.23	4.27	4.58	3.84	4.02	4.45	3.51	3.28	3.39	3.51	3.92	3.81	4.36	4.10	3.40
	40°	4.21	4.13	4.23	4.12	4.32	3.61	3.78	4.25	3.44	3.32	3.58	3.78	3.90	4.04	4.23	3.88	3.44
	50°	4.39	4.17	4.13	3.89	3.99	3.32	3.48	3.96	3.29	3.29	3.67	3.94	3.79	4.17	4.00	3.59	3.42
	60°	4.44	4.11	3.94	3.59	3.57	2.98	3.12	3.60	3.09	3.18	3.67	4.01	3.61	4.19	3.70	3.23	3.31
	70°	4.39	3.95	3.67	3.21	3.10	2.60	2.72	3.18	2.82	3.00	3.58	3.97	3.35	4.10	3.33	2.83	3.14
	80°	4.22	3.70	3.31	2.78	2.60	2.21	2.29	2.70	2.51	2.76	3.41	3.73	3.02	3.91	2.90	2.40	2.89
	90°	3.93	3.35	2.88	2.31	2.07	1.81	1.85	2.20	2.15	2.47	3.15	3.58	2.65	3.62	2.42	1.95	2.59
30°	10°	3.00	3.35	3.91	4.27	4.82	4.09	4.27	4.56	3.42	2.96	2.73	2.65	3.67	3.00	4.33	4.31	3.04
	20°	3.41	3.63	4.06	4.29	4.75	4.00	4.18	4.54	3.47	3.10	3.02	3.01	3.79	3.35	4.37	4.24	3.20
	30°	3.72	3.82	4.13	4.22	4.59	3.84	4.02	4.42	3.46	3.18	3.23	3.30	3.83	3.61	4.32	4.10	3.29
	40°	3.95	3.92	4.11	4.08	4.35	3.63	3.80	4.23	3.38	3.20	3.37	3.51	3.79	3.79	4.18	3.89	3.31
	50°	4.07	3.92	4.00	3.86	4.03	3.35	3.51	3.96	3.23	3.14	3.42	3.62	3.68	3.87	3.96	3.61	3.26
	60°	4.09	3.83	3.81	3.57	3.66	3.04	3.19	3.63	3.02	3.02	3.40	3.64	3.49	3.85	3.68	3.28	3.15
	70°	4.00	3.65	3.54	3.22	3.23	2.69	2.82	3.23	2.77	2.83	3.29	3.57	3.24	3.74	3.33	2.91	2.96
	80°	3.81	3.39	3.19	2.83	2.79	2.33	2.43	2.82	2.47	2.59	3.10	3.41	2.93	3.54	2.94	2.52	2.72
	90°	3.52	3.05	2.80	2.41	2.33	1.97	2.05	2.37	2.14	2.31	2.83	3.16	2.58	3.25	2.51	2.13	2.43
45°	10°	2.91	3.28	3.86	4.25	4.81	4.09	4.26	4.54	3.40	2.91	2.67	2.56	3.63	2.92	4.31	4.30	2.99
	20°	3.23	3.49	3.98	4.24	4.74	4.00	4.18	4.50	3.42	3.02	2.90	2.85	3.71	3.19	4.32	4.23	3.11
	30°	3.47	3.62	4.01	4.17	4.59	3.85	4.03	4.39	3.39	3.07	3.06	3.06	3.73	3.38	4.26	4.09	3.17
	40°	3.64	3.68	3.97	4.02	4.36	3.64	3.81	4.19	3.30	3.06	3.14	3.19	3.67	3.50	4.12	3.88	3.17
	50°	3.71	3.65	3.85	3.81	4.07	3.38	3.55	3.94	3.15	2.98	3.16	3.26	3.54	3.54	3.91	3.62	3.10
	60°	3.69	3.54	3.65	3.52	3.71	3.08	3.23	3.61	2.94	2.85	3.11	3.25	3.35	3.49	3.63	3.31	2.97
	70°	3.58	3.35	3.39	3.20	3.33	2.76	2.89	3.26	2.70	2.67	2.98	3.15	3.10	3.36	3.31	2.97	2.78
	80°	3.37	3.10	3.07	2.83	2.92	2.42	2.54	2.87	2.42	2.43	2.79	2.97	2.81	3.15	2.94	2.61	2.55
	90°	3.11	2.78	2.71	2.46	2.50	2.09	2.18	2.46	2.12	2.17	2.53	2.72	2.49	2.87	2.56	2.24	2.27
60°	10°	2.80	3.19	3.80	4.21	4.80	4.09	4.26	4.52	3.36	2.86	2.59	2.46	3.58	2.82	4.27	4.29	2.94
	20°	3.02	3.32	3.86	4.19	4.72	4.00	4.17	4.46	3.36	2.92	2.74	2.63	3.62	2.99	4.26	4.21	3.01
	30°	3.17	3.39	3.86	4.09	4.57	3.85	4.02	4.33	3.31	2.93	2.83	2.77	3.59	3.11	4.17	4.06	3.02
	40°	3.25	3.38	3.79	3.94	4.35	3.64	3.81	4.14	3.20	2.88	2.87	2.84	3.51	3.16	4.02	3.86	2.98
	50°	3.27	3.32	3.64	3.71	4.04	3.39	3.55	3.88	3.04	2.79	2.84	2.84	3.36	3.14	3.81	3.61	2.89
	60°	3.22	3.20	3.45	3.45	3.76	3.11	3.27	3.59	2.84	2.65	2.76	2.79	3.17	3.07	3.55	3.32	2.75
	70°	3.09	3.00	3.19	3.14	3.39	2.80	2.94	3.24	2.60	2.47	2.63	2.67	2.93	2.92	3.24	3.00	2.57
	80°	2.89	2.77	2.91	2.82	3.02	2.48	2.61	2.89	2.34	2.24	2.45	2.50	2.66	2.72	2.91	2.66	2.34
	90°	2.66	2.48	2.57	2.47	2.63	2.17	2.28	2.52	2.06	2.00	2.22	2.27	2.47	2.56	2.32	2.09	
90°	10°	2.52	2.97	3.64	4.13	4.77	4.08	4.24	4.45	3.28	2.73	2.38	2.19	3.45	2.56	4.18	4.26	2.80
	20°	2.49	2.91	3.57	4.03	4.66	3.97	4.14	4.33	3.20	2.67	2.35	2.16	3.37	2.52	4.09	4.15	2.74
	30°	2.45	2.82	3.45	3.87	4.49	3.82	3.97	4.16	3.09	2.58	2.29	2.10	3.26	2.46	3.94	3.98	2.65
	40°	2.38	2.70	3.31	3.67	4.23	3.61	3.76	3.93	2.93	2.46	2.22	2.02	3.10	2.37	3.75	3.77	2.54
	50°	2.30	2.57	3.12	3.44	3.99	3.36	3.51	3.68	2.75	2.32	2.12	1.94	2.92	2.27	3.52	3.52	2.40
	60°	2.18	2.39	2.91	3.18	3.67	3.09	3.23	3.39	2.55	2.17	2.01	1.82	2.72	2.13	3.26	3.24	2.2
	70°	2.06	2.23	2.68	2.90	3.36	2.81	2.93	3.07	2.32	1.99	1.86	1.71	2.49	2.00	2.98	2.94	2.06
	80°	1.90	2.02	2.44	2.61	3.02	2.52	2.64	2.76	2.10	1.81	1.72	1.57	2.26	1.83	2.69	2.64	1.88
	90°	1.74	1.83	2.19	2.32	2.68	2.22	2.33	2.44	1.86	1.61	1.55	1.41	2.02	1.66	2.39	2.33	1.67

表6-5 (續)

最適傾斜角	60.1*	49.3	35.0	18.7	7.5	2.7	4.1	13.1	24.7	40.3	55.3	61.1	32.7	57.0	20.3	7.2	41.4
日射量 (A)	4.44	4.17	4.24	4.32	4.83	4.11	4.28	4.58	3.52	3.32	3.68	4.01	**4.13	4.19	4.40	4.32	3.45
年間最適傾斜角 日射量 (B)	4.02	4.03	4.24	4.24	4.52	3.78	3.96	4.41	3.50	3.30	3.45	3.59	3.92	3.88	4.33	4.05	3.42
比率(A/B)	1.11	1.03	1.00	1.02	1.07	1.09	1.08	1.04	1.01	1.01	1.07	1.12	1.05	1.08	1.02	1.07	1.01
比率(B/C)	1.59	1.34	1.16	1.02	0.94	0.92	0.93	0.98	1.06	1.20	1.44	1.62	1.13	1.50	1.03	0.94	1.21

註 * 年日射量最適傾斜角 ** 各月日射量平均
日本NEDO提供

表6-5　(b-1)台北市日出、日落、曙光始、暮光終時間表(七月)

東經:121° 31′ 38″　　　　　　　　　　　　　　　　　北緯:25° 4′ 40″.3

日期	日出 太陽所在地平線0°		中天 太陽在子午線		日落 太陽在地平線0°		民用曙暮光 太陽在地平線下6°		航海曙暮光 太陽在地平線下12°		天文曙暮光 太陽在地平線下18°	
	時間 h m	方位 °	時間 h m	高度 °	時間 h m	方位 °	曙光始 h m	暮光終 h m	曙光始 h m	暮光終 h m	曙光始 h m	暮光終 h m
1	5 07	64	11 58	s88	18 48	296	4 42	19 14	4 11	19 44	3 38	20 17
2	5 08	64	11 58	s88	18 48	296	4 42	19 14	4 11	19 44	3 39	20 17
3	5 08	64	11 58	s88	18 48	296	4 42	19 14	4 11	19 44	3 39	20 17
4	5 08	64	11 58	s88	18 48	296	4 43	19 14	4 12	19 44	3 40	20 17
5	5 09	64	11 58	s88	18 48	296	4 43	19 13	4 13	19 44	3 40	20 16
6	5 09	64	11 58	s88	18 48	296	4 43	19 13	4 13	19 44	3 41	20 16
7	5 10	64	11 59	s88	18 48	296	4 44	19 13	4 14	19 44	3 42	20 16
8	5 10	65	11 59	s87	18 48	296	4 44	19 13	4 14	19 44	3 42	20 16
9	5 10	65	11 59	s87	18 47	295	4 45	19 13	4 14	19 44	3 42	20 16
10	5 11	65	11 59	s87	18 47	295	4 45	19 13	4 15	19 43	3 43	20 15
11	5 11	65	11 59	s87	18 47	295	4 46	19 13	4 15	19 43	3 43	20 15
12	5 12	65	11 59	s87	18 47	295	4 46	19 12	4 16	19 43	3 44	20 15
13	5 12	65	12 00	s87	18 47	295	4 47	19 12	4 16	19 43	3 44	20 14
14	5 13	65	12 00	s87	18 47	294	4 47	19 12	4 17	19 42	3 45	20 14
15	5 13	66	12 00	s86	18 46	294	4 48	19 12	4 17	19 42	3 46	20 14
16	5 13	66	12 00	s86	18 46	294	4 48	19 11	4 18	19 42	3 46	20 13
17	5 14	66	12 00	s86	18 46	294	4 49	19 11	4 18	19 41	3 47	20 13
18	5 14	66	12 00	s86	18 45	294	4 49	19 11	4 19	19 41	3 47	20 12
19	5 15	66	12 00	s86	18 45	294	4 50	19 10	4 19	19 40	3 48	20 12
20	5 15	67	12 00	s86	18 45	293	4 50	19 10	4 20	19 39	3 49	20 11
21	5 16	67	12 00	s85	18 44	293	4 51	19 10	4 21	19 39	3 49	20 11
22	5 16	67	12 00	s85	18 44	293	4 51	19 09	4 22	19 38	3 50	20 10
23	5 17	67	12 00	s85	18 44	293	4 52	19 09	4 22	19 38	3 51	20 09
24	5 17	67	12 00	s85	18 43	292	4 52	19 08	4 23	19 37	3 51	20 09
25	5 18	68	12 00	s85	18 43	292	4 53	19 08	4 23	19 37	3 52	20 08
26	5 18	68	12 00	s84	18 42	292	4 53	19 07	4 24	19 37	3 53	20 08
27	5 19	68	12 00	s84	18 42	292	4 54	19 07	4 25	19 36	3 54	20 06
28	5 19	68	12 00	s84	18 41	291	4 54	19 06	4 25	19 35	3 55	20 05
29	5 20	69	12 00	s84	18 41	291	4 55	19 05	4 26	19 34	3 55	20 05
30	5 20	69	12 00	s83	18 40	291	4 56	19 04	4 27	19 34	3 56	20 04
31	5 21	69	12 00	s83	18 40	291	4 56	19 04	4 27	19 34	3 56	20 04

本表採用中原標準時

表6-5 (b-2)台北市日出、日落、曙光始、暮光終時間表(八月)

東經:121°31′38″   北緯:25°4′40″.3

日	日出 太陽所在地 平線0°		中天 太陽在 子午線		日落 太陽在地 平線0°		民用曙暮光 太陽在地 平線下6°		航海曙暮光 太陽在地 平線下12°		天文曙暮光 太陽在地 平線下18°	
期	時間 h m	方位 °	時間 h m	高度 °	時間 h m	方位 °	曙光始 h m	暮光終 h m	曙光始 h m	暮光終 h m	曙光始 h m	暮光終 h m
1	5 21	69	12 00	s83	18 39	290	4 56	19 04	4 27	19 33	3 57	20 03
2	5 21	70	12 00	s83	18 38	290	4 57	19 03	4 28	19 32	3 58	20 02
3	5 22	70	12 00	s82	18 38	290	4 57	19 02	4 28	19 31	3 58	20 01
4	5 22	70	12 00	s82	18 37	290	4 58	19 02	4 29	19 31	3 59	20 01
5	5 23	71	12 00	s82	18 37	289	4 58	19 01	4 29	19 30	4 00	20 00
6	5 23	71	12 00	s82	18 36	289	4 59	19 00	4 30	19 29	4 00	19 59
7	5 24	71	12 00	s81	18 35	289	4 59	18 59	4 31	19 28	4 01	19 58
8	5 24	72	12 00	s81	18 35	288	5 00	18 59	4 31	19 27	4 02	19 57
9	5 25	72	11 59	s81	18 34	288	5 01	18 58	4 32	19 27	4 02	19 56
10	5 25	72	11 59	s81	18 33	288	5 01	18 57	4 32	19 26	4 03	19 55
11	5 26	73	11 59	s80	18 32	287	5 02	18 56	4 33	19 25	4 04	19 54
12	5 26	73	11 59	s80	18 32	287	5 02	18 56	4 34	19 24	4 04	19 53
13	5 27	73	11 59	s80	18 31	287	5 03	18 55	4 34	19 23	4 05	19 52
14	5 27	74	11 59	s79	18 30	286	5 03	18 54	4 35	19 22	4 06	19 51
15	5 27	74	11 58	s79	18 29	286	5 03	18 53	4 35	19 21	4 06	19 50
16	5 28	74	11 58	s79	18 28	286	5 04	18 52	4 36	19 20	4 07	19 49
17	5 28	75	11 58	s78	18 27	285	5 04	18 51	4 36	19 19	4 07	19 48
18	5 29	75	11 58	s78	18 27	285	5 05	18 50	4 37	19 18	4 08	19 47
19	5 29	75	11 58	s78	18 26	285	5 05	18 49	4 37	19 17	4 09	19 46
20	5 30	76	11 57	s77	18 25	284	5 06	18 48	4 38	19 16	4 09	19 45
21	5 30	76	11 57	s77	18 24	284	5 06	18 48	4 38	19 15	4 10	19 44
22	5 30	76	11 57	s77	18 23	283	5 07	18 47	4 39	19 14	4 10	19 43
23	5 31	77	11 57	s76	18 22	283	5 07	18 46	4 39	19 13	4 11	19 42
24	5 31	77	11 56	s76	18 21	283	5 08	18 45	4 40	19 12	4 12	19 41
25	5 32	77	11 56	s76	18 20	282	5 08	18 44	4 40	19 11	4 12	19 39
26	5 32	78	11 56	s75	18 19	282	5 09	18 43	4 41	19 10	4 13	19 38
27	5 32	78	11 56	s75	18 18	282	5 09	18 42	4 41	19 09	4 13	19 37
28	5 33	79	11 55	s75	18 17	281	5 09	18 41	4 42	19 08	4 14	19 36
29	5 33	79	11 55	s74	18 16	281	5 10	18 40	4 42	19 07	4 14	19 35
30	5 34	79	11 55	s74	18 15	280	5 10	18 39	4 43	19 06	4 15	19 34
31	5 34	80	11 54	s74	18 14	280	5 11	18 38	4 43	19 05	4 16	19 33

本表採用中原標準時

⑶　設計係數

太陽電池之出力通常以AM-1.5，日射強度1000W/m²，模組溫度25℃之最大出力來表示。實際上太陽電池設置在屋外時，因下列各項原因，而使出力減低，考慮這些比率者，即設計係數。

K_1：對溫度之補正係數

以模組溫度T_c(℃)，基準溫度25℃

$K_1 = 1 - a(T_c - 25)$

a：每1℃之出力降低比率

a-Si為　　a：0.002～0.003

C-Si為　　$a = 0.004～0.005$

K_2：經時變化，對表面污染損補正係數

a-Si　　　$K_2 = $　　0.7～0.8

C-Si　　　$K_2 = 0.95～0.97$

這個值依各地域而不同，在因降雨清洗效果污損日後列較多，最大可估為3％。

K_3：對於最大出力點偏差所生之補正數，通常$K_3 = 0.9 \sim$ 0.95在設計上，讓負荷動作點與太陽電池動作點一致是最重要的。此外，進行最大出力點追尾(MPPT)控制時，此值要設計大一點。

K_4：對於太陽電池串、並聯之補正係數，通常$K_4 = 0.95 \sim 1.0$，對於太陽電池模組特性而言，雖然只是一點點，但還是有偏差，因此，組合起來並無法得到最大出力和對此現象之補正。

K_5：直流電線路損失之補正係數，通常$K_5 = 0.95 \sim 0.98$最大之

影響爲逆流防止二極體。應該選定順方向電壓壓降小之商品。

K_6：Inverter效率等。

上面所有係數之乘積，稱爲總合設計係數K

$$K = \prod_{i=1}^{n} K_i \tag{6-5}$$

每日太陽電池出力發電量P(kWh/日)爲

$$P = K T_s W \tag{6-6}$$

W：太陽電池的標準出力容量(W)

從所需發電量可求得所要的太陽電池容量W。

⑷　排列(Array)構成設計

考慮設計係數，以求得必要的太陽電池串聯數N_s與並聯數N_p。因有小數點出現，故求整數即可。以適當的公約數來做則排列之設計即簡單。

在超過1kW系統上，將各排列分成幾個區域方塊，在各個方塊區內設置遮斷器(MCCB)等及逆流防止二極體。這在施工、保養上較有效。所謂逆流防止二極體，可在各方塊中有異常發生時，將其影響降至最低點。這些防水箱組合起來，在每一單位方塊上設置。對某一方塊進行保養時，開啓集電箱內之遮斷器即可作業。

⑸　太陽電池架台之設計

設計太陽電池架台時，必須考慮以下狀況。圖6-18爲30kW系統設置在都區內之排列尺寸圖。以此例來進行說明。

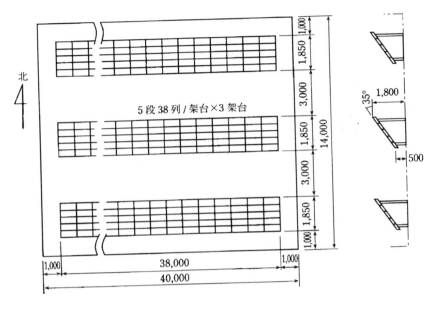

圖6-18 30kW之系統排列尺寸圖

① 設置場所

　　圖6-18在40m×14m平地上，南方為開闊地，周圍沒有高建築物。當然若附近有建築物，必須避開其陰影，而設置架台。此外，架台間隔3m，是為避免多至9點～15點時，前方架台之日影，不遮住後方北側之架台。

② 排列之出力電壓與電流

　　太陽電池Array之出力電壓，電流可因應Inverter或負荷尺寸而決定。太陽電池模組通常1枚而已，無法得到高電壓，配合Array之出力電壓，將幾枚串聯起來。將Array排列分佈，這些枚數就形成一組。而這些組合要如何並聯連接為架台設計重點。比如，Array之出力電壓可以用十枚串聯得到時，圖6-15為每2列成並聯連接。

③ 因爲日影而起的出力降低對策

雖然太陽電池設置場所,希望選擇沒有陰影場所。但在住宅上,仍然難以避免樹木、電柱及建物等之影響。以下爲有陰影出現時,出力降低之防止法。

❶ 逆流防止二極體

太陽電池Array之構成例如圖6-19。在串聯單位中插入二極體。當太陽電池Array之某部分成爲陰影時,串聯部各別之電壓,即不平衡,電流會從電壓高之串聯部流向電壓低之串聯部,造成出力降低。爲防止此逆流發生,須設置逆流防止二極體。

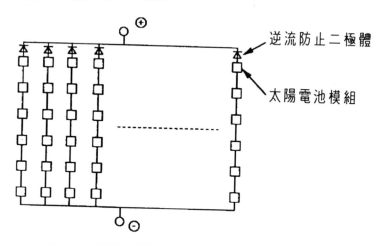

逆流防止二極體

太陽電池模組

圖6-19 太陽電池排列構成例

❷ Bypass二極體

當太陽電池組列之某部分變成陰影時,在串聯聯接部太陽電池出力電壓和之電壓(逆偏差電壓),即作用至形成陰影之太陽電池。結果,可能造成陰影部分之太陽電池發熱,造成模組燒損或故障之原因。

　　爲了防止這種故障，如圖6-20所示，採用當太陽電池形成逆偏差電流時，馬上ON之二極體並聯於其中。這個稱爲Bypass二極體。以此來壓低逆偏差電壓，保護太陽電池。此外，電流流向Bypass，也可以壓低串聯之出力降低。

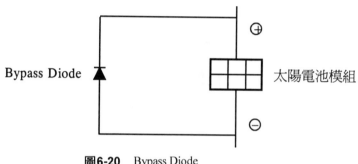

圖6-20　Bypass Diode

❸　串聯連接方向之選定

　　在太陽電池組列中如圖6-21(a)所示，如陰影爲橫切串聯之連接部，則許多的串聯部即受其影響，即使日影面積並不大，但全體組列之出力可能降低許多。因此，若能預先測知變成陰影之模組位置時，如圖6-21(b)所示將串聯方向與陰影方向一致即可。在此圖中出力之降低最壞也可壓低至1/6程度。

(a) 太陽電池傾斜角

　　最佳傾斜角如圖6-18所示，傾斜角以35°爲主，但通常在10°～40°間所得之日射量無大差別。但以希望太陽電池表面有降雨洗淨效果時，最好爲10°。

　　在積雪地，若傾斜角選擇較大角度，雪可順利從太陽電池落下之外，也可得到雪之表面反射光。

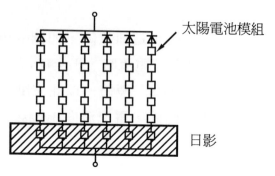

太陽電池模組

日影

(1) 出力大幅降低之例

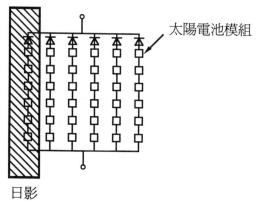

太陽電池模組

日影

(2) 出力降低較小之例

圖6-21 日影發生之模式

(b) 架台材料、構造

架台之材料大多以鍍鋅鐵板為主。這個材料有20年信賴度。

太陽電池之模組,大都以Al框為主,但也有用橡膠框或無框座者。這些模組,因本身強度不夠,故架台之構造強度要考慮。相反的,若強度過強,除了架台成本高外,重量也可能增加,基礎則加大。計算能耐颱風之最佳強度設計即可。

(c) 地域條件

　　因設置場所而可能有豪雪、暴風雨、鹽水、落葉多、火山灰及鳥害等。而在海邊，則需要加厚鍍層等，考慮地域條件之對策。

(d)保　養

　　系統設置後為保養方便，要考慮空間與腳踏點等。如圖6-18為保養在組列周圍留有1m之空間。

　　架台之設計要因應場所，系統而設計，故目前尚沒有價廉物品出現。但在屋頂上數kW之架台標準化已在進行，若能實現則架台可更簡單設置。

⑹　蓄電池容量之設計

　　蓄電池容量設計流程如圖6-22所示。首先由負荷曲線求每日必要電氣量。放電深度依蓄電池種類而不同，但通常汽車用鉛蓄電池為0.5左右，電動車之高性能鉛蓄電池為0.7。放電深度設計太大，蓄電池容量就變小，電瓶壽命降低，故需考慮全體之平衡。

　　對於連續雨天之不日照補償時間L，通常為4～10天。

　　設計係數K，在使用Inverter之系統上，要預估效率(0.65～0.9)及直流線路損失。所要蓄電池容量C為

$$C = \frac{qL}{RDK} \tag{6-7}$$

　　充放電控制裝置，一般以充電終了電壓及放電終了電壓來控制充放電。在其邊界值附近，最好讓它有遲滯曲線特性(Hysterisis)。

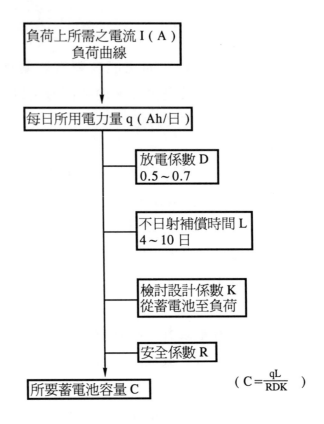

圖6-22　蓄電池容量設計流程

　　充電法一般爲定電壓法，但希望能用可以控制充電初期之電流值的定電流與定電壓法。只是太陽電池通常得到理想的充電模式。特別是以太陽電池直接充電蓄電池時，必需考慮充電初期與末期之動作點移動。在充電電流大時，會有發熱現象，必需檢查在0.1～0.2C之間才可。

　　重覆壽命，依蓄電池種類而不同，一般汽車用鉛蓄電池0.5C放電在150～300回左右。此外，串聯數目多時，6個月充電一次較佳。

⑺　Inverter

　　Inverter因注意點不同而有各種分類。在系統上適合回轉負荷之VVVF型與，可以和商用電源有同品質之交流出力的CVCF型區別如表6-6。

表6-6　太陽光發電用Inverter分類

以系統對象來區分:
1. 獨立型
2. 系統連接型

以出力電壓波形:
1. 方形波
2. 擬正絃波
3. 正弦波

以直流電源 Inductance:
1. (定)電　流　型
2. (定)電　壓　型

依控制對象:
1. 電壓控制型
2. 電流控制型

依轉流方式:
1. 他　激　式
2. 自　激　式

依出力電壓，頻率之可變方式
1. VVVF(可變電壓，可變頻)
2. CVCF(定電壓，定頻)

　　VVVF為產業用Inverter，通常用在交流電動機之可變速控制。一般為三相交流電，以太陽電池為電源時，需要特別設計。

　　CVCF因出力品質不同而價格亦有很大區別。獨立型之系統上，也有單純之方形波出力者。此種Inverter價格低，但可能不適用於回轉機。

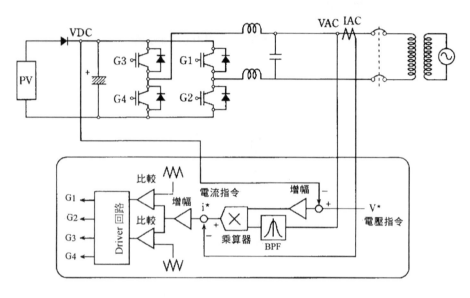

圖6-23　系統連接Inverter的主回路及控制塊狀圖

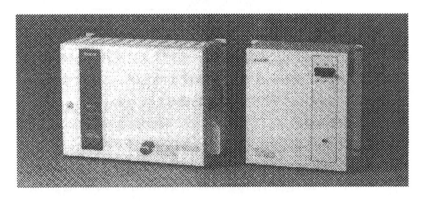

圖6-24　3kW系統連接Inverter系統

　　並聯連接型之Inverter，因要求商用電力系統以上之電力品質，故價格高。在日本有開發出之產品內藏有系統連接Gvide Line所定之連接保護機能。

　　圖6-23為在日本所開發之系統連接Inverter主回路及控制方塊圖，參照圖6-24。

　　因為在直流電源之入力側有電容器，且使用可以電壓型或主回路控元件來做自我消弧之Power transistor，故可以知道其為自勵式。此外為達到高速應答，也採用Pulse幅變調(PWM)方式之電流瞬時值控制。

　　所謂PWM方式即將Inverter出力波形1周期內之pulse分割成複數個，以控制個別之pulse幅來做出力電流之控制及波形改善(低次高調波之降低)控制如圖6-25。將各個pulse積分即為正弦波。

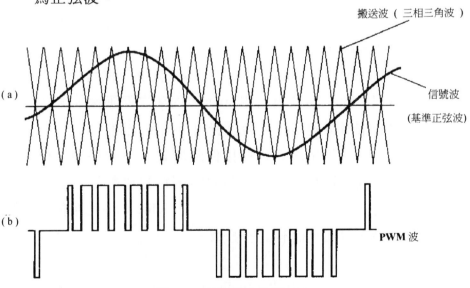

圖6-25　PWM波之生成

PWM波之生成例如圖6-25(b)。在此例中，搬送將以使用頻率爲數kHz之三角波(二相三角波)，信號爲與50/60Hz之正弦波比較而生成PWM波。利用此PWM波來切換Inverter主回路之切換元件，得到正弦波出力。

將出力電流之位相與系統頻率同期，振幅由太陽電池之最大電力點來控制。最近由於在主回路power device中高速產品之出現，搬送波之頻率可提高至數十kHz以上，可造成Filter回路等受動部品之小型輕量化。

(8)　連接保護裝置之設計

設計連接太陽光發電系統時，必須依據系統連接技術要件Guide Line，而整合自家用發電設備。圖6-26爲單相3線式100/200V之低壓一般配線，有逆流連接時之單線結線圖(Skeleton骨架)。此爲Guide Line上有指示必備之保護裝置，以檢出過不足電壓，保護繼電器功能者。各保護繼電器之要素及功能如表6-7所示。

1993年之Guide Line中，本來要雙重保護裝置的已改成一系列，此一系列也可用Inverter內部之保護機能來代用。從使用者來看減輕了許多裝置費用負擔及空間。

國外使用之系統連接保護裝置，有過不足電壓及過不足頻率檢出即可者較多。這可能因爲對於配線保養等安全性之考慮方向不同，不能一概而論。Guide Line也可能因今後研究結果之增加，而有許多修改。

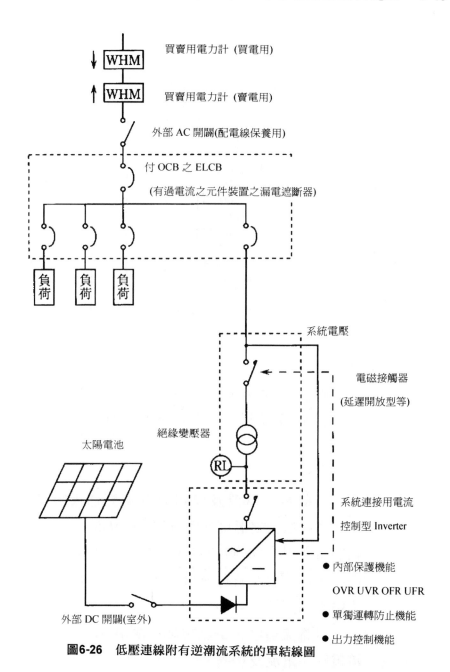

圖6-26　低壓連線附有逆潮流系統的單結線圖

表6-7　保護繼電器之元件及功能

略　稱	JEM控制機具編號	名　　稱	需要家內事故		系統側事故			備　考
			地路	短路	地路	短路	斷線停電	
OCR-H	(51)	過電流繼電器	—	O	—	—	—	分電盤內有過電流元件之漏電遮斷器保護
OCGR	(51 G)	地路繼電器	O	—	—	—	—	
OVR	59	過電壓繼電器	—	—	—	—	—	
UVR	27	不足電壓繼電器	—	O	—	O	O	
OFR	95 H	過周波數繼電器	—	—	—	—	—	
UFR	95 L	不足周波數繼電器	—	—	—	O	O	
DSR	67 S	方向短路繼電器	—	—	—	O	—	

(9)　計測裝置

　　實際導入太陽光發電系統的，因同時有進行研究之目的，故計測裝置很多。進行系統評估時，要考慮以下之項目。

①　氣象資料

　　日射量、氣溫及模組溫度為評估太陽電池時不可或缺。太陽電池之溫度本來應以Cell溫度來評估，實際上用模組裏面溫度來推測者較多，實用上也可足夠。此外，風向、風速／濕度若有計測更好，但省略也無妨。

②　太陽電池出力資料

　　以直流電壓、電流來評估使用Inverter系統上，測定交流電壓、電流及功率。

　　此時，太陽電池之出力，不管如何為其負荷之動作點。在評估組列(Array)特性時，要將Array本身之電氣分離後，測定其Ｉ-Ｖ特性。

③　負荷之消費電力資料

負荷之電力外，在連接系統上要加上受電電力量等。有蓄電池之系統上，計測充放電電流即可。這些數據之記錄一般用自記式之Chart　Recorder，最近以有記憶功能之data logor較常用。

3.　計算例

⑴　個人住宅用系統連接(有逆流)系統之計算例

①　負荷之檢討

一般家庭之消費電力每月大約200～300kWh。從1992年度量(甲、乙)電燈之月平均消費電力量為262kWh推算每日所需電力量P為8.73kWh。

家庭之負荷曲線與太陽光發電曲線，在夏天有冷負荷以外，並不一定一致。以有逆流系統之連接使白天剩的電力賣給電力公司，而夜間及陰天之不足電力由電力公司供給，而使得太陽電池之發電能做有效運用。

夏天以外，因系統全體負荷在白天較多，故白天作動之太陽光發電系統對減輕系統全體負荷上有其意義。

②　平均日射時間之檢討

日射量之基礎數據，利用氣象協會的日射量基礎調查。個人住宅用屋頂之斜率在20°左右。太陽電池設置在向南屋頂方位角0°。

依表6-5所示，東京之年平均日射量方位角0°，傾斜角20°之面為3.85kWh/m² · 日。但因Inverter之起動要在到達一

定之日射量時才開始，故日出後及日落前之損失予估為2
%，平均日射時間為$T_s = 3.77$h。

③ 設計係數之檢討

K_1：對溫度補正係數

考慮夏天之模組溫度上升，$T_c = 60℃$，P-Si模組之溫度
係數為-0.40%／℃，則

$$K_1 = 1 - 0.0040 \times (60 - 25) = 0.859$$

K_2：經時變化

主要考慮表面污染　$K_2 = 0.97$

K_3：最大出力點之偏差

進行最大電力點之追尾　$K_3 = 0.99$

K_4：串並聯損失

因模組為複數個串並聯之構成

$$K_4 = 0.95$$

K_5：直流電路損失

$$K_5 = 0.98$$

K_6：Inverter之效率

考慮使用高效率之系統連接型　$K_6 = 0.91$

以上係數之積為總合設計係數$K = 0.70$。

④ 所要太陽電池容量之檢討

所要太陽電池容量W(kW)，以所要電力量P(kWh)/日，
平均日射時間$T_s(h)$及綜合設計係數K

$$W = \frac{P}{K \cdot T_s} \tag{6-8}$$

依此式，每日所需發電量$P = 8.73$kWh之所需太陽電池容量為3.3kW。這在惡劣之條件重置狀況下，只用太陽電池可以供應每日所需發電量。在獨立型中，此值為基本的。

　　並聯連接系統上，由設置面積之限制，經濟上之限制與電力公司契約量等，並不一定要採用此值。並聯連接型系統上，雖太陽光發電力可能不足，但可以由系統來補足，故自由度高。

　　總合設計係數K在求太陽光發電系統所得電力時也很有用，如太陽電池容量W為3.6kW，$K = 0.70$，P為

$$P = K \cdot T_s \cdot W$$

得到$P = 9.5$kWh。

⑤　Array構成決定

　　假設模組為表5-2之CSP-5017式。則由家庭用系統連接Inverter所需之入力電壓為200V，得串聯數

$$N_s = \frac{200}{17.5} = 11.4 \cong 12 \tag{6-9}$$

並聯數N_p，以$W = 3.3$kW，每一模組之出力50W

$$N_P = \frac{3300}{50 \times 12} = 5.5 \cong 6 \tag{6-10}$$

此數字在約數之值增加時，Array構成之自由度也增加。此外架台所需面積30m^2。

　　一般，建坪30坪之住宅，屋頂面積為36坪(100m^2)左右。而適合設置太陽電池之南向面積為50m^2。上面12直到，6並列之構成也適合此用途。

⑵ 商用切換型系統之計算例

① 負荷之檢討

此例以白天營業設施之特定照明為1.0kW來設計。

每日所需之電力量為$P = 10.5$kWh左右。因在白天使用,故與太陽電池之相性符合。且有無瞬斷商用切換型之故,雨天也可期待有安定之作動。

② 平均日射時間之檢討

以某地域之最少平均日射量之月平均日射量為2.3kWh/m^2,得$T_s = 2.3$小時。

⑶ 設計係數之檢討

K_1:對溫度補正係數

考慮冬天,模組溫度25℃

$$K_1 = 1 - 0.005 \times (25 - 25) = 1$$

K_2:經時變化

主要為表面污損　　$K_2 = 0.97$

K_3:最大出力點　　　K_3:0.9

以蓄電池電壓來支配動作點,幾乎為一定之作動電壓。

K_4:串並聯損失　　　$K_4 = 0.95$

K_5:直流電路損失　　$K_5 = 0.98$

由太陽電池至蓄電池,考慮上面$K_1 \sim K_5$,總合設計係數K

$$K = \prod_{i=1}^{5} K_i = 0.81 \tag{6-11}$$

其他,負荷功率0.7,Inverter效率0.84,蓄電池之充放電效率0.65。

④　所要太陽電池容量之檢討

由(6-8)式

$$W = \frac{P}{K \cdot T_s} = \frac{10.5}{0.18 \times 2.3} = 5.6 (\text{kW}) \tag{6-12}$$

⑤　蓄電池容量之檢討

給負荷所需之電流i為最大10A。每日所需電力量P來求每日所要電氣量$q = 105$Ah。再來，從整體成本上為減少蓄電池容量，其中之4小時間所需電氣量$q = 40$Ah。

由蓄電池至負荷為止之設計係數K，以充放電效率0.65及Inverter效率0.84得$K = 0.55$。放電深度$D = 0.8$，不日照保證日數$L = 1$天，安全係數$R = 0.75$，由(6-7)式得容量C為

$$C = \frac{q \cdot L}{R.D.K} = \frac{40 \times 1}{0.75 \times 0.8 \times 0.55} = 121 (\text{Ah}) \cong 130 (\text{Ah}) \tag{6-13}$$

⑥　Inverter之檢討

負荷容量1.0kW與負荷功率0.7求Inverter之容量為

$$\frac{1.0}{0.7} = 1 - 4 (\text{kVA})$$

此為最低必要值。在此考慮連接大於1.0kW之負荷時，要用3kVA之Inverter。

⑦　Array構成之探討

考慮既有之DC96V系列所設計之Inverter及蓄電池，DC電壓96V，則充電終期之電壓為120V。

要充分充電此太陽電池，考慮溫度上升所導致電壓之降低，最佳作動電壓設定在130V左右。模組以表5-2所示之

成品，求串聯數目N_s

$$N_s = \frac{130}{17.5} = 7.4 \cong 8 \tag{6-14}$$

並聯數目N_p

$$N_p = \frac{5600}{50 \times 8} = 14 \tag{6-15}$$

故為8串聯14並聯。

6-3-2　小規模發電系統

　　使用100W～數kW之太陽電池之系統，早已實用化。山頂之無線電中繼站或燈塔，在人們不容易去的地方當做設備電源。最近也開始使用做家庭用電源。

　1.　廣播發射用系統

　　　　早就開始使用太陽光發電系統於微波中繼站及燈塔。以太陽電池做為通信用電源之系統，特別是微波中繼早已廣為各國所採用。特別在商用電線很難到之處的各種計測用、換氣用系統之電源，以及傳送數據之無線電電源來使用，如圖6-27。

　　　　這些系統之使用有針對比較大規模事業用，規模小及個人用。前為電話線或發射電波之中繼站電源。而後者為偏僻地區之無人氣象觀測機，地震觀測機、水壩與河川之各種數據觀測機，或防災用緊急用資訊傳送之無線電電源。個人用如火腿族之發動用電源。這些通訊機器大部分用直流電來作動，且電壓在12～48V。

圖6-27 使用太陽電池之通訊電源系統

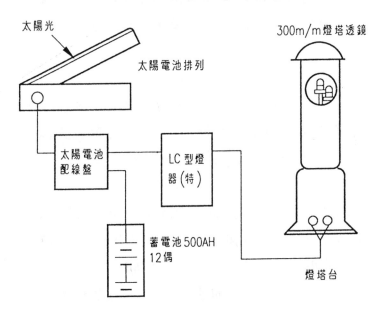

圖6-28 燈塔之太陽能發電系統構成例

2. 燈塔用系統

　　圖6-28之系統構成為日本國某燈台之要項。燈塔用太陽光發電機器由其環境條件，特別要求耐風雨及耐鹽害特性。太陽

電池之panel兩面用強化玻璃如圖5-6(c)，矽樹脂壓入之SUS窗材來固定之密閉構造。連Array框架也用SUS材料。

3. 屋外照明系統

　　目前，漸漸實用化者為屋外照明燈。利用太陽電池之屋外照明燈，有日射時，以太陽電池來發電，得到之電力存到蓄電池，日落時，用以點燈之系統。此在使用商用電力困難之道路，公園較有效。

4. 家庭用發電系統

　　傳統上，由於法規面之限制，在一般住宅之太陽光發電系統，以使用蓄電池之獨立型及商用電源切換型為主。但最近分散性電源利用之想法不斷普及下，使分散型電源設置之手續大幅簡化。以日本為例，如100kW未滿之太陽光發電系統，以前需要經濟部長許可，但目前已可不需設置電氣主任技術員亦能申請設立。再來，1992年，10家電力公司開始實行分散至電源過剩電力購買制度。此外，1993年通產省資源能源廳也已訂定，低壓逆流之系統連接技術要件指引，明示具體的技術基準。

　　此外，1991年所改正之電氣用品取締法關連法令，使太陽能空調也加入了電氣用品。這是將太陽電池認可為空調部品使用，一般消費者不用申請任何手續而可設置。

　　歐美早已在日本之前使用分散型電源，德國之Roof Top1000計畫中，政府積極鼓勵人民使用此住宅用太陽光發電系統。

(1) 個人住宅用太陽光發電系統

　　由於對於太陽光發電系統之期待很高，且在法規面之改變，加上低價格化之努力，使住宅用太陽光發電系統也可趨上普及年代。

　　圖6-29為個人住宅用系統連接有逆流太陽光發電系統之構成圖。太陽電池所發之電力，經過整流器(Inverter)由直流變交流，供給與家電產品，不足之部分用商用電力來補。此外，所發電力過剩時，可逆流賣給電力公司。當商用系統停電時，太陽電池所發電力不流進商用電源之連接保護裝置需要設立。

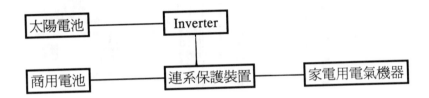

圖6-29　個人住宅用太陽能發電系統之構成圖

　　圖6-30為一個家用系統連接有逆流系統例。由圖6-31所示，在屋外及陽台之1.8kW的太陽電池所發之過剩電力，回賣與電力公司，此回賣電力有一計算電表連接至商用電源。圖6-32為本系統之連轉結果。發電量之peak在10點至14點，此日之總發電量為8.1kWh，其中5.6kWh，即發電量之70％回賣予電力公司。

　　此外，圖6-33所示為某個月之白天發電量以及賣電之實績。太陽電池1個月大概發電176kWh，其中可以確認有60％之電力量為賣電量，故可知太陽電池之有效性。

　　本例設置其月別之發電實績如圖6-34所示，因太陽電池容量只有1.4kW，發電量稍嫌不足，增設後發電量增加，設置後總發電量1774kWh，其中有56％已經逆流。

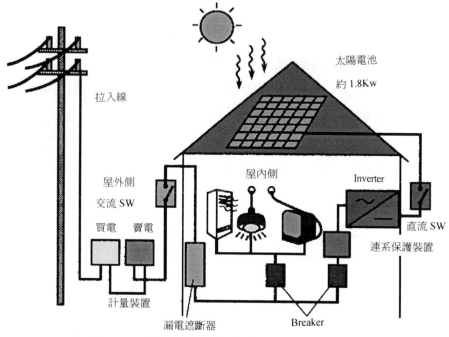

太陽電池

約 1.8Kw

拉入線

屋外側

交流 SW

買電　賣電

Inverter

屋內側

直流 SW

連系保護裝置

計量裝置

漏電遮斷器

Breaker

圖6-30　家庭用太陽能發電系統之配置圖

圖6-31　家庭用太陽能發電系統

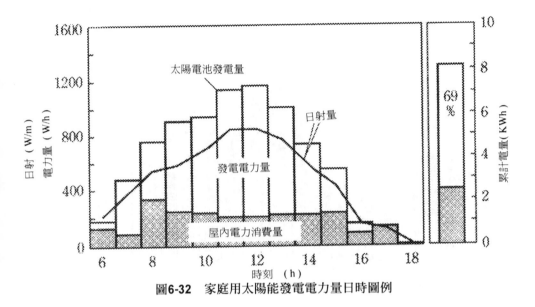

圖6-32　家庭用太陽能發電電力量日時圖例

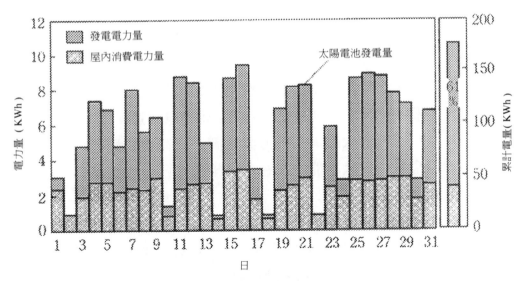

圖6-33　家庭用太陽能發電系統之月時圖例

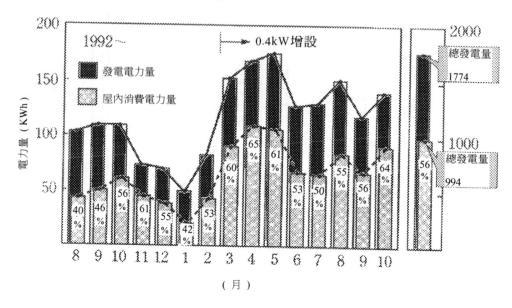

圖6-34　發電及賣電之月別圖例

⑵　太陽能空調

　　　　家電用品中空調之消費電力大，隨其普及率增加，電力也相形吃緊，特別是夏天白天之供電量到達極限。

　　　　而因為太陽電池出力與空調之負荷樣式接近一致，故可救急電力之太陽能空調在1991年10月已變成商品化，一般家庭也可設置。

　　　　圖6-35為Solar空調之構成系統，太陽電池之最大出力為$500W_p$。這是以空調之熱平衡狀態(室內溫度)之消費電力300W，在陰天也可供應之設定值。

　　　　此太陽電池之出力，以DC/AC Converter做為界面回路接至Inverter空調之整流平滑回路上。此界面回路內藏於室外機，成為完全一體機型，外觀與市售之Inverter空調之室外機沒有什麼不同。圖6-36為本系統在夏季之測試結果。

　　晴天，商用電力之59％可用太陽電池給與，陰天也因為空調處於熱平衡狀態，故消費電力少，可供給65％之電力。可以作到不因天候不同，空調負荷與太陽電池電力之一日變化模式類似，是太陽電池之有效用系統。

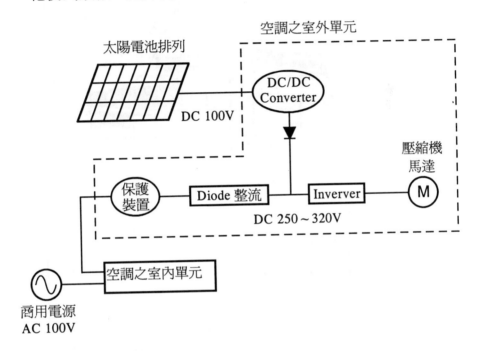

圖6-35　太陽能空調之系統構成

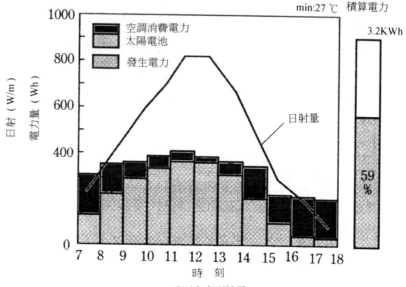

（a）晴天之實測結果

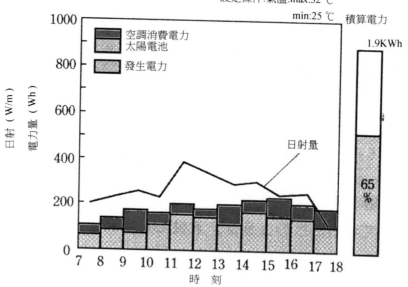

（a）陰天之實測結果

圖6-36 夏季之空調消費圖例

5. 山間偏僻地用系統

　　配電因難山間小屋之太陽光發電系統實驗正在進行。圖
6-37為日本NEDO委託北陸電力公司，設置於富山縣上新川郡大
山町之山小屋的太陽光發電設備。設置於建物之太陽電池，為
可使用於多雪地帶之建材一體型太陽電池組列。

圖6-37　山間偏遠地用系統

　　一般山岳地帶之山小屋中，不受既存電力系統之供電，而
且電源由小型柴油發電機來供應者較多，在燃料供應、保養排
氣與噪音等上面感到不便之同時，發電成本也高。

　　在此利用太陽光發電之技術面及經濟面之實用性檢討同
時，使用風力發電機所組成之混血系統也可提高信賴性。

6-3-3 中規模發電系統

在海外，中規模發電系統已經實用化，但日本尚在由NEDO進行實用化探討包括有建設灌溉用、學校用及工場用系統進行實驗。

圖6-38 灌溉用揚水幫浦系統

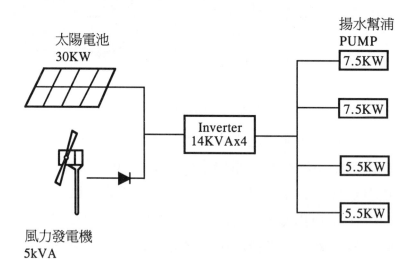

圖6-39 灌溉用負荷風力發電共生系統

1. 離島上之灌溉用揚水泵浦之電源實驗，NEDO在鹿兒島縣知名町所建設，進行實驗如圖6-38。如圖6-39所示，3.7kW～7.5kW之4台的揚水泵浦，由30kW太陽電池與5kW風力發電之Hybrid系統來作動。

美國全部田地之10％(42×10^7 acre)需要灌溉所需之電力為每年6×10^8美元。因此MIT林肯研究所從1977年起在向Nebraska州，進行25kW農業灌概系統之研究。此系統有一付有自動門閥之灌溉系統；包含可將水打至2500m³水池之7.5kW泵浦。

2. 溫室用系統

以25kW之太陽電池，供給溫室照明及室調。於1993年3月設置在日本兵庫縣淡路島之縣立農業技術中心。這也是NEDO計畫中之一部分。

圖6-40　溫室用太陽能發電系統

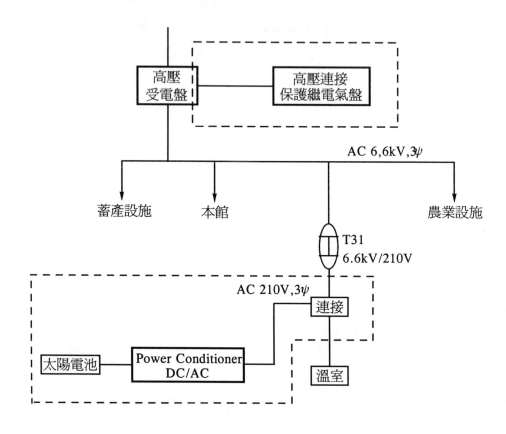

圖6-41 溫室用太陽能發電系統構成圖

　　圖6-40為其外觀，而圖6-41為其系統構成。與商用電力系統連接，供給溫室之照明與空調。發電之過剩電力再逆流與商用系統。由於沒有蓄電池故成本較低，今後應該會在如有充分商用電源之地普及化。

3. 學校用系統

　　這是NEDO計畫在筑波大學校內設置200kW之系統。

　　圖6-42為系統構成，首先與校內電力系統可連接，此外也

設有災害停電時能供電數日之蓄電池，直交變換裝置為自勵式Inverter。此外，此200kW之系統為100kW2座之並聯，即使一邊故障另一邊也可使用。太陽光發電模式與學校之用電模式也比較一致，目前尚要考量如何削減蓄電池成本。

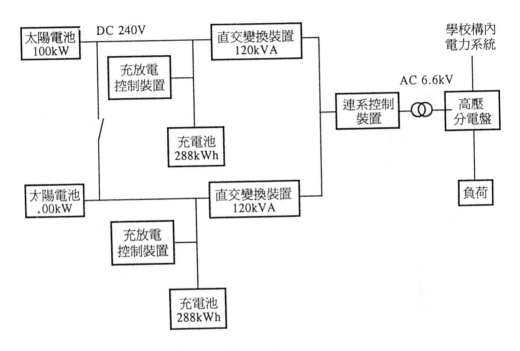

圖6-42　學校用系統之構成

4. 工場用系統

　　工場用系統也是NEDO計畫之一項，設於靜岡縣湖西市。這是設置在工場空地上，太陽電池出力以直流電供給至工場之直流負荷中。太陽電池之出力一直處於工場消費電力之下限的節約型。亦即太陽光能之變化所致太陽電池之不足部分，由系統電力Back up後，以直流控制裝置變成定電流化而供給與負荷上，使不發生過剩電力之系統。

　　此系統設置100kW之太陽電池組列，同組列之出力以直流電供給工場之直流負荷(汽車用電瓶之初期充電)。因太陽光照射能之變化所致，同組列之出力不足及變動部分，由補助用電瓶及商用電力來支援，以直流控制裝置變成定電流供予負荷中。

　　另外，民間企業也導入工場用太陽光發電系統。圖6-43德島縣某工場所設置。此系統設置10kW之太陽電池組列，做為工場內照明及動力電源。

圖6-43　工廠用10kW發電系統

6-3-4　大規模發電系統

　　依日本NEDO計畫，要在愛媛縣西條市設立1MW集中型太陽光發電系統，此系統為200kW、400kW×2之3台的Inverter以並聯運轉，為確保統合信賴度，因應日射量進行控制Inverter之台數，以保證發電出力之綜合轉換效率增加。當然必須考慮全體之平衡。特別是

1. 系統連接運轉與獨立運轉兩者都可能之系統。

2. 可設置在寬闊場所，且太陽電池出力可有效率的集中之技術。

3. 開發雨天、陰天皆能安定供給之蓄電系統。

4. 低成本發電系統之建設。

皆為其開發重點。

　　此外，日本關西電力公司也在兵庫縣六甲島上設立0.5MW之太陽光發電系統。在此，實證與系統連接之有關變數，並且包含燃料電池與風力發電等新發電系統，既存電力系統之共存設計上，也是被注意之實驗。

圖6-44　世界最大的7.2MW太陽能發電廠

　　除日本建立六甲新能源實驗中心，進行大規模發電之實用化動作外。美國的能源部亦設立PVMAT產官學共同量產化之新計畫，此外民間之電力業者與太陽電池製造商，也合力在加州設置單晶、多晶及非晶矽太陽電池之電力用0.8MW實證工場。。發出之電力供給沙加緬度市使用。目前運轉中也是最大之太陽光發電廠為Siemens Solar公司在加州Kalisapren所建設之7.2MW的工場如圖6-44所示。

第七章
未來展望

7-1 地球環境與能源、人口問題

　　人類之由原始演化到學會使用火、工具與鐵器等，再經過近代產業革命，發明各種電子技術。特別是最近200年間，人類在近代科學上發展文明快速，依聯合國統計，從1950年至1990年40年間，人口已從25億人倍增至53億人。

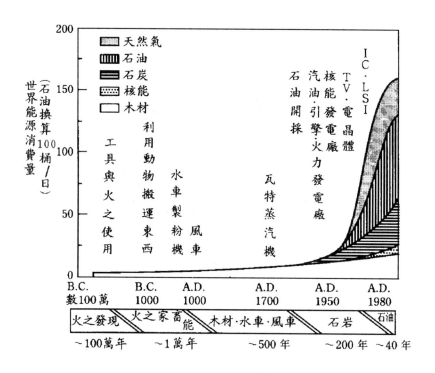

圖7-1　人類之能源消費等比級數增加

　　若人口持續增加，至2040年就到達100億人。而人類所消費之能源量，如圖7-1以等比級數增大。特別是最近煤炭、石油與天然氣等化石燃料更是主要的消費源。人類之活動與一般生物比較，以相當特異之狀態在增大活性化。隨人類之工業化即產生地球環境問題。

　　如圖7-2所示，CO_2之增加使地球溫暖化，硫酸化合物所致酸雨，人口增加之沙漠化進行，氟氯碳化物之臭氧層破壞等到處在發生。今天問題爲大都市之空氣污染，特定區域之公害等問題；1970年代曾有規定工場之排氣標準及排水標準等，但目前在我們周圍發生地球規模之環境問題並不是單純區域性的，而是與地球全體的人類生存有關問題。故爲停止破壞地球環境，要尋找新的乾淨能源才可。

〚〛熱帶雨林的破壞　〚〛砂漠化　〚〛酸雨　★ 有害廢棄物之拋棄

圖7-2　地球環境問題圖例

7-2 資源之枯竭

　　我們必須節省能源。而一般，能源資源係用以指地球上之資源量
者為可採年數。所謂可採年數，指確定埋藏量除以現在的一年消費量
即可得知

$$\frac{確認可採埋藏量}{那一年之年消費量} = 可採年數 \qquad (7\text{-}1)$$

亦即以現在之消費量來算可採年數。以國際能源協會(IEA)在1986年所
予估化石燃料之可採年數，石油為34年，天然氣57年，煤炭最多，但
也不過174年。亦即以現在的消費量來看，人類在未來200年內即將化
石燃料消耗至盡。

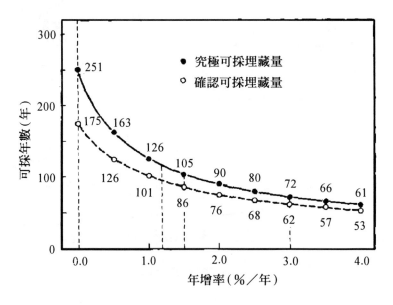

圖7-3　能源消費之年增率與可採年數關係

　　而現在研究中的核融合技術尚未成熟，而使用核分裂之鈾，其存量也只有58年而已。再者高速增殖爐尚存殘存放射能的問題。

　　加之人口呈等比級數增加結果，如前所述，至2040年有100億人，這些消耗之能源也將呈等比級數增加。

　　以世界之能源消費量而言，過去10年是以年增率1.6％往上升，即使先進國家已有鈍化現象，但開發中國家，其年增率驚人。

　　若今後30年之年增率以1.2～1.6％來予估(1989年值)，如圖7-3以目前確認可開採埋藏量而言，約在85～95年，若可開採之一半為將來還可能發現之資源，則亦不過為102～117年即會消耗完畢。

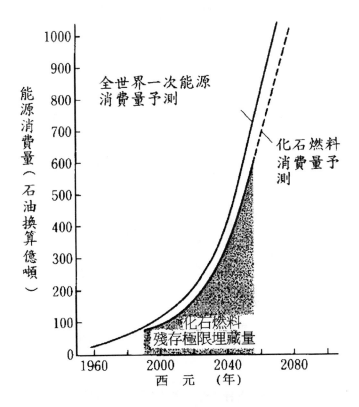

圖7-4　全世界能源消費量推移予測

　　假設,開發中國家也朝先進國家之生活水平邁進,以年增率3％而算,則又只有70年(圖7-4)之消耗量。亦即在自己之子孫輩時,即消耗光了。當然現實上並不會有70年或100年後突然發生沒有能源這回事。從圖7-5來看,首先埋藏量少,且容易使用的石油與天然氣首先消失,只留下藏量多之煤炭。石油及天然氣之使用尖峰在2020～2030年左右。也就是尖峰期過後,人類非要使用輸送及儲藏上成本高,且對環境而言需要注意的石炭燃料不可。而那時人口之增加也需要其他之能源。

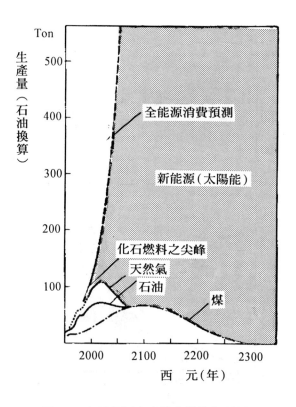

圖7-5　各種能源生產量之推移與預測

　　圖7-5之薄墨色部分若不以其它能源來代替，我們的生活很難維持。亦即人類存亡之危機到來。當然在那之前，因化石燃料所引起之地球環境問題，會先衝擊人類。

　　為了解決這些問題，一定要有開發新的能源。而此新能源即為太陽能而已。

7-3　Global太陽光發電系統

7-3-1　能源供給預估

　　太陽能是一個膨大能源。若以使用太陽電池之太陽光發電系統來供應全球能源，則，首先假定太陽電池如表7-1所示，設置在地球上日照條件較好之地區。而世界之一次能源消費量在1990年換算成石油為每年104億kl。以此為基礎，假定今後之年增率為3％，計算2000年、2050年及2100年之世界年消費量，如表7-2所示，在2000年約在140億kl左右。

表7-1　計算所使用的日射條件

○ 日射強度
　　最大　860 kcal/m²·h（＝1.00 kW/m²）
　　平均　610 kcal/m²·h（＝0.71 kW/m²）
○ 日射時間
　　年間日照日數　329 D（年間日數　90％）
　　有效日照時間　8 h/D（平均日射強度換算）
○ 年間日射量
　　1.606×10⁶ kcal/m²·h
　　平均日射強度×年間日射時間
　　　＝610 kcal/m²·h×329 D/y×8 h/D
　　　＝1.606×10⁶ kcal/m²·y

表7-2   世界能源消費預測與太陽電池系統面積換算

年	消費年增率 (%/年)	1次能源消費量 (原油換算) (×10¹⁰kl/y)			系統效率 (%)(η)	發電效率 (%)(a)	原油換算係數 (kl/m²·y)		必要太陽電池面積 (×10¹⁰m²)			系統面積占有率多估50%時 (×10¹⁰m²) (寬:km四方)
		全消費量 (A)	(發電分) (A1)	(熱源分) (A2)			單純換算 (B1)	發電用原油換算 (B2)	(發電分) (A1/B2)	(熱源分) (A2/B1)	全面積 寬:km 四方	
1990	3	1.045	0.261 (25%)	0.784	10	35	0.01736	0.04960	5.26	45.16	50.42 (710)	100.82 (1004)
2000	3	1.404	0.421 (30%)	0.983	10	35	0.01736	0.04960	8.49	56.62	65.11 (807)	130.2 (1141)
2050	3	6.157	2.155 (35%)	4.002	15	40	0.02604	0.06510	33.10	153.69	186.79 (1367)	375.58 (1993)
2100	3	26.990	10.796 (40%)	16.194	15	50	0.02604	0.05208	207.30	621.89	829.19 (2880)	1658.38 (4072)

基準:1990世界一次能源消費量 180×10^6 B/D
→年間 $180 \times 10^6 (B/D) \times 365 (D/y) \times 0.159 (kl/B) = 1.0446 \times 10^{10} kl/y$

　　而一次能源又分使用在電力及熱能兩種。1990年各爲25％及75％，單純與太陽光發電能對比部分(熱能)及變成電力後再消費部分，乘以發電效率之發電部分對照太陽能兩種。其構成比之必要系統並不相同。

　　其構成比在2000年爲發電30％，熱源70％來假設要供應這些太陽電池之設置面積以太陽光發電效率爲10％計算。發電部分需要8.5萬km²，熱源部分56.6萬km²，合計65.1萬km²。即相當於807×807公里平方之面積。即東京至廣島之距離爲一邊之正方形面積，相當於地球全砂漠面積之4％左右。

　　實際建設時尚要考慮周邊道路綠地及電廠建築物等，故可能爲上述面積之1.5～2倍。

7-3-2　**GENESIS計畫**

1. 計畫概要

太陽光發電之弱點。即在夜裏不能發電，且陰、雨天時出力會低減。針對這些問題，最近有超導材料之發現。

傳統上在－270℃才有之超傳導現象，使用新陶瓷材料，可在－196℃(液體N₂溫度)即可出現。亦即常溫也可實現沒有電阻之電線，因此有下列之提案被提出。

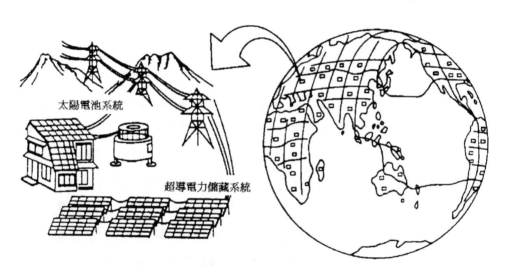

圖7-6　太陽電池與超導電線所構成之世界規模太陽能發電系統

首先在地球上分散設置太陽光發電廠，而這些發電廠以超導電線連接。如圖7-6所示，全世界網路連結成一體時，可從白天部分送電至黑夜的地區。在地球之南北方向上也連成一體時，即使一部分地區在風雨中或黑夜中，以整個系統而言，都有電力可供應。這即是所提案之GENESIS計畫[Global　Energy

Network Equipped With Solar Cells and International Superconductor Grids]。

2. 計畫意義

　　若是計畫中之全球太陽光發電系統能夠實現，則不再需要發生能量的資源。亦即不用燃料，而人類可以在手中擁有膨大之太陽能。人類可以從能源問題上被解放，即使人口增加，其能源使用之增加部分也可因應。最幸運的是開發中國家大都位於赤道附近，正好是太陽能源豐富之大地。

3. 計畫成立步驟

　　首先從技術上來看，有人認為若世界不能和平，則不可能實現。此想法大致上正確，不過以目前能源消費量來看，世界能源危機在2020年至2030年確實會到來，而且因地球環境之破壞所引起的自然體系之破壞，必定影響人類。而能夠給我們解決問題之時間並不多，至少要在2020～2030年間，其基礎網路要完成。在技術上，太陽電池之開發大概已有眉目。而若超傳導電纜之開發會延遲，至少可用高電壓直流送電法。

　　GENESIS計畫成功之步驟可分為三步。第一步，先實現使用太陽電池之小規模發電系統。如以太陽能空調及屋瓦太陽能發電為代表之500W至3kW之發電系統，在家庭及工廠普及，並且與電力公司連線即完成此計畫之第一步，這已在1991年開始。

　　特別是針對住宅用3kW之發電系統，日本經濟部已有普及補助對策。從1994年度針對700戶以每戶最高補助上限270萬日圓，且設置費用之1/2由國家負擔來實施。此小規模發電系統若能普及到日本全國各地，則太陽能發電系統即成為以電力線所連結之能源區域之區域網路(Local area net Work)。

　　而後，太陽能空調及屋頂發電系統在全世界普及，則各國之太陽光發電系統，即成為以電力系統之區域能源系統，這是第二步。

　　第三步是將各國之送電線結合在一起。比如說日本九州與韓國之距離，隔著對馬海峽不過200公里。而東京電力之福島核能電廠與東京之距離也有250km，故距離不是問題。蘇聯也曾經由SAHARINK之電力網連接。日本與韓國之電力線連接起來即成國際能源網路。

　　以此類推，中國與歐洲也連起來即成為全球能源網路。而適當之時期，在砂漠上設置大規模太陽光發電，並以超導電纜來連接即形成GENESIS計畫。

　　現實上，歐洲國家間早已有電力之買賣。如法國供電於德國、義大利及瑞士等。

　　特別是歐洲與日本之地形不同，東西之間很長，國家之間白天之尖峰電力時間也不同，歐洲就已有送電千里之事實存在，故早已實現國際能源網路。

　　太陽電池置於地球儀上時可知日本南方有澳洲砂漠、中國、印度有塔爾砂漠、西歐之南有非洲砂漠、美國有亞利桑納砂漠，這些都是可利用太陽能源之廣大區域。

7-3-3　氫氣利用計畫(NEWS)及太空發電計畫(SPSS)

1. 氫氣能源社會(NEWS計畫)

　　GENESIS計畫是以電力為中心所提之能源社會。由能源之多樣化及未來可能之能源(氫氣)來看，其與太陽光發電之能源利用組合社會。

　　構想,是以氫氣能源系統與電力送電系統來進行全球之能源供與系統(NEWS,New Energy World System)。圖7-7為NEWS計畫之構想圖。氫氣之能源,由太陽電池所得之電力來分解水,將之生成氫氣做為能源使用。

　　此外,從使用氫氣儲藏合金來做氫氣儲藏與輸送系統,且以使用氫氣能源之燃料電池來發電,且組合燃料電池之廢熱與氫氣收藏合金之特性的冷凍系統也包含在一起。同樣計畫在New Sumshine計畫之We-NET計畫,如圖7-8也在進行中。

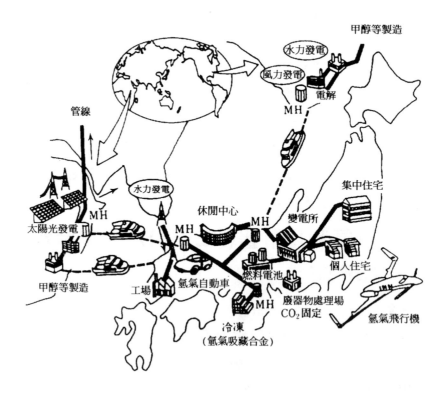

圖7-7　NEWS計劃構想圖

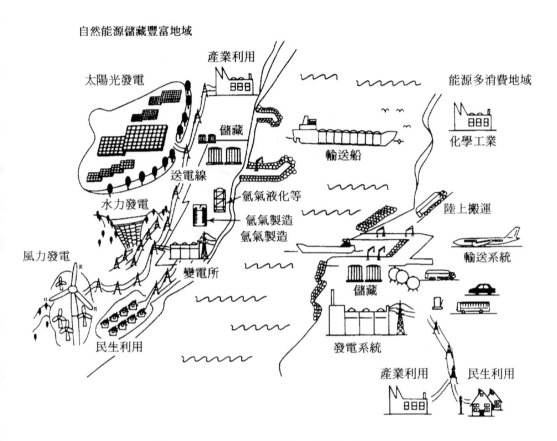

圖7-8　WE-NET(World Energy NETwork)計劃

2.　太空電廠發電計畫

　　　將太陽電池送入太空，以進行大規模發電之計畫。衛星發電計畫SSPS(Satellite Solar Power Station)之計畫是美日兩國在進行。如圖7-9所示，以太空梭將數千MW之太陽電池射入太空，所得之電力以微波送回地上。當然這也可以利用超導電纜網路，對地球上各地進行送電。

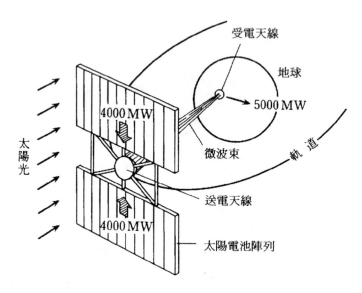

圖7-9　太空站的太陽光發電(SSPS)系統概念圖

參考文獻

1. 台北市立天文台：天文年鑑(1994)。

2. T. Markvart, Solar Electricity, (1994).

3. 桑野幸德，武岡明夫：太陽電池活用ガイドブック，パワー社 (1990)。

4. 藤井石根 編：太陽エネルギー利用技術，工業調查會(1991)。

5. 日本電池：鉛蓄電池・アルカリ蓄電池技術資料(1991)。

6. 通商產業省資源エネルギー廳公益事業部：平成5年度電力需給の概要，中和印刷出版部(1993)。

7. C. M. Zittle, 15th IEEE Photovol. Spec. Conf.(1981)86.

8. Y. Kishi *et al.*: 3rd Int'1 Photovol. Sci. and eng.Conf.(1987)569.

9. Y. Kishi *et al.*: Jpn. J. Appl. Phys. 31(1992)277.

10. 中野昭一：太陽光發電システムシンポジウム(日本能率協會) (1988)4-1.

11. J. M. Gee: 5th Int'l Photovol. Sci. and Eng. Conf.(1990)95.

12. C. M. Zittle, 15th IEEE Photovol. Spec. Conf.(1981)86.

13. 辻高輝：サンシャインジャーナル 4(1983)56.

14. Y. Kuwano *et al.*: 9th Int'l Conf. Amorphous ans Liquid Semiconductors (1981)1155.

15. 電氣學會太陽電池調查專門委員會編：太陽電池ハンドブック，コロナ社(1980).

16. M. A. Green: *Solar Cells*, Prentice-Hall(1982)96.

17. R. A. Armdt, J. F. Allison. J. G. Haynos and A. Meulenberg: Proc. 11th IEEE PVSC(1975)40.

18. J. Mandelkorn and J. H. Lamneck Jr.: Proc. 9th IEEE PVSC(1972)66.

19. T. Fuyuki, S. Miyagaki and H. Matsunami: Proc. 2nd Intern. Conf. PVSC(1986)241.

20. C. T. Sah. F. A. Lindholm and J. G. Fossum: IEEE Trans. Elec. Dev. ED-25(1978)66.

21. A. Neugroschel, F. A. Lindholm, S. C. Pao and J. G. Fossum: Appl. Phys. Lett. 33(1978)168.

22. M. A. Green, A. W. Blakers, E. Gauja, M. R. Willson and T. Szpitalak: Proc. 16th IEEE PVSC(1982)1219.

23. M. A. Green, A. W. Blakers, J. Shi, E. M. Keller and S. T. Wenham: IEEE Trans. elec. Dev. ED-31(1984)679.

24. M. A. Green, A. W. Blakers, J. Shi, E. M. Keller and S. R. Wenham: Appl. Phys. Lett. 44(1984)1163.

25. M. A. Green, A. W. Blakers and C. R. Osterwald: J. Appl. Phys. 58 (1985)4402.

26. M. A. Green, A. W. Blakers, S. R. Wenham, S. Narayanan, M. R. Willison, M. Taouk and T. Szpitalak: Proc. 18th IEEE PVSC(1985)39.

27. 後川，濱川，高橋：太陽光電池，森北出版(1980)70〜72.

28. 濱川圭弘：太陽光發電入門，オーム社(1981)51〜55.

29. 高倉，濱川：電氣學會論文誌　98-C(1978)273.

30. 濱川圭弘：金屬(1991)3月號，22～30.

31. Y. Matsumoto, G. Hirata, T. Takakura, H. Okamoto and Y. Hamakawa: J. Appl. Phys. 67(1990)6538.

32. 濱川圭弘：太陽光發電入門，オーム社(1981)12～13.

33. S. Manabe and R. J. Stouffer: J. Geophys. Res. 85(1980)5529.

34. 新發電システムの標準化に關ナる調査研究，(社)日本電機工業會(1992)9.

35. Y.Hamakawa: Optoelectronics 5(1990)113.

36. A. W. Blakers and M. A. Green: Appl. Phys. Lett. 48(1986)215.

37. M. A. Green, Z. Jianhua, A. W. Blakers, M. Taouk and S. Narayanan: IEEE Elec. Dev. Lett. EDL-7(1986)583.

38. A. W. Blakers, A. Wang, A. M. Milne, J. Zhao and M. A. Green: Appl. Phys. Lett. 55(1989)1363.

39. A. Wang, J. Zhao and M. A. Green: Appl. Phys. Lett. 57(1990)602.

40. M. A. Green: Proc. 10th European PVSC(1991)250.

41. C. M. Chong, S. R. Wenham and M. A. Green: Appl. Phys. Lett. 52(1988)407.

42. M. A. Green, S. R. Wenham, J. Zhao, S. Bowden, A. M. Milne, M. Taouk and F. Zhang: Proc. 22nd IEEE PVSC(1991)46.

43. M. B. Spitzer, L. M. Geoffroy, M. J. Nowlan and H. E. Drake: Proc. 18th IEEE PVSC(1985)1195.

44. R. A. Sinton, Y. Kwark, J. Y. Gan and R. M. Swanson: IEEE Elec. Dev. Lett. EDL-7(1986)567.

45. M. A. Green: Proc. 7th European PVSC(1987)681.

46. M. A. Green: *High Efficiency Silicon Solar Cells*, Trans Tech

Publications(1987).

47. A. K. Ghosh, C. Fishman and T. Feng: J. Appl. Phys. 51(1980)44.

48. K. Kaneko, T. Misawa and K. Tabata: Conf. Record 21th IEEE Photovol. Spec. Conf. (Florida. 1990) 674.

49. A. Goetzberger and A. Rauber: Conf. Record 20th IEEE Photovol. Spec. Conf.(Las Vegas, 1988)1371.

50. A. Eyer, A. Rauber and A. Goetzberger: Optoelectronics——Devices and Technologies——5(1990)239.

51. S. K. Brantov *et al*:J. Crystal Growth 104(1990)98.

52. P. H. Fang, L. Ephrath and W. B. Nowak: Appl. Phys. Lett. 25(1974) 583.

53. A. M. Barnett, R. B. Hall, J. A. Rand, C. L. Kendall and D. H. Ford: Tech. Digest 5th Intern. PVSEC(Kyoto, 1990)713.

54. A. Beck, J. Geissler and D. Helmreich: Conf. Record 21st IEEE Photovol. Spec. Conf.(Florida, 1990)600.

55. 石川，畠中，合田，橫山，清水，秀：第3回高效率太陽電池ワークショップ(富山，1992) 24.

56. 石井，西川，高橋，林：電子技術總合研究所彙報55(1991)82.

57. 下川，林：電子技術總合研究所彙報55(1991)90.

58. R. Shimokawa: Solid-State Electronics 26(1983)97.

59. L. L. Kazmerski: Conf. Record 20th IEEE Photovol. Spec. Conf.(Las Vegas, 1988)1375.

60. R. Shimokawa and Y. Hayashi: J. Appl. Phys. 59(1986)2571.

61. J. D. Zook: Appl. Phys. Lett. 37(1980)223.

62. C. H. Seager and D. S. Ginley: J. Appl. Phys. 52(1981)1050.

63. B. L. Sopori, K. M. Jones, X. Deng, R. Matson, M. Al-Jassim and S. Tsuo: Conf. Record. 22nd IEEE Photovol. Spec. Conf.(Las Vegas, 1991)833.

64. K. Shirasawa, K. Okada, K. Fukui, M. Hirose, H. Yamashita and H. Watanabe: Tech. Digests 3rd Intern. Photovol. Sci. Eng. Conf. Tokyo. (1987)97.

65. J. M. Gee: Conf. Record. 22nd IEEE Photovol. Spec. Conf. (Las Vegas)(1991)118.

66. S. Narayanan, S. R. Wenham and M. A. Green: Proc. 4th Intern. PVSEC (Sydney, 1989)111.

67. A. M. Barnnett, R. B. Hall, J. A. Rand, C. L. Kendall and D. H. Ford: Tech. Digests 5th Intern. Photovol. Sci. Eng. Conf.(Kyoto 1990)713.

68. T. Machida, K. Nakajima, Y. Takeda, N. Shibuya, K. Okamoto, T. Nammori, T. Nunoi and T. Tsuji: Conf. Record. 22nd IEEE Photovol. Spec. Conf.(Las Vegas, 1991)1033.

69. T. Warabisako, K. Matsukuma, S. Kokunai, Y. Kida, T. Uematsu, H. Ohtsuka and H. Yagi: Proc. 11th European PVSEC(1992).

70. 高山，豬股，小笠原，山下，岡田，增利，白沢，渡邊：第3回高効率太陽電池ワークショップ(富山，1992)24.

71. 石川，　中，合田，横山，清水，秀：第3回高効率太陽電池ワークショップ(富山，1992)24.

72. 石井，西川，高橋，林：電子技術總合研究所彙報55(1991)82.

73. A. M. Barnett, F. A. Domian, B. W. Feyock, D. H. Ford, C. L. Kandall, J. A. Rand, T. R. Ruffins, M. L. Rock and R. B. Hall: Conf. Record 20th IEEE Photovol. Spec. Cond.(Las Vegas, 1988)1569.

74. Warabisako *et al.*: Jpn. J. Appl. Phys. 18 Suppl. 18-1(1979)115.

75. M. A. Green: Tech. Digests 5th Intern. Photovol. Sci. Eng. Conf. (Kyoto 1990)603.

76. D. E. Carlson and C. R. Wronski: Appl. Phys. Lett. 28(1976)671; D. E. Carlson: IEEE Trans. Electron Devices ED-24(1977)449.

77. Y. Kuwano, I. Imai, M. Ohnishi and S. Nakano: Proc. 14th IEEE Photovoltaic Specialists Conf.(1980)1408.

78. T. Tawada, H. Okamoto and Y. Hamakawa: Appl. Phys. Lett. 39(1981) 237.

79. K. Miyachi, N. Ishiguro, Y. Ashida and N. Fukuda: Proc. 11th E. C. Phtovoltaic Solar Energy Conf.(1992)88.

80. Y. Ichikawa, T. Ihara, S. Fujikake and H. Sakai: Proc. 11th E. C. Photovoltaic Solar Energy Conf.(1992)203.

81. S. Guha: "*OPTELECTRONICS──Device & Technology──*" 5(1990)201，およびその中の文獻。

82. たとえば, ALP Conf. Proc. 157 on "*Stability of Amorphous silicon Alloys Materials and Devices*"(1987).

83. たとえば, G. Lucovsky and G. Newton: "*OPTOELECTRONICS──Device & Technology──*" Special Issue on Amorphous Semiconductors 4(1989)119.

84. I. Shimizu: J. Non-Cryst. Solids 114(1989)145.

85. S. Okamoto, Y. Hishikawa, T. Tsuda, S. Nakano and Y. Kuwano: Proc. 11th E. C. Phtovoltaic Solar Energy Conf.(1992)537.

86. 岡本博明："新素材プロセス總合技術" 山本良一他編，R & Dプ ゥング社(1987)第6章453-467.

87. 「アモルファス半導體」清水立生編(培風館, 1994).

88. たとえば, G. D. Cody: *"Hydrogenated Amorphous Silicon*, Part B"*, in "Semiconductors and Semimetals* Vol. 21", ed. by J. I. Pankove, Academic Press(1984) Chap. 2,11; *"Physics and Application of Amorphous Semiconductors*, No. 2" ed. by F. Demichelis, World Scientific (1988)28.

89. たとえば, H. Overhof and P. Thomas: *"Electronic Transport in Hydrogenated Amorphous silicon"*, Springer-Verlag(1989).

90. K. Hattori, H. Okamoto and Y. Hamakawa: Phys. Rev. B45(1992) 1126.

91. Y. Nakata, K. Nomoto and T. Tsuji: *"OPTOELECTRONICS—— Device & Technology——"* Special Issue on Solar Cells 5(1990)209.

92. R. A. Street: Phys. Rev. Lett. 49(1982)1187.

93. H. Okamoto, Y. Nitta, T. Yamaguchi and Y. Hamakawa: Solar Energy Mat. 2(1980)313.

94. T. Yamaguchi, H. Okamoto and Y. Hamakawa: Jpn. J. Appl. Phys. 20 (1981) Suppl. 20-2, 195.

95. T. Matsuoka, N. Okuda and Y. Kuwano: *"OPTOELECTRONICS—— Device & Technology——"* Special Issue on Solar Cell 5(1990)171.

96. たとえば，岡本博明：「アモルファスシリコン」應用物理學會編，田中一宣 他共著，オーム社(1992)，101-178.

97. T. Takahama, S. Tsuda, S. Nakano and Y. Kuwano: Jpn. J. Appl. Phys. 25(1986)1538.

98. S. Nonomura, H. Okamoto and Y. Hamakawa: Appl. Phys. A32(1983) 31.

99. たとえば, M, Hirose: Technical Digests, PVSEC-3, Tokyo(1987) 651；內田喜久：應用物理 55(1986)590.

100. K. Itoh, H. Matsumoto, A. Fujishima and K. Fukui: Technical Digests, PVSEC-3, Tokyo(1987)167.

101. H. Okamoto: J. Non-Cryst. Solids 141(1985)1441.

102. H. Tasaki, W. Y. Kim, M. Hallerdt, M. Konagai and K. Takahashi: J. Appl. Phys. 63(1988)550.

103. H. Takakura: Jpn. J. Appl. Phys. 31(1992)2394.

104. M. Konagai, H. Takei, W. Y. Kim and K. Takahashi, in Proceedings of 18th IEEE Photovoltaic Specialists Conference (Las Vegas, 1985) 1372.

105. H. Tarui, T. Matsuyama, S. Okamoto, Y. Hishikawa, H. Dohjo, N. Nakamura, S. Tsuda, S. Nakono, M.Ohnishi and Y. Kuwano: in Technical Digest of 3rd International Photovoltaic Science and Engineering Conference (Tokyo, 1987) 41.

106. T. Yoshida, T. Hokaya, Y. Ichikawa and H. Sakai, in Technical Digest of 5th International Photovoltaic Science and Engineering Conference (Kyoto, 1990) 537.

107. S. Wiedeman, M. Smoot and B. Fieselmann: Appl. Phys. Lett. 54 (1989)1537.

108. S. Fujikake, H. Ohta, A. Asano, Y. Ichikawa and H. Sakai, in Proceedings of Materials Research Society Symposium (San Francisco, 1992)875.

109. M. Konagai, W. Y. Kim, A. Shibata, Y. Kazama, Y. Seki, K. Tsukuda, S. Yamanaka and K. Takahashi: in Technical Digest of 4th

International Photovoltaic Science and Engineering Conference (Sydney, 1989)197.

110. Y. Hattori, D. Krungam, T. Toyama, H. Okamoto and Y. Hamakawa, Appl. Surface Science 33/34(1988)1276.

111. S. Tsuda, H. Tarui, T. Matsuyama, T. Takahama, S. Nakayama, Y. Hishikawa, N. Nakamura,T. Fukatsu, M. Ohnishi, S. Nakano and Y. Kuwano, Jpn. J. Appl. Phys. 26(1987)28.

112. A. Shibata, Y. Kazama, K. Seki, W. Y. Kim, S. Yamanaka, M. Konagai and K. Takahashi, in Proceedings of 20th IEEE Photovoltaic Specialists conference (Las Vegas, 1988) 317.

113. S. Tsuda, T. Takahama, M. Isomura, H. Tarui, Y. Nakashima, Y. Hishikawa, N. Nakamura, T. Matsuoka, H. Nishiwaki, S. Nakano, M. Ohnishi and Y. Kuwano: Jpn. J. Appl. Phys. 26(1987)33.

114. A. Gallagher: Int. J. Solar Energy 5(1988)311.

115. H. Meiling, W. Lenting, J. Bezemer and W. F. Weg: Philos. Mag. B62 (1990)19.

116. Y. Hishikawa, S. Tsuge, N. Nakamura, K. Wakizaka, S. Kouzuma, S. Tsuda, S. Nakano, Y. Kishi and Y. Kuwano: J. Non-Cryst. Solids 137 & 138 (1991)717.

117. H. Haku, K. Sayama, T. Matsuoka, S. Tsuda, S. Nakano, M. Ohnishi and Y. Kuwano: Jpn. J. Appl. Phys. 30(1991)1354.

118. Y. Hishikawa and S. Tsuda: to be published in Proceedings of Materials Research Society Symposium(San Francisco, 1993).

119. A. H. Mahan, J. Carapella, B. P. Nelson and R. S. Crandall: J. Appl. Phys. 69(1991)6728.

120. S. Oda, J. Noda and M. Matsumura: Jpn. J. Appl. Phys. 29(1990)1889.

121. A. Matsuda and K. Tanaka: J. Non-Sryst. Solids 97 & 98(1987)1367.

122. Woo-Yeo Kin, A. Shibata, Y. Kazama, M. Konagai and K. Takahashi: Jpn. J. Appl. Phys. 28(1989)85.

123. M. Konagai, H. Takei, W. Y. Kim and K. Takahashi: Proc. of 2nd Int. Photovoltaic Science and Engineering Conf.(1986)437.

124. M. Nishikuni, K. Ninomiya, S. Okamoto, T. Takahama, S. Tsuda, M. Ohnishi, S. Nakano and Kuwano: Jpn. J. Appl. Phys. 30(1991)7.

125. Y. Tawada, J. Takada, N. Fukada, N. Yamagishi, H. Yamagishi and K. Nishimura: Appl. Phys. Lett. 48(1986)584.

126. 三宿俊雄 他：第30回應用物理學關係連合講演會予稿集7a-A-10. (1983)349.

127. A. K. Saxena et al.: Thin Solid Films. 131(1985)121.

128. 佐藤一夫 他：第3回高效率太陽電池ワークショップB10(1991)89.

129. A. Yamada et al.: the Technical Digest of the 5th International Photovoltaic Science and Engineering Conference(1990)1032.

130. T. Sawada et al.: to be published in the Conference Record of the 23rd IEEE Photovoltaic Specialists Conference (1993).

131. D. Redfield: Appl. Phys. Lett. 52(1988)492.

132. 電氣學會太陽電池調查專門委員會編：太陽電池ハンドブック，電氣學會，(1986).

133. T. J. Coutts and M. Yamaguchi: "Current Topics in Photovoltaics", Vol. 3, T. J. Coutts and J. D. Meakin Eld., Academic Press(1988)79.

134. J. R. Tuttle, M. Contreras, D. S. Albin and R. Noufi: Proc. 22nd IEEE Photovoltaic Specialists conference (Las Vegas), IEEE(1991)1062.

135. M. Yamaguchi and Y. Itoh: J. Appl. Phys. 60(1986)413.

136. M. Yamaguchi and C. Amano: J. Appl. Phys. 52(1985)537.

137. J. C. C. Fan: Proc. 15th IEEE Photovoltaic Specialists Conference, IEEE, (1981)666.

138. 電氣學會薄膜太陽電池調查專門委員會 編：薄膜太陽電池の開發動向，電氣學會(1988).

139. T. L. Chu: Current Topics in Photovoltaics, Vol. 3, T. J. Coutts and J. D. Meakin Eds., Academic Press,(1988)235.

140. S. R. Kurtz, J. M. Olson and A. E. Kibbler: Proc. 21st IEEE Photovoltaic Specialists Conference, Orlando,(1990)138.

141. M. Yamaguchi, C. Uemura and Yamamoto: J. Appl. Phys. 55 (1984) 1429.

142. S. M. Vernon, S. P. Tobin, S. J. Wojtczuk, C. J. Keavney, C. Bajgar, M. M. Sanfacon, J. T. Daly and T. M. Dixon: Solar Cells 27(1989)107.

143. M. Yamaguchi, A. Yamamoto, Y. Itoh and C. Uemura: Proc. 2nd International Photovoltaic Science and Engineering Conference, Beijing (The Chinese Inst. Electronics,(1986)573.

144. M. Yamaguchi and K. Ando: J. Appl. Phys. 63(1988)5555.

145. Y. Kadota, M. Yamaguchi and Y. Ohmachi: Proc. 4th International Photovoltaic Science and Engineering Conference(1989)873.

146. C. Cheng, Y. C. M. Yeh, C. Chu and T. Ou: Proc. 22nd IEEE Photovoltaic Specialists Conference, Las Vegas, IEEE(1991)393.

147. J. A. Bragagnolo, A. M. Barnett, J. E. Philips, R. B. Hall, A. Rothwarf and J. D. Meakin: IEEE Trans. Electron Devices ED-27(1980)645.

148. J. L. Shay, S. Wagner and H. M. Kasper: Appl. Phys. Lett. 27(1975)89.

149. N. Suyama, N. Ueno, K. Omura, H. Takada, S. Kitamura, T. Hibino, H. Uda and M. Murozono: Nat. Tech. Rep. Matsushita Techno-Research 32(1986)667.

150. K. Mitchell, C. Eberspacher, J. Ermer and D. Pier: Proc. 20th IEEE Photovoltaic Specialists Conference, Las Vegas, IEEE(1988)1384.

151. R. W. Birkmire, L. C. Dinetta, P. G. Lasswell, J. D. Meakin and J. E. Philips: Solar Cells 16(1986)419.

152. C. Amano, M. Yamaguchi and Hane: Tech. Digest of 5th International Photovoltaic Science and Engineering Conference, Kyoto(1987)549.

153. L. M. Fraas, J. E. Avery, V. Sundaram, V. T. Dinh, T. M. Davenport, J. W. Yerkes, J. M. Gee and K. A. Emery: Proc. 21st IEEE. Photovoltaic Specialists Conference, Orlando, IEEE(1990)190.

154. D. J. Flood: Proc. 19th IEEE Photovoltaic Specialists Conference, New Orleans, IEEE(1987)34.

155. N. Takata, H. Kurakata, S. Matsuda, T. Okuno, S. Yoshida, H. Matsumoto, M. Goto, M. Ohkubo and M.Ohmura: Proc. 21st IEEE Photovoltaic Specialists Conference, Orlando, IEEE(1990)1219.

156. M. Yamaguchi, T. Hayashi, A. Ushirokawa, K. Takahashi, M. Koubata, M. Hashimoto, H. Okazaki, T. Takamoto, M. Ura, M. Ohmori, S.Ikegami, H. Arai and T. Orii: Proc. 21st IEEE Photovoltaic Specialists Conference, Orlando, IEEE(1990)1198.

157. H. Okazaki, T. Takamoto, H. Takamura, T. Kamei, M. Ura, A. Yamamoto and M. Yamaguchi: Proc. 20th IEEE Photovoltaic Specialists Conference, Las Vegas, IEEE(1988)886.

158. F. C. Wang, A. L. Fahlenbruch and R. H. Bube: J. Appl. Phys 53

(1982)8874.

159. M. Bhushan: Appl. Phys. Lett. 40(1982)51.

160. H. Ito, *et al*.: Jpn. J. Appl. Phys. 23(1984)719.

161. T. Nakada and A. Kunioka: Jpn. J. Appl. Phys. 23(1984)L 587.

162. 中田時夫，國岡昭夫：電子通信學會論文誌(C)J68-C(1985)981.

163. P. E. Purwin *et al*.: U. S. Patent 4, 259, 122(1981).

164. F. C. Wang, A. L. Fahlenbruch and R. H. Bube: Proc. 15th IEEE Photovoltaic Specialists Conference, Kissimmee, Florida, IEEE(1981) 1265.

165. J. D. Levine, G. B. Hotchkiss and M. D. Hammerbacher: Proc. 22th IEEE Photovoltaic Specialists Conference, Las Vegas, IEEE(1991) 1045.

166. C. W. Tang: Appl. Phys. Lett. 48(1986)183.

167. 筒井哲夫，安達千波矢，齊藤省吾：應用物理第59卷第12號 (1990)141.

168. N. S. Lewis *et al*.: Appl. Phys. Lett. 45(1984)1095.

169. A. T. Howe: J. Chem. Soc. Chem. Commun.(1983)1407.

170. J. Manassen *et al*.: Appl. Phys. Lett. 46(1985)608.

171. A. Heller *et al*.: Ber. Bunsenges, Phys. Chem. 84(1980)592.

172. B. A. Parkinson *et al*.: Solar Energy Materials 4(1981)301.

173. H. Tributsch: J. Photochem. 29(1985)89.

174. B. O'Regan and M. Grätzel: Nature 353・24(1991)737.

國家圖書館出版品預行編目資料

太陽能工程. 太陽能電池篇 / 莊嘉琛編. -- 二
版. -- 臺北縣土城市：全華圖書, 2008.06

面； 公分

ISBN 978-957-21-6594-2(精裝)

1. 太陽能發電 2. 太陽能電池

448.167   97009904

太陽能工程(太陽能電池篇)

作　　者　莊嘉琛

發 行 人　陳本源

出 版 者　全華圖書股份有限公司

地　　址　23671 台北縣土城市忠義路 21 號

電　　話　(02) 2262-5666　(總機)

傳　　眞　(02) 2262-8333

郵政帳號　0100836-1 號

印 刷 者　宏懋打字印刷股份有限公司

圖書編號　0300571

二版二刷　2009 年 8 月

定　　價　420 元

I S B N　978-957-21-6594-2(平裝)

全華圖書
www.chwa.com.tw
book@chwa.com.tw

全華科技網 OpenTech
www.opentech.com.tw